Karl Ruß

Allerlei sprechendes gefiedertes Volk

Verone

Karl Ruß

Allerlei sprechendes gefiedertes Volk

1st Edition | ISBN: 978-9-92500-029-6

Place of Publication: Nikosia, Cyprus

Erscheinungsjahr: 2015

TP Verone Publishing House Ltd.

Buch über Arten sprechender Vögel.

Allerlei sprechendes gefiedertes Volk.

(Raben- oder krähenartige Vögel [mit Einschluß der Pfeifkrähen oder Flötenvögel und der Laubenvögel], Pastorvogel, Starvögel, Drosseln, Kanarienvogel und Gimpel oder Dompfaff).

Ein Hand- und Lehrbuch

von

[Unterschrift]

Mit fünf Vollbildern.

Der gemeine Rabe oder Kolkrabe (j. S. 18).
⅓ der natürlichen Größe.

Vorwort.

Beim Erscheinen der zweiten Auflage des ersten Bandes von diesem Werk „**Die sprechenden Vögel**", welche unter dem Titel „Die sprechenden Papageien" eine freundliche Aufnahme und weite Verbreitung gefunden hat, faßte ich den Entschluß, diesen zweiten Band „Allerlei sprechendes gefiedertes Volk" als nothwendige Ergänzung hinzuzufügen. Derselbe umfaßt: Die raben- oder krähenartigen Vögel (mit Einschluß der Pfeifkrähen oder Flötenvögel und der Laubenvögel), die Starvögel und zwar aus deren großer Mannigfaltigkeit alle Geschlechter, in denen wir bis jetzt gefiederte Sprecher vor uns haben, ferner einzelne Angehörige verschiedener anderen Vogelfamilien, und zwar von den Kragen- oder Halskragenvögeln den Pastorvogel, von den Drosseln die Amsel und Steindrossel und von den Finken den Kanarienvogel und den Gimpel oder Dompfaff.

Die Schilderung der genannten Vögel von dem Gesichtspunkt ihrer Sprachbegabung aus zeigte in zweifacher Hinsicht Schwierigkeiten: Die Raben- oder Krähenartigen sind bis jetzt im allgemeinen als Stubenvögel verhältnißmäßig weniger beobachtet und erforscht als die Angehörigen fast aller übrigen betreffenden Vogelfamilien. Vom großen Kolkraben bis zur Dohle, Elster und zum Heher werden sie als Stubengenossen doch nur beiläufig gehalten, und wir sehen sie eigentlich blos bei ganz absonderlichen Liebhabern. Darin liegt es sodann wiederum begründet, daß inbetreff ihrer Verpflegung und Abrichtung im ganzen recht wenig bekannt ist. Was sodann die fremdländischen Krähenartigen anbetrifft, so namentlich die meistens bunt und schön gefärbten Elstern und Heher, so können dieselben streng genommen vorerst nur als Gäste in den zoologischen Gärten gelten.

Das hat mich indessen keineswegs davon abgehalten, auch auf dies Gebiet mein Studium zu erstrecken; ja, das möglichst genaue Kennenlernen gerade dieser Vögel hatte für mich einen besondern Reiz. Werthvolle Beobachtungen seitens bewährter Vogelwirte inbetreff der Raben- und Krähenartigen hat im Lauf der Jahre meine Zeitschrift „Die gefiederte Welt" gebracht, und hinsichtlich der übrigen gefiederten Sprecher hatte ich ja in beiden Theilen meines „Handbuch für Vogelliebhaber" (in drei Auflagen) und meinem „Kanarienvogel" (in sechs Auflagen) den reichsten Stoff vor mir. Den wenigen eifrigen Liebhabern und Kennern der Rabenvögel und Starvögel, und zwar außer dem leider zu früh verstorbnen hervorragendsten Vogelwirt Regierungsrath E. von Schlechtendal noch den Herren Dr. Lazarus-Cernowitz, Peter Frank-Liverpool, Edm. Pfannenschmid-Emden, J. Abrahams-London, Kantor Schlag-Steinbach-Hallenberg u. A., muß ich hier volle Anerkennung aussprechen.

Als vorzugsweise interessant darf ich die vergleichenden Studien bezeichnen, zwischen der Sprachbegabung der Papageien — die ich sicherlich genauer kenne als irgend ein Andrer — und der Angehörigen aller übrigen genannten Vogelfamilien. Wer dies vorliegende kleinere Buch aufmerksam liest und dann auch im ersten Band „Die sprechenden Papageien" hin und wieder nachschlägt, wird zweifellos gerade darin eine unerwartete Fülle des Anregenden und Fesselnden finden können.

Ueber den Titel dieses Bandes muß ich Folgendes bemerken. Es war nicht leicht, einen solchen für ihn zu wählen, welcher einerseits im Gegensatz zum ersten Band und andrerseits mit Bezug auf den Inhalt kurz und treffend das richtige sagte. Immer vermeide ich es sonst, für meine Bücher irgendwelche Fantasie-Titel aufzustellen, ich lege vielmehr großen Werth darauf, stets naturgeschichtlich und sprachlich zugleich richtige und zutreffende Titel zu geben. Diesmal aber mußte ich nothgedrungen von diesem Brauch abgehen und mich einer allgemeinen Bezeichnung zuwenden.

Die Inhaber der Creutz'schen Verlagsbuchhandlung, Herren R. und M. Kretschmann, haben dies Buch mit den Vollbildern der interessantesten hierher gehörenden gefiederten Sprecher ausgestattet, mit Bildern, welche von Emil Schmidt, dem bekannten hochstehenden Künstler auf diesem Gebiet, gezeichnet worden. Ich darf wol davon überzeugt sein, daß diese Abbildungen als eine willkommene Zugabe gelten werden.

Während die sprachbegabten Papageien sich, wie seit altersher so besonders in unsrer Gegenwart, allgemeiner und immer zunehmender Beliebtheit erfreuen, muß sich eine solche für die übrigen sprachbegabten Vögel, selbst für unsere einheimischen Raben, Dohlen, Elstern u. a. in weiteren Kreisen erst Bahn brechen. Dies aber wird sicherlich geschehen, denn wer irgend einen hierher gehörenden Vogel nur erst näher kennen lernt, muß und wird ihn auch bald liebgewinnen. Dazu recht wirksam beizutragen, ist ja die Aufgabe dieses Bändchens; möchte ihm dies gelingen, baldigst und bei zahlreichen Vogelliebhabern!

Berlin, im Herbst 1889.

Dr. Karl Ruß.

Abbildungen-Verzeichniß.

	Seite
Der gemeine oder Kolkrabe	18
Die Elster	68
Der Pastorvogel	126
Der Star	136
Der gemeine Beo oder Mainate	163

Inhalt.

	Seite
Vorwort	V
Abbildungen-Verzeichniß	IX
Einleitung	1
Die raben- oder krähenartigen Vögel [Corvidae]	9
Die eigentlichen Raben oder Krähen [Corvinae]	17
Der gemeine Rabe [Corvus corax, *L.*]	18
Die Rabenkrähe [C. corone, *Lath.*]	32
Die Nebelkrähe [C. cornix, *L.*]	32
Die Saatkrähe [C. frugilegus, *L.*]	40
Die Dohle [C. monedula, *L.*]	46
Der Geier- oder Erzrabe [C. crassirostris, *Rüpp.*]	52
Der südafrikanische Geierrabe [C. albicollis, *Lath.*]	53
Der Schildrabe [C. scapulatus, *Daud.*]	53
Der kurzschwänzige Rabe [C. affinis, *Rüpp.*]	54
Der dünnschnäbelige Rabe [C. carnivorus, *Bartr.*]	55
Die amerikanische Rabenkrähe [C. americanus, *Audb.*]	55
Die australische Rabenkrähe [C. australis, *Gmel.*]	56
Die dickschnäblige Rabenkrähe [C. culminatus, *Syk.*]	57
Die glänzende Krähe [C. splendens, *Vieill.*]	57
Die Mönchskrähe [C. capellanus, *Sclat.*]	58
Die Felsen- oder Alpenkrähen [Pyrrhocorax, *Cuv.*]	59
Die Alpendohle [C. pyrrhocorax, *L.*]	58
Die Alpenkrähe [C. graculus, *L.*]	59
Die australische Alpendohle [C. melanorrhamphus, *Vieill.*]	66
Die Elstern [Picainae]	67
Die gemeine Elster [C. (Pica) europaeus, *Cuv.*]	68
Die Himalaya-Elster [C. (P.) bootanensis, *Deless.*]	77
Die chinesische Elster [C. (P.) sericeus, *Gld.*]	77
Die maurische oder afrikanische Elster [C. (P.) mauritanicus, *Malh.*]	78

Inhalt.

	Seite
Die Blauelstern [Cyanopolius, *Bp.*]	78
Koch's oder die spanische Blauelster [C. (Cyanopolius) Cooki, *Bp.*]	78
Die chinesische Blauelster [C. (Cyanop.) cyanus, *Pall.*]	79
Die Baumelstern [Dendrocitta, *Gld.*]	79
Die indische Wanderelster [C. (Dendrocitta) rufus, *Scop.*]	79
Die chinesische Wanderelster [C. (D.) sinensis, *Lath.*]	82
Die Jagdelstern oder Kittas [Urocissa, *Cab.*, Cissa, *Boie*]	82
Die chinesische Jagdelster [C. (U.) erythrorhynchus, *Gmel.*]	83
Die siamesische Jagdelster [C. (U.) magnirostris, *Blth.*]	84
Die schwarzköpfige Jagdelster [C. (U.) occipitalis, *Blth.*]	84
Die gelbschnäbelige Jagdelster [C. (U.) flavirostris, *Blth.*]	85
Die grüne oder eigentliche Jagdelster [C. (Cissa) venatorius, *Hamilt.*]	85
Die Heher [Garrulinae]	87
Der Eichelheher [C. (Glandarius) glandarius, *L.*]	88
Der Tannenheher [C. (Nucifraga) caryocatactes, *L.*]	100
Der Heher mit gestreifter Kehle [C. (G.) lanceolatus, *Vig.*]	105
Der Unglücksheher C. (Perisoreus) infaustus, *L.*	106
Die Blauheher [Cyanocitta, *Strickl.*]	108
Die Blauraben [Cyanocorax, *Boie*]	108
Die Goldheher [Xanthoura, *Bp.*]	108
Der gemeine Blauheher [C. (Cyanocitta) cristatus, *L.*]	108
Der schwarzköppige Blauheher [C. (Cyanocorax) pileatus, *Temm.*]	110
Der blauwangige Blauheher [C. (Cyanocorax) cyanopogon, *Pr. Wd.*]	111
Der blaugraue Heher [C. (Cyanocorax) cyanomelas, *Vieill.*]	111
Der mexikanische Goldheher [C. (Xanthoura) luxuosus, *Less.*]	111
Der peruvianische Goldheher [C. (X.) peruvianus, *Gmel.*]	112
Die Gimpel- oder Finkenheher [Struthidea, *Gld.* s. Brachyprorus, *Cab.*]	112
Der Finkenheher [C. (S.) cinereus, *Gld.*]	112
Die Pfeifkrähen oder Flötenvögel [Gymnorhina, *Gr.*]	113
Der schwarzrückige Flötenvogel [Gymnorhina tibicen, *Lath.*]	115
Der weißrückige Flötenvogel [G. leuconota, *Gld.*]	117
Der tasmanische Flötenvogel [G. organica, *Gld.*]	118
Die Laubenvögel [Ptilonorrhynchi]	118
Der eigentliche Laubenvogel [Ptilonorrhynchus holosericeus, *Gld.*]	120
Der gefleckte Laubenvogel [P. (Chlamydodera) maculatus, *Gld.*]	122

Smith's Laubenvogel [P. (Ailuroedus) Smithi, *Lath.*] 125
Die Kragen- oder Halskragenvögel [Prosthemadera, *Gr.*] 126
Der Pastorvogel [P. Novae-Zeelandiae, *Gmel.*] . . . 126
Die Stare [Sturnidae] 132
Die eigentlichen Stare [Sturnus, *L.*] 135
Der gemeine Star [S. vulgaris, *L.*] 136
Der einfarbige Star [S. unicolor, *Temm.*] . . . 147
Der graue Star [S. cineraceus, *Temm.*] 147
Die Hirtenstare [Pastor, *Temm.*] 135
Der Rosenstar [S. (P.) roseus, *L.*] 148
Die Heuschrecken- oder Mainastare [Acridotheres, *Vieill.*] 135
Der Heuschreckenstar [S. (A.) tristis, *L.*] . . . 150
Der Elsterstar [S. (Sturnopastor) contra, *L.*] . 152
Der Jallastar [S. (S.) jalla, *Horsf.*] 153
Der schwarzhalsige Star [S. (Acridotheres) nigricollis, *Payk.*] 154
Der gelbschnäbelige gehäubte Mainastar [S. (A.) cristatellus, *L.*] 156
Der rothschnäbelige gehäubte Mainastar [S. (A.) cristatelloides, *Hodgs.*] 156
Der braune Mainastar [S. (A.) fuscus, *Jerd.*] . 156
Der javanische Mainastar [S. (A.) javanicus, *Cab.*] 156
Der Ganga-Mainastar [S. (A.) ginginianus, *Lath.*] . . . 157
Die Braminenstare [Temenuchus, *Cab.*] 135
Der graukopfige Mainastar [S. (T.) malabaricus, *L.*] . . . 157
Der Pagoden-Mainastar [S. (T.) pagodarum, *Gmel.*] . . . 157
Der Mandarinen-Mainastar [S. (T.) sinensis, *Gmel.*] . . . 157
Die Beos oder Mainaten, auch Atzeln [Gracula, *L.*, Eulabes, *Cuv.*] 160
Der gemeine Beo [S. (Gracula) religiosus, *L.*] . 163
Der große Beo [S. (G.) intermedius, *Hay*] . . . 163
Der Beo von Java [S. (G.) javanensis, *Osb.*] . 163
Der Andamanen-Beo [S. (G.) andamanensis, *Tytl.*] . 164
Die übrigen Geschlechter der Stare 165
Die Gelbvögel oder Trupiale [Icterus, *Briss.*] . . . 166
Die Hordenvögel [Agelaius, *Vieill.*] 166
Die Stirnvögel oder Kassiken [Cassicus, *Cuv.*] . . . 167

Inhalt.

	Seite
Die Grakeln oder Schwarzvögel [Chalcophanes, *Wgl.*, s. Quiscalus, *Vieill.*]	167
Die Glanzstare [Lamprotornis. *Temm.*]	167
Die Steindrossel [Turdus (Petrocincla) saxatilis, *L.*]	167
Die Amsel oder Schwarzdrossel [T. merula, *L.*] . .	168
Der Kanarienvogel als Sprecher	169
Der Dompfaff [Pyrrhula europaea, *Vieill.*] **als Sprecher**	173
Pflege, Behandlung und Abrichtung der sprachbegabten Vögel	176
Fang	176
Rabenvögel [lustiger Krähenfang] 176; Starvögel [europäischer Star, fremdländische Stare]; Fang der übrigen sprachbegabten Vögel 180; Gimpel 236.	
Eingewöhnung	181
Raben und Krähen, Heher und Elstern 181; Starvögel 182.	
Aufpäppeln	183
Rabenvögel 183; Starvögel 185; Amsel, Steindrossel 190; Gimpel 190, 237. — Allgemeines über die aufgepäppelten Vögel 190 ff.	
Einkauf	192
Rabenvögel 192 [fremdländische Krähenartige 193; Preise der Krähenvögel 194]. — Europäischer Star 195; Rosenstar 195; Mainastare, Beos oder Mainaten, orangeköpfiger Stärling 196. — Kanarienvogel 197; Gimpel 197. — Amsel und Steindrossel 197.	
Versendung	197
Rabenvögel 197; Starvögel 199.	
Empfang	200
Käfige	201
Rabenvögel 201 [Draußenkäfig 203]; Starvögel 205; Pastorvogel 206; Laubenvögel 206; Drosseln 206; Kanarienvogel und Gimpel [Finken=Metallrohrkäfig] 207. — Vogelständer 208.	
Ernährung	209

Inhalt.

Rabenvögel [Kolkrabe und alle eigentlichen Krähen 209, Elstern 210, Heher 211, fremdländische Elstern und Heher 211, kleine und zarte Krähenvögel, Granheher, Jagdkrähen oder Kittas 212, Flötenvögel, Laubenvögel 213] 209 ff. — Pastorvogel 213. — Starvögel [Futtergemische 214, eigentliche Stare, Mainastare, Hordenvögel, Seidenstare, Mainaten 215] 214 ff. — Drosseln [Drosselfuttergemische] 216. — Kanarienvogel 216. — Gimpel 217 216

Abrichtung . . . .
Allgemeines 217; Zähmung 219; Merkmale der Sprachbefähigung 220; Zungenlösen 221; eigentliche Abrichtung 221; Sprachunterricht 221; verschiedenartige Begabung 223. — Rabenartige 224; Starvögel 227; Pastorvogel und Laubenvögel 229; Drosselvögel 230; Kanarienvogel 230; Gimpel 230.

Gesundheitspflege 231
Gesundheitszeichen 231; schädliche Einflüsse 231; Gefiederpflege 232; Fußpflege 233; Schnabelpflege 234; Mauser oder Federnwechsel 235.

Nachtrag 236
Fang und Aufzucht des Gimpel oder Dompfaff 236 ff.

Einleitung.

Hier darf ich auf die Vorzüge des Vogels im allgemeinen nicht mehr näher eingehen, nachdem ich dieselben in diesem Werke, Band I („Die sprechenden Papageien"), bereits gerühmt habe; ich brauche hier vielmehr nur das hervorzuheben, was uns an der zweiten Gruppe der sprachbegabten Vögel als Vorzug vor allem andern Gefieder überhaupt ins Auge fällt.

Soweit wir in Sage und Geschichte zurückblicken, finden wir den Vogel neben dem Menschen, und in gewissem Sinn kann er uns wol gar als ein Maßstab für die Stufe der menschlichen Kultur gelten. Während die Römer in ihrer äußerlich weit vorgeschrittnen, aber innerlich theils übertriebnen und verzerrten, theils rohen Bildung etwas Besondres darin suchten, die Zungen der herrlichsten gefiederten Sänger und das Gehirn sprechender Vögel zu verspeisen — da sehen wir, daß mit dem Zeitalter wahrer Bildung und Humanität solchen Vögeln nicht allein viel höhere Würdigung und Schätzung entgegengebracht wird, sondern daß man sich auch liebevoll in ihr Leben und Weben vertieft und sich bemüht, dasselbe zu ergründen.

Angesichts dieser Thatsache darf ich nun meine Leser von einem ganz andern Gesichtspunkt aus dieser Liebhaberei entgegenführen, als es in früherer Zeit geschehen sein würde. Ich lehre in diesem Buch den Vogel nach seinem ganzen Wesen und nach allen seinen Eigenthümlichkeiten hin kennen, indem ich die Naturgeschichte einer jeden einzelnen Art so eingehend wie möglich gebe. Aber ich wünsche den Lesern auch einen Ueberblick des gesammten Lebens, der Begabung, Leistungsfähigkeit u. s. w. dieser gefiederten Hausfreunde zu verschaffen. Als eine Hauptsache betrachte ich es ferner, die Liebhaber mit den Bedürfnissen einer jeden Art bekannt zu machen, denn nur dann, wenn sie diese genau kennen und zu befriedigen wissen, vermögen sie ihre Vögel in vollem Wohlsein, lebensfrischer Gesundheit und damit bester Leistungsfähigkeit zu erhalten.

Während wir im ersten Bande nur eine Familie und zwar trotz mannigfacher, sehr abweichender Erscheinungen doch ihrem ganzen Wesen nach durchaus gleichartiger Vögel vor uns haben, sehen wir hier zunächst die Angehörigen von zwei Vogelfamilien und sodann noch einzelne Arten aus mehreren anderen, und jede dieser Gruppen sprach= begabter Vögel tritt uns in einer ganz besondern Eigen= artigkeit entgegen.

Am ähnlichsten, wenigstens in gewisser Hinsicht, sind unter den gefiederten Sprechern einander die Papageien und die Raben= oder Krähenartigen. Bei beiden — inbetreff der ersteren habe ich es ja im vorhergegangnen Band genugsam nachgewiesen — dürfen wir uns von einem in der That nicht unbedeutenden Verständniß für das, was sie sagen können, überzeugt halten. Der große Kolkrabe, in geringerm Grade die Raben= und Nebelkrähe, wiederum mehr die Elster und so in recht verschiedenartiger

Weise alle übrigen, gewähren uns unter aufmerksamer Beobachtung ihres ganzen Wesens und natürlich nur im beständigen und liebevollsten Umgang unschwer und mit Sicherheit die Einsicht, daß sie Verständniß für den Sinn der Worte, welche sie sprechen lernen, zu fassen vermögen.

Der wahre Thierfreund und rechte Kenner des Thier- und insbesondre des Vogellebens wird sich darüber, daß ich dies mit solcher Entschiedenheit ausspreche, auch garnicht sehr zu wundern brauchen. Alle Rabenartigen sind seit dem Alterthum her als vorzugsweise kluge, geistig begabte und regsame Vögel bekannt, und nach meiner Ueberzeugung steht bei allem Gefieder, welches überhaupt dazu fähig ist, menschliche Worte nachsprechen zu lernen, diese Begabung mit der geistigen Regsamkeit in entsprechender Wechselwirkung — sodaß also der klügste Rabenvogel, wie Papagei, auch zugleich der beste Sprecher werden kann; ich glaube nicht, daß ich mich in dieser Annahme irre.

Nur beiläufig weise ich bei dieser Gelegenheit die Meinung zurück, die sprachbegabten Vögel seien überhaupt nicht dazu fähig, eine solche Ausbildung zu erlangen, daß sie den Sinn der Worte, die sie sprechen, auch mehr oder weniger klar verstehen. Ueber jene, ebenso gedanken- wie grundlose Behauptung mancher Gelehrten und Ungelehrten, daß der Vogel nur plappern und die Worte lediglich nach Schall und Laut nachahmen lernen könne, sind wir ja glücklicherweise längst hinaus. Jeder Vogelfreund, der die Gelegenheit dazu gehabt und sich die Mühe nicht verdrießen gelassen, wird es mit großer Freude und Genugthuung anerkennen und nicht bloß dies, sondern es auch aus eigner Erfahrung feststellen, daß alle Vögel rings um ihn her je nach dem Grade ihrer geistigen Begabung und Regsamkeit ein Verständniß für die menschliche Sprache zu erlangen vermögen. Sollte es denn so außerordentlich verwunderlich und wirklich so äußerst schwierig sein, für den Natur- und Vogelfreund — alle anderen Menschen mögen ja darüber denken, wie sie wollen — sich in diese Wahrheit hineinzufinden? Sobald das kleine Menschenkind beginnt, sich in geistiger Thätigkeit zu regen, muß es erklärlicherweise alle Gegenstände in seiner Umgebung kennen lernen und Schritt für Schritt eine Fülle von Kenntnissen aufnehmen. Wenn dann bei ihm zunächst auch nur der Schall des Worts seine Wirkung äußert und das kleine zarte Gehirn mit den anfangs nur dem Schall nachgeahmten Lauten Mama, Papa einen Begriff nach dem andern zu erfassen und festzuhalten vermag, so haben wir hierin zugleich ganz genau den Weg der geistigen Entwicklung des Vogels vor uns. Gleicherweise wie bei dem Kinde wird das Wort von ihm zunächst nur im Laut nachgeahmt und ebenso wie bei jenem knüpft sich bei ihm daran allmählich mehr und mehr die Vorstellung. Tritt der Liebhaber zum Papagei früh mit dem Gruß ‚guten Morgen‘ oder zum Raben mit dem Namen ‚Jakob‘, so wird der kluge Vogel, nachdem er in kurzer Zeit den Wortlaut nachahmen gelernt, auch den Sinn begreifen. Wir können uns von der Richtigkeit dieser Behauptung leicht überzeugen durch mannigfache Versuche, die wir mit solchen reichbegabten Vögeln anstellen. Wie der sprechende Papagei (ich bitte im ersten Band S. 363 nachzulesen) niemals die Begriffe der von ihm gelernten Worte in deren Bedeutung verwechseln wird, so ist Gleiches beim reichbegabten Rabenvogel der Fall; denn auch dieser weiß es ganz genau, daß er mit dem Namen ‚Jakob‘ gerufen wird und welche Wirkung es hervorbringt, wenn er unter Nachahmung der Stimme seines Herrn einen Dienstboten mit dessen Namen herbeiruft, einen Hund vom heißen Ofen fort- oder aus dem Zimmer hinausjagt; man kann es ihm ansehen, ob er schelmisch oder ärgerlich ‚Schafskopf‘ ruft u. s. w.

Freilich muß ich befürchten, daß, obwol bei verständnißvoller und sachverständiger Erforschung der geistigen Regsamkeit und Begabung solcher Vögel jeder Ehrlichdenkende die thatsächliche Richtigkeit meiner Behauptungen anerkennen wird, viele Leute trotzdem darin nur Anlaß zum Kopfschütteln und wol gar zu spöttischen Bemerkungen finden könnten; denn es ist und bleibt ja eine leidige Wahrheit, daß ebenso wie das körperliche, namentlich das geistige Leben der uns am nächsten umgebenden Thiere und also besonders auch der Vögel bisher leider nur zu wenig erst der verdienten allgemeinen Aufmerksamkeit gewürdigt worden. Wenn in späteren Jahren die beiden Bände dieses meines Werkes „Die sprechenden Vögel" eine Reihe von Auflagen gewonnen haben — wie ich glaube mit Zuversicht hoffen zu dürfen —, dann werden mir die Forscher, welche sich mit der hochinteressanten Ergründung des Seelenlebens der Thiere beschäftigen, sicherlich rückhaltlos zugeben müssen, daß ich schon beim ersten Erscheinen eines jeden dieser Bände die gründliche Kenntniß und ein volles Verständniß für die Verstandesthätigkeit und die damit verbundene Sprachbegabung allen dazu befähigten Gefieders, und vornehmlich der Papageien und Rabenvögel, in meinen Darstellungen kundgegeben habe.

Da es aber gerade von diesem Gesichtspunkt aus eine meiner Hauptaufgaben ist, immer nur durchaus auf dem Boden der Thatsächlichkeit zu verbleiben, so muß ich nun auch der zweiten Vogelgruppe in diesem Buch gegenüber ganz ebenso rückhaltlos meine Meinung aussprechen. Schon bei den kleineren und kleinsten Papageien hatte ich in meiner vorhin dargelegten Auffassung einen schweren Stand, indem ich zugeben mußte, daß die meisten derselben das menschliche Wort augenscheinlich nur nach dem Wortschall nachsprechen lernen können. Indessen ist dies doch keineswegs ohne Ausnahme der Fall; wir haben einige kleinere Papageien, welche bedeutende Klugheit zeigen und damit wiederum entsprechendes Verständniß für den Sinn der Worte, die sie lernen, zu gewinnen vermögen. Auch diesen kleinen, unbedeutenden Sprechern gegenüber kann ich nach meiner vieljährigen Erfahrung nur meine Ueberzeugung dahin bestätigen, daß jeder Vogel umsomehr für das Verständniß der nachzuredenden Worte empfänglich und befähigt sich zeigt, je höher er geistig begabt ist.

Gerade die zweite Gruppe der Vögel, welche ich in diesem Bande behandle, die Stare, lassen sich nach dem Grade ihrer Sprachbefähigung nur sehr schwer sicher beurtheilen, bzl. schildern. Eine beträchtliche Anzahl von fremdländischen Staren haben wir vor uns, inbetreff derer gleichsam die Sage geht, daß sie reichbegabt, klug und gelehrig zugleich sein sollen. Während dies aber von ihnen in ihren fernen tropischen Heimaten seitens der Eingeborenen und der Reisenden mit voller Entschiedenheit behauptet wird, zeigen sich dieselben Vögel bei uns sämmtlich oder mit nur wenigen Ausnahmen überhaupt kaum sprechensfähig und auch nicht hervorragend klug. Worin diese seltsamen Gegensätze in den Angaben und Berichten inbetreff ihrer eigentlich begründet liegen, darüber haben wir bis jetzt nur Vermuthungen. Volle Wahrheit auf Grund eigner Kenntniß können wir erst über kurz oder lang bei Art für Art durch gründlichere Erforschung gewinnen. Selbstverständlich habe ich diese Starvögel (Eigentliche und Mainastare und Beos oder Mainaten) soweit geschildert, wie ich es irgend auf Grund eignen Wissens, ferner der Mittheilungen seitens der hervorragendsten Kenner und Liebhaber, sowie der tüchtigsten und erfahrensten Händler (J. Abrahams und Chs. Jamrach in London, Karl und Christiane Hagenbeck, sowie H. Fockelmann in Hamburg, C. Reiche und L. Ruhe in Alfeld bei Hannover, G. Voß in Köln a. Rh. u. A.) und der gesammten Literatur vermochte.

Bei anderen Gruppen der Starvögel zeigt sich eine noch viel größere Schwierigkeit. Nach meiner Kenntniß der mannigfaltigsten Vögel aus dieser Familie bin ich nicht abgeneigt, anzunehmen, daß jeder Starvogel überhaupt dazu befähigt sein werde, menschliche Worte nachsprechen zu lernen, natürlich in sehr verschiednem, mehr oder minder bedeutendem Grade; manche ganze Sätze, die meisten vielleicht nur ein oder einige Worte. Aehnliches habe ich ja auch im ersten Band dieses Werks inbetreff der Papageien ausgesprochen und es scheint sich zu bestätigen, indem, wennschon nur allmählich, eine Art nach der andern als Sprecher festgestellt wird: Wellensittich, Lori von den blauen Bergen, Pflaumenkopfsittich u. a. m. Mit den meisten Starvögeln hat es nun freilich noch ein andres Bewenden. Während wir sie in sehr vielen und unter einander mannigfaltig verschiedenen Arten aus mehreren Geschlechtern wol als lebhafte, bewegliche, in vieler Hinsicht interessante Vögel vor uns sehen, so muß der Kenner, welcher sie nicht blos nach den Bälgen, sondern nach ihrer Lebensweise und ihrem ganzen Wesen zu erforschen strebt, zugeben, daß sie (Stärlinge, Hordenvögel, Kuhstare, Reisstare, Lerchenstare, Trupiale, Stirnvögel, Grakeln, Glanzstare) doch keineswegs zu den hervorragend geistig begabten Vögeln gehören. Auf Grund dieser Thatsache werden wir sodann in der Entscheidung der Frage, ob sie wirklich sprachbegabt seien oder nicht, bedenklich unsicher sein. Ein Stärling, der die seltsamsten, nichts weniger als harmonischen, dem Kuhgebrüll u. a. ähnelnden Naturlaute hervorbringt, dürfte, so müssen wir meinen, wol kaum dazu befähigt sein, ein menschliches Wort nachsprechen zu lernen. Damit würde dann also die ganze Gruppe dieser Stärlinge als Nichtsprecher hier fortfallen

— und dennoch durfte und mußte ich sie in diesem Buch wenigstens erwähnen, denn neuerdings haben sich bereits zwei Fälle von solchen Sprechern bei verschiedenen Arten feststellen lassen.

So melodienreich uns auch die Drosseln in ihrer Gesammtheit als Sänger gegenüber stehen — an eine Sprachbegabung würde man bei ihnen am wenigsten denken können, denn einerseits sind sie ja keineswegs geistig reich begabte Vögel und andrerseits könnte man meinen, daß das menschliche Wort für ihre zarten Singmuskeln viel zu rauh und schwer wäre. Dennoch haben wir, wenigstens nach den Behauptungen älterer Schriftsteller, auch aus dieser Familie (im weitesten Sinn) zwei Arten als Sprecher vor uns. Was wollen wir denn aber? Wir sind ja von vornherein im Irrthum befangen, wenn wir meinen, das menschliche Wort stimme nicht zum Singvogelgesang. Einer der am höchsten stehenden gefiederten Sänger überhaupt, aus der Familie der Finkenvögel, dessen klang- wie kunstvolle Melodien sogar zu staunenswerth hoher Veredlung sich ausgebildet haben, der Kanarienvogel nämlich, steht gleichfalls als Sprecher vor uns. Doch eben, weil seine Begabung eine so unendlich reiche und hohe ist, sodaß sie der menschlichen Kunst in bewundernswerther Ausbildung zugänglich geworden, ist er auch fähig, das klangvolle Menschenwort singend, d. h. in den Gesang verflochten, nachzuahmen. Ihm zur Seite tritt schließlich noch ein verwandter gefiederter Gesangskünstler, welcher sich gleichfalls der Ausbildung durch Menschenkunst in bedeutendem Grade fähig zeigt, der Gimpel oder Dompfaff, indem auch er ein menschliches Wort nachzuahmen lernt.

Bei diesen letzteren Gesangs-Sprachkünstlern kann allerdings von einem Verständniß für den Sinn der menschlichen Worte, welche sie nachzuahmen und in ihren Gesang, bzl. ihre Töne einzuflechten lernen, keine Rede sein.

Die raben- oder krähenartigen Vögel [Corvidae].

Bekanntlich haben wir nächst den Papageien als die am reichsten begabten gefiederten Sprecher die Angehörigen dieser großen und über alle Welttheile verbreiteten Vogelfamilie vor uns. Sie treten uns in folgenden Kennzeichen entgegen.

Von kräftigem, gedrungnen Körperbau, haben sie einen mittelgroßen Kopf mit gewölbter Stirn und verhältnißmäßig kurzem Hals, nicht auffallend großen, aber ausdrucksvollen, bei fast allen klug, bei manchen verschmitzt blickenden Augen. Der starke, gerade und dicke, zuweilen leicht gekrümmte Schnabel hat einen flachen Ausschnitt vor der Spitze, welche mehr oder minder gebogen ist, der Oberschnabel ist gerundet, seitlich zusammengedrückt, mit ziemlich scharfen Schneiderändern; der Schnabelgrund, die kreisrunden Nasenlöcher, nebst den Zügeln sind mit langen und starken Borstenfederchen bedeckt. Die mittellangen, spitz zugerundeten Flügel haben zehn große Schwingen und bis vierzehn mittlere und letzte Schwingen, die erste Schwinge ist verkürzt, und die dritte bis vierte, zuweilen die fünfte, sind am längsten. Der aus zwölf Federn bestehende Schwanz ist gerade abgeschnitten und kurz zugerundet, selten stufenmäßig zugespitzt. Die kräftigen Füße haben kurze Zehen, mit starken, aber nicht sehr scharfen Krallen. Das Gefieder ist derb und dicht. Die Farbe ist fast immer dunkel, vorwaltend schwarz, bei vielen metallglänzend und nur bei manchen auffallend bunt. Die Geschlechter sind meistens übereinstimmend gefärbt; das Jugendkleid ist nur matter und düsterer in den Farben. Raben-, Krähen- und Dohlengröße ist bekannt, doch werde ich selbstverständlich bei jeder Art die Maße angeben. Bei allen

Rabenvögeln kommen verschiedene Farbenspielarten vor: blasser oder sonstwie absonderlich gefärbte Vögel, sowie auch verschiedene Schecken, sodann Kakerlaken oder Albinos, gelbliche oder reinweiße Vögel mit schwarzen Schnäbeln und Füßen und rothen Augen. Von weißen Raben wurde bereits im hohen Alterthum gesprochen. Ovid u. A. berichten von solchen. Man glaubte, der Vogel sei nicht von Jugend auf schwarz, sondern anfangs weiß, da er von Himmelsthau genährt werde. In wunderlicher Weise gibt Konrad Geßner Anleitung zur Erzüchtung, indem er vorschreibt, daß man ein Ei mit Rabenschmalz oder Katzenhirn bestreiche und es von einer weißen Henne ausbrüten lasse. Uebrigens ist ein weißer Rabe bis zum heutigen Tage eine sprichwörtliche Seltenheit.

Während die Krähenartigen in den wärmeren Himmels= strichen am häufigsten sind, kommen sie doch auch in den gemäßigten ziemlich mannigfaltig und in beträchtlicher Kopfzahl vor. Als eigentliche Baumvögel, welche sich vornehmlich im Walde und sowol tief im Hochwald, als im Vor= und Feldgehölz, in Hainen, Gärten, auf Baumreihen an den Landstraßen, sowie auch in Feldern und Wiesen, wenn dort nur einzelne Bäume stehen, umhertummeln, gehen die meisten doch am Erdboden ihrer Nahrung nach. Einige leben im Gebirge, wo ihren Aufenthalt Felsenwände und =Spitzen bilden. Mit wenigen Ausnahmen sind alle Rabenvögel gesellig, zuweilen auch zu mehreren Arten miteinander, manche nur zur Zug=, andere auch in der Brutzeit, nur einige leben einsam und unverträglich. In der beiweitem größten Mehrzahl sind sie Standvögel, welche nur zeitweise streichen; unsere einheimischen Arten sammeln sich zur Herbstzeit zu mehr oder weniger großen, manchmal außerordentlich viel= köpfigen Schwärmen an, welche gemeinsame Flugübungen ausführen und nahrungsuchend von einer Gegend in die andre, niemals aber weithin, umherschweifen. Die auf Gebirgen wohnenden kommen zur kältesten Zeit und bei hohem Schnee in niedriger gelegene Striche herab. Fast alle Rabenvögel sind geistig hochbegabt, wie körperlich mit scharfen Sinnen, Gesicht, Gehör und namentlich Geruch, ausgestattet, und infolge dessen klug, vorsichtig, scheu und mißtrauisch, dabei jedoch gelegentlich dreist und keck. Darin liegt es begründet, daß sie verhältnißmäßig leicht zu erlegen sind, obwol sie den Jäger mit dem Gewehr, selbst wenn er unter allerlei Schutz und Verkleidung sich heranschleichen will, schon in der weitesten Entfernung vom harmlosen Landmann oder Wanderer sicher zu unterscheiden wissen. Rauhe und krächzende, weithin schallende Laute bilden ihre Lockrufe und dazu lassen sie ein plauderndes Gegrakel hören; von einem Gesang kann natürlich nicht die Rede sein — während sie nach veralteter systematischer Aufstellung noch immer unter die ‚Singvögel' eingereiht werden. Viele Rabenvögel sind vortreffliche Flugkünstler, welche hoch oben in der Bläue stundenlang in malerischen Windungen kreisen, auch mancherlei Flugspiele ausführen, sodaß sie sich z. B. aus der Höhe plötzlich tief herabfallen lassen und dann allmählich wieder emporsteigen; andere dagegen fliegen nur auf kurze Strecken hin mit raschen Flügelschlägen. Einige gehen schrittweise, andere hüpfen, alle aber bewegen sich geschickt auf dem Erdboden. Ihre Nahrung besteht in allerlei lebenden Thieren, welche sie zu überwältigen vermögen, bei den kleineren in Insekten, Weichthieren, Lurchen, auch Fischen, soweit sie solche erlangen können, bei den größeren zugleich in jungen und alten Vögeln und Vierfüßlern, sodann in todten Thieren (Aas); fast alle fressen auch Beren und andere Früchte, sowie Sämereien, Getreide u. a. Alle Arten leben in Einehe. Die meisten nisten sehr früh im Jahr, manche nur einmal, andere zwei- und nur selten dreimal; auch jene machen gewöhnlich noch eine Brut, wenn die erste zerstört worden. Das Nest ist in der Regel eine offne Schale oder Mulde, welche aus Reisern, Wurzeln und Fasern geformt, mit Thier- und Pflanzen-

wolle und Federn ausgerundet, meistens sehr hoch im Gipfel eines alten Baums, seltner etwa mannshoch im Kiefern=
dickicht steht und dann auch wol mit Reisern überwölbt ist; einige Arten nisten auf Thürmen, in Baumlöchern oder Felsenspalten; nur bei wenigen werden die Nester zu mehreren beisammen errichtet. Das Gelege von vier bis sechs bunten Eiern wird vom Weibchen allein in 14 bis 21 Tagen erbrütet. Uebrigens ist die Bezeichnung Raben=
eltern durchaus unzutreffend, denn alle hierher gehörenden Vögel überwachen und verpflegen ihre Jungen mit außer=
ordentlicher Sorgfalt und Zärtlichkeit. Namentlich beim ge=
meinen oder Kolkraben hat man es mehrfach beobachtet, daß beim Ausrauben des Horsts beide Alten lange oberhalb desselben kreisen, und daß der eine, wahrscheinlich das Weibchen, auf weite Strecken hin hinter den Räubern der Jungen her mit Klagegeschrei fliegt. In der ersten Zeit wird die Brut ausschließlich mit fleischlicher Nahrung von erbeuteten Thieren ernährt, und erst wenn die Jungen selbständig werden, fangen sie an, auch Pflanzenstoffe zu fressen. Bei mehreren Arten ist die Nützlichkeit für den Natur=
haushalt und die menschlichen Kulturen überwiegend, indem sie schädliche Kerbthiere und Nager, wie Feldmäuse bis zum Hamster u. a., vertilgen. Schon seit dem Alterthum her kennt man die Eigenthümlichkeit, daß sie hinter dem Pfluge hergehen, um das blosgelegte Ungeziefer, Engerlinge u. a., zu fressen. Andere aber verursachen durch Räuberei an jungen Nutzthieren und Wild, sowie auch an Getreide, Sämereien, Obst u. drgl., insbesondre aber durch das Zerstören von Vogelnestern, Schaden. Nicht am mindesten groß ist der letzte dadurch, daß sie den schlimmsten ge=
fiederten Räubern, selbst den stärksten und schnell fliegenden Raubvögeln, namentlich aber den langsam fliegenden Arten, wie auch den Möven, meistens zu mehreren vereint,

die Beute abjagen und jene daher zu immer neuen Räubereien nöthigen. So werden manche hier geschützt und gehegt, andernorts verfolgt man dieselben Vögel und sucht sie auszurotten; hier sieht man sie als durchaus nützlich an, dort als schädlich oder doch durch ihr Geschrei, ihre Schmutzerei u. a. als lästig*). Jäger und Jagdberechtigte schießen die Krähen beiläufig in Feld und Wald, wo immer sie ihnen begegnen, am zahlreichsten aber auf der sog. Krähenhütte vor dem Uhu. Am wirksamsten zu ihrer Vertilgung oder besser gesagt zur Verhinderung ihrer zu großen Vermehrung wird natürlich immer das Ausrauben und Zerstören ihrer Nester sein. Schon vor vielen Jahren hatte ich vorgeschlagen**), daß man die jungen Dohlen zur rechten Zeit aus den Nestern rauben und gleich jungen Tauben für den Küchengebrauch verwenden solle; Gleiches empfiehlt Edm. Pfannenschmid inbetreff der jungen Raben-, Nebel- und Saatkrähen, Elstern, Heher, sowie auch der Würger. Sie alle sind, wenn unmittelbar vor oder sogleich nach dem Flüggewerden geraubt, überaus wohlschmeckend. In der Thierwelt haben die Krähenvögel nur an den großen, schnell fliegenden gefiederten Räubern, insbesondre allen Falken und sodann dem Uhu, Feinde, welche ihnen wirklich Abbruch thun können; außerdem überlistet sie hin und wieder der Fuchs und plündern Marder und Katzen ihre Nester. Eine eigenthümliche Erscheinung ergeben manche Krähenartigen — wie übrigens auch andere Vögel — in einer förmlich rührenden Anhänglichkeit an Ihresgleichen, wenn z. B. eine

---

*) Nach dem neuen Vogelschutz-Gesetz für das deutsche Reich sind alle Krähenvögel ohne Schonzeit freigegeben, d. h. sie dürfen von Jagdberechtigten zu jeder Zeit geschossen oder sonstwie erlegt werden, auch wenn sie Eier oder Junge in den Nestern haben.

**) Vgl. Dr. Karl Ruß, „In der freien Natur" und „Handbuch für Vogelliebhaber" II.

Nebelkrähe von einem Jäger heruntergeschossen wird und auf ihr Geschrei hin alle Genossen von weit und breit herbeieilen und unter lauten Klagerufen oberhalb in der Luft hin und her schwärmen, sodaß der Schütze noch eine oder wol gar mehrere herabschmettern kann, bevor der Schwarm voll Entsetzen davonflüchtet und sich vertheilt. Auch wenn ein gefiederter Störenfried, ein Raubvogel, ja selbst ein andrer großer Vogel, z. B. ein Reiher, im Frühjahr in die Nähe der Niststätten kommt, greifen ihn sogleich zahlreiche Krähen vereint an, und dies blindwüthende Losstürzen auf den Uhu wird für sie bekanntlich auf der sog. Krähenhütte nur zu leicht verhängnißvoll. Den furchtbaren, schnellfliegenden Raubvögeln, Wanderfalk u. a., gegenüber äußert sich ihre Klugheit indessen in ganz andrer Weise; denn bei deren Nahen ergreifen sie schleunigst die Flucht. Auch Füchse, Hunde, Katzen u. a. verfolgen sie, wenn sie letztere im Freien aufstöbern, stets mit großem Geschrei.

Für die Stubenvogelliebhaberei haben sie im allgemeinen geringen Werth; manche werden allerdings um ihres hübschen Aussehens und drolligen Wesens willen gern gehalten, ihre hauptsächlichste Bedeutung liegt indessen zweifellos darin, daß sie zu den gefiederten Sprechern gehören. Die Angehörigen der beiweitem meisten Arten lernen unschwer menschliche Worte nachsprechen, doch ist ihre Begabung überaus wechselvoll verschieden und zwar nicht allein bei den Arten, sondern auch bei den einzelnen Vögeln von einundderselben Art. Abrichtungsfähigkeit zum Nachsingen von Liederweisen ist bisjetzt noch nicht bei ihnen festgestellt, dagegen lernen sie wol Melodien nachflöten, manche sogar mit großer Kunstfertigkeit. Alle werden, zumal jung aus den Nestern genommen und aufgezogen, ungemein zahm, und selbst die alt eingefangenen zeigen sich nach kurzer Zeit

furchtlos und wol gar frech. Der Abrichtung zu Kunst=
stücken sind sie nicht leicht zugänglich. Als Stubenvögel
findet man sie nur wenig, viel mehr dagegen auf dem Hof
unter allerlei Geflügel, sowie auch im Garten oder Park.
Falls dies nicht angängig ist, hat man einen solchen Gast
allenfalls im Vorzimmer, lieber auf einem Balkon oder
am allerbesten bringt man den Käfig von außen an der
Wand neben einem Fenster an; immer aber muß der
Wohnort so eingerichtet sein, daß der Vogel durch Ver=
unreinigung nicht Schaden oder Belästigung verursachen kann.
Die Haltung der Rabenvögel im Zimmer birgt mancherlei
Unzuträglichkeiten, denn zunächst pflegt man sie als Allesfresser
mit Fleisch und Pflanzenstoffen möglichst mannigfaltig, vor=
waltend aber mit dem erstern und zwar die meisten am
besten mit Abfällen von der menschlichen Nahrung zu ver=
sorgen; infolgedessen verursachen ihre Entlerungen bei dem
sehr reichlichen Futterverbrauch nur zu arge Unreinlichkeit,
durch welche die Freude an ihnen selbst dem eifrigen Lieb=
haber bald verleidet wird. Wo man einen solchen Vogel
für die Dauer im Zimmer haben muß und ihn garnicht
auf einen Hof u. a. hinauslassen kann, ist die Schwierig=
keit, eine Bedrohung der menschlichen Gesundheit abzuwenden,
sehr groß; selbst die täglich mehrmalige Ausräumung
nebst Ausbrühen der Metallschublade kann nicht verhindern,
daß sich übler Geruch entwickelt. Kein Krähenvogel ist
beim Freiherumlaufen daran zu gewöhnen, daß er an
einundemselben Ort sich entlere, ebenso verunreinigt er
durch Hinauswerfen und Umherschleppen des Futters
Alles rings umher. Weiter ist wohl zu beachten, daß
alle krähenartigen Vögel und je größer und kräftiger
sie sind, um so eher, unter Umständen gefährlich werden
können, indem sie Kindern und sogar Erwachsenen nach den
Augen hacken. Jede unvorsichtige Annäherung muß daher

vermieden werden und wo ein Rabe (selbst eine Elster u. a.) frei umhergeht, müssen jene kleinen Leute ganz besonders behütet werden. Auch Hunden, Katzen u. a. kann er schwere Verletzungen zufügen. Bekanntlich haben die Rabenvögel sodann die Unart, daß sie auffallende, namentlich blanke Gegenstände gern stehlen und verschleppen, woher die Redensarten „diebisch wie eine Elster," „stiehlt wie ein Rabe" u. a. m. herstammen. Auf dem Geflügelhof u. a. zeigen sie sich ebenfalls als schlimme Gäste, da sie alle schwächeren und kleineren Hausthiere überfallen und tödten oder doch verletzen; ein Rabe, selbst eine Dohle und vorzugsweise die Elster, müssen, wenn sie auch den Herbst und Winter hindurch neben dem Federvieh ganz gutartig gewesen, doch während des Frühlings und Frühsommers durchaus im besondern Käfig abgesperrt werden, weil sie sonst an allerlei Junggeflügel, Küchlein u. a. nur zu argen Schaden machen; im Garten und Hain, wo sie dann frei umherlaufen, zerstören sie sämmtliche Vogelnester. Ebensowenig darf man sie im Gesellschaftskäfig mit anderen, schwächeren Vögeln zusammen beherbergen; nur wenn jene mindestens ebenso stark und wehrhaft sind wie sie, ist es thunlich.

Manche von den kleineren Rabenvögeln werden mit Schlingen, Leimruten, Schlagnetzen, die größeren mit Tellereisen oder Fallen, wie schon erwähnt meistens unschwer, gefangen; alle aber, welche häufiger mit den Menschen in Berührung kommen, bzl. in seiner Nähe wohnen, zeigen sich bald so klug, daß sie nur selten zu überlisten sind. Ihre Eingewöhnung und Erhaltung im Käfig verursacht im übrigen kaum bei irgend einer Art große Schwierigkeit. Züchtungsversuche hat man mit ihnen, gleichviel welchen, bis jetzt wol noch nicht angestellt. Im Vogelhandel sind sie fast alle eigentlich nur zufällig zu haben, und ihre Preise stehen daher verhältnißmäßig hoch).

Aus alter Zeit her haben die Raben im Volksleben eine unheimliche Bedeutung, als Aasvögel, Racker- oder Galgenvögel. Ihr Krächzen gilt noch wol heute nach dem Volksmund als unglückverheißend. Mit mehr Recht betrachtet man sie im allgemeinen als Spitzbubengelichter, um ihrer Räubereien an allerlei Nutzthieren u. a. willen. Theils abergläubische und dann wol schon aus dem Alterthum herstammende Vorstellungen, theils neuere naturgeschichtliche Beobachtung ihrer mannigfaltigen Flugbewegungen, ihres verschiedenartigen wechselvollen Krächzens u. s. w. lassen sie im Volksglauben auch als Wetterpropheten gelten. Bis zu unsrer Zeit her haben sie sodann Anlaß zum mannigfaltigsten Aberglauben gegeben, und insbesondre wurden und werden leider bis zur Gegenwart her Rabenvögel, bzl. Theile von ihnen in mancherlei Form als Heilmittel gebraucht, z. B. das Pulver eines verbrannten Raben oder einer Elster bei fallender Sucht oder Krämpfen.

Die **eigentlichen Raben oder Krähen** [Corvinae] entsprechen der gegebenen Beschreibung am meisten und ich habe daher nur noch folgende Merkmale anzufügen: Ihr Körperbau ist kräftig, die Gestalt schlank und die Haltung bei den meisten aufrecht. Der Kopf ist mittelgroß, gewöhnlich mit flacher Stirn. Der etwa kopflange, dicke und starke, unterwärts gewölbte, an der Oberseite gerundete und nach der Spitze hin schwach gebogene Schnabel ohne Haken ist am Grunde mit Borstenfederchen bedeckt, ebenso wie die kreisrunden Nasenlöcher und die Zügel. Die verhältnißmäßig großen, spitzen Flügel erreichen zusammengelegt ungefähr das Ende des Schwanzes, welcher letztre verschieden lang, gerade abgeschnitten oder gerundet, seltener stufig ist. Die Füße sind kräftig, mittelhoch, mit scharf, aber nicht stark gekrallten Zehen. Das Gefieder ist voll und straff. Die Farbe ist vorwaltend schwarz, an bestimmten Stellen metallglänzend. Dazu gilt alles inbetreff der Raben- und Krähenvögel überhaupt Gesagte für die Angehörigen dieser Unterfamilie vornehmlich, und zugleich treten sie uns als die hervorragendsten Sprecher unter allen Krähenartigen

entgegen. Außer mehr oder minder bedeutender Sprach=
begabung, zum Theil mit nicht geringem Verständniß, zeigen
sie auch die übrigen gerühmten Eigenthümlichkeiten: Klug=
heit, komisches Wesen, Zähmbarkeit u. a., in vorzugsweise
hohem Grade. Aber sie ergeben auch mehr als die Ver=
wandten die S. 15 hervorgehobenen Schattenseiten im Umgang
als Stubenvögel. Da sie recht bedeutsam von einander
abweichen, so werde ich auf das eigenartige Wesen in der
Schilderung jeder einzelnen Art näher zurückkommen.

Der gemeine Rabe
[Corvus corax, *L.*].

Aas=, Edel=, eigentlicher, Gold=, großer, Kiel=, Kohl=, Kolk=, Stein= und Volkrabe, großer
Galgenvogel, Golker, Kieltrapp, Kolkrave, große und rauhe Krähe, Raab, Rab,
Rapp, Raue, Rave. — Raven. — Grand Corbeau. — Raaf.

Als der größte unter unseren Krähenvögeln zeigt sich
der Rabe auch absonderlich im ganzen Wesen und in der
Lebensweise; von Bedeutung ist er aber hier für uns als
der gelehrigste und zugleich in geistiger Begabung am
höchsten stehende Sprecher.

Er ist am ganzen Körper einfarbig tiefschwarz, mehr oder minder
metallisch glänzend, an Hals und Rücken stahlblau, an den Flügeln
grün; auch der Schnabel und die Füße sind schwarz, die Augen
braun. Das Gefieder ist glatt anliegend, aus harten, straffen Federn,
die nur in großer Erregung an Kopf und Hals gesträubt werden, be=
stehend. Rabengröße ist bekannt (Länge 64—66 cm; Flügelbreite
125 cm; Schwanz 25—26 cm). Das Weibchen ist fast unbemerk=
bar kleiner und hat etwas schwächern Metallglanz; im höhern Alter
aber erscheinen beide fast völlig übereinstimmend. Das Jugendkleid
ist am ganzen Körper glanzlos, einfarbig düster grauschwarz; die
Augen sind blauschwarz.

Ueber ganz Europa verbreitet, ist er ebenso in Asien,
wie Theilen von Afrika und Nordamerika, im letztern
südlich bis Mexiko, heimisch. Bei uns in Deutschland ist
er, da er hart verfolgt wird, überall schon recht selten ge=

worden. In manchen Gegenden findet man ihn allerdings noch hier und da in einem Pärchen, anderwärts aber garnicht mehr. Nur noch in nordischen Ländern, Rußland, zumal Sibirien, haust er, wie bei uns die Dohle auf den Kirchthürmen u. a. und kommt, wie unsere Krähen, auf die Straßen. Jedes Par bewohnt ein bestimmtes, ausgedehntes Gebiet, vornehmlich im hochstämmigen Gebirgs- oder auch im Küstenwald, niemals in waldloser Gegend, dagegen mit Vorliebe dort, wo Felder und Wiesen an den Hochwald grenzen oder mit Waldstrecken wechseln. Als Standvogel weilt der Rabe jahrein und -aus immer in derselben Gegend; nicht aber gesellig, sondern jeder einzeln oder das Pärchen, welches in lebenslanger Ehe lebt, gemeinsam, selten zwei Pärchen zusammen, gehen sie ihrer Nahrung nach. Im malerischen Fluge sehen wir das Par hoch oben in der Bläue kreisen und daran ist der Rabe schon in der Ferne zu erkennen. Sein Gang ist aufrecht, kopfnickend und den Körper wiegend, gleichsam würdevoll. Rauhe Rufe: rab, kolk, kork, kruk oder klong läßt er für gewöhnlich, zur Parungszeit am Nest aber ein sehr mannigfaltiges und wechselvolles Geschwätz oder Plaudern hören.

Der Horst steht im Wipfel eines der höchsten Bäume oder auch an einer schwer zugänglichen Stelle, auf einem Felsen; derselbe bildet einen großen, aus starken Aesten geschichteten Unterbau, auf welchem die außen von Reisern geformte und innen mit Halmen, Fasern, Flechten, Mos, Thierwolle u. a. ausgerundete Mulde ruht. Wenn nicht besondre Beunruhigung eintritt, die Raben also nicht harte Verfolgung erleiden, wird der Horst alljährlich von demselben Pärchen bezogen. Bereits sehr früh im Jahr, wol schon zu Ende Januar, im Februar oder spätestens zu Anfang März beginnt die Brut, und das Gelege besteht in 4—6 Eiern, welche veränderlich: grünlich, braun und grau gefleckt, auch gestrichelt sind und in 21 Tagen vom Weibchen allein erbrütet werden. In der Regel sind die Jungen zu Anfang des Monats Juni flügge, doch übernachten sie noch lange Zeit in der Nähe des Horsts, aber nicht in demselben. Nur, wenn die erste Brut zerstört worden, legt das Weibchen noch zum zweitenmal. Die Familie hält bis zum Herbst zusammen.

Allerlei lebende und todte Thiere, welche er überlisten, überwältigen, bzl. erlangen kann, von der Maus bis zum Hasen, vom Nest des kleinen Sängers bis zum brütenden Auerhuhn, vom Maikäfer und Regenwurm bis zur ausgewachsenen Schlange, sind die Nahrung des Raben; wo er Fische u. a. Wasserthiere zu erhaschen vermag, frißt er diese gleichfalls und bei Gelegenheit ebenso Aas. Aber auch Früchte, mancherlei Sämereien u. a. Pflanzenstoffe verschmäht er zeitweise nicht. Zur Auffütterung der Jungen sucht das Par vornehmlich allerlei kleine und weiche Thiere zusammen, doch zehrt es dann auch besonders von todten Thierkörpern. Während der Rabe durch Vertilgung von schädlichen Nagern, vornehmlich Mäusen, Ratten, Hamstern u. a., sodann vielerlei Kerbthieren, für die menschlichen Kulturen Nutzen bringt, wird er durch das Ausrauben von Vogelnestern, das Verfolgen von jungem und altem Wild und auch Hausthieren, welche er vermittelst seiner ungemein scharfen Sinne, Gesicht und Geruch, auf weite Entfernungen hin zu erspähen, bzl. zu wittern vermag und mit staunenswerthem Muth, großer Kraft und Frechheit angreift und tödtet, so überaus schädlich, daß man ihn zu den wenigen unter unseren einheimischen Vögeln zählen muß, deren rücksichtslose, unnachsichtliche Verfolgung durchaus nothwendig ist. Aber er zeigt sich so scheu und vorsichtig, daß ihn weder der Jäger mit dem weitestreichenden Schuß zu erlegen, noch der Fänger mit irgend einer Vorrichtung, Eisen, Falle u. a., leicht zu verlocken vermag; kaum jemals wird er aus der Krähenhütte oder vom Horst geschossen. Bei sehr starker Verfolgung entwickelt er bewundernswerthe List und Schlauheit, und so soll er, wenn das Nest von Jägern lange überwacht wird, hoch oben außer Schußweite kreisend, den Fraß für die Jungen in den Horst hinabwerfen. Von seiner reichen geistigen Begabung wissen die Vogelkundigen überhaupt viel zu berichten. Schon Plinius führt als Zeichen derselben an, daß ein zahmer Rabe, um zum Wasser in einem hohen und engen, nur halbgefüllten Gefäß zu gelangen, Steine hineingeworfen habe. Bemerkenswerther ist die mehrfach bestätigte Angabe, daß er Knochen oder Muscheln mit harten Schalen hoch emporträgt, um sie auf Felsen oder Steine hinabfallen zu lassen, sodaß durch das Zerschmettern ihr Inhalt ihm zugänglich wird. Namentlich zur Winterzeit, wenn der Hunger ihn treibt, ist er ein ebenso listiger wie kühner Räuber und schon ältere Schriftsteller stellten ihn dem Fuchs in dieser Hinsicht gleich. Bei Ueberfluß verscharrt er den übrig gebliebnen Raub, um denselben späterhin wieder hervorzuholen; oder er ruft, nachdem er sich selber sattgefressen, seine Genossen herbei. Letztres geschieht auch, wenn Raben vereint ein krankes Thier überfallen oder jagen wollen.

Bereits bei den alten Kulturvölkern war die Naturgeschichte des Raben, wenigstens im allgemeinen, bekannt; Aristoteles berichtet über mancherlei Lebensäußerungen desselben in einer Weise, welche die neuere Forschung im wesentlichen als richtig bestätigt hat. Dagegen fabelten die Alten aber auch außerordentlich viel gerade von diesem Vogel. Uebrigens wurde er im Alterthum als heilig verehrt; er war dem Apoll geweiht und man schwur bei seinem Namen. Raben gehörten sodann zu den sprechenden und abgerichteten Vögeln, mit deren Gehirn nebst Nachtigalenzungen der schwelgerische Römer Heliogabal seine Gäste bewirthete. Schon im alten Rom richtete man Raben dazu ab, einen siegreichen Fürsten bei seiner Heimkehr zu begrüßen, ihm ein Lebehoch zuzurufen u. s. w. — gerade so wie es heutzutage noch mit derartigen Vögeln geschieht.

Alle neueren Vogelwirthe sind darin einstimmig, daß der Kolkrabe, wie schon eingangs erwähnt, eine weit bedeutendere Sprachbegabung als die sämmtlichen übrigen Krähenartigen habe. Und in der That, er dürfte unter allen anderen Vögeln überhaupt den hervorragendsten sprechenden Papageien am nächsten stehen.

Wer ihn mit starker Baßstimme menschliche Worte klar und deutlich nachsprechen hört und außerdem mancherlei andere Laute, wie menschliches Lachen, Hundegebell, Hahnenkrähen, Hennengackern, den schrillen Ton einer Wetterfahne, das Schlagen einer Uhr u. s. w. von ihm vernimmt, alles in einer gewissen komischen Würde nachgeahmt und vorgetragen, wird zugeben müssen, daß er die Beachtung und unter Umständen auch die Zuneigung eines jeden Vogelfreunds in hohem Grade verdient.

Gerade wie bei den sprachbegabten Papageien gehen auch inbetreff des Raben die Meinungen und Urtheile der Beobachter und Kenner überaus weit aus einander. Im Nachstehenden werde ich daher zunächst eine Uebersicht der Aussprüche geben, welche am bedeutungsvollsten ins Gewicht fallen.

A. E. Brehm sagt Folgendes: „Der Verstand des Raben schärft sich im Umgang mit dem Menschen in bewundernswürdiger Weise. Er läßt sich abrichten wie ein Hund, sogar auf Thiere und Menschen hetzen, führt die drolligsten und lustigsten Streiche aus, ersinnt sich fortwährend Neues und nimmt zu wie an Alter, so an Weisheit, dagegen nicht immer auch an Gnade vor den Augen des Menschen..... Er lernt trefflich sprechen, ahmt die Worte in richtiger Betonung nach und wendet sie mit Verstand an, bellt wie ein

Hund, lacht wie ein Mensch, turrt wie die Haustaube u. s. w. . . . Dieser Vogel beweist „wahren Menschenverstand" und weiß seinen Gebieter ebenso zu erfreuen, als andere Menschen zu ärgern. Wer Thieren den Verstand abschwatzen will, braucht nur längere Zeit einen Raben zu beobachten: Derselbe wird ihm beweisen, daß die abgeschmackten Redensarten von Instinkt, unbewußtem Treiben und dergleichen nicht einmal (?) für die Klasse der Vögel Giltigkeit haben können"*).

Wenn ich selbstverständlich diesen viel zu überschwenglichen Worten keineswegs völlig beistimmen kann, so muß ich doch einräumen, daß ich meine frühere Angabe: es sei mir nicht gelungen, mich davon zu überzeugen, daß von den sprachbegabten Rabenvögeln manche mit Verständniß Worte sprechen lernen, jetzt nicht mehr aufrecht zu erhalten vermag**). Mit großer Freude darf ich vielmehr sagen, daß ich seitdem durch eignes Hören und Sehen von außerordentlich hoher Begabung mehrerer Rabenvögel Kenntniß nehmen konnte. Ebenso wie der erstgenannte Forscher spricht auch Edmund Pfannenschmid eine offenbar viel zu hohe Meinung von den Fähigkeiten des Kolkraben aus: „Unter allen Vögeln, welche Worte nachsprechen lernen, steht der Rabe unübertroffen da; kein Papagei ist imstande, die menschliche Stimme nur annähernd so wiederzugeben. Es bleibt stets ein Geleier und Geplapper, bald weniger, bald mehr verständlich***). Der Rabe aber spricht wie ein Mensch, und da er die Worte aus der Brust hervorholt und in der Weise eines Bauchredners hervorbringt, so wird die Wirkung eine große und wohl gar Entsetzen einflößende. Seine Stimme

---

*) A. E. Brehm, „Illustrirtes Thierleben" (Leipzig 1879), zweite Aufl., V.

**) Karl Ruß, „Lehrbuch der Stubenvogelpflege, -Abrichtung und -Zucht" (Magdeburg 1888).

***) Welch' bedeutsamer Irrthum in diesen Worten liegt, werden die Liebhaber beim Nachlesen über den Graupapagei, die großen Amazonenpapageien, die Alexandersittiche u. a. in dem ersten Bande dieses Werks, „Die sprechenden Papageien" (zweite Auflage, Magdeburg, 1887) ersehen können.

macht einen schauerlichen Eindruck, denn seine tiefen Brusttöne scheinen aus der Unterwelt herzukommen. Der Rabe ist sich seiner Macht aber auch bewußt; ihm unliebsame Personen weiß er durch die Modulation seiner Stimme bei passenden Veranlassungen in Furcht und Schrecken zu versetzen. Im übrigen entgeht ihm nichts, er beobachtet Alles, er zieht seine Schlüsse und handelt mit vollster Ueberlegung und — Bosheit. Ich hatte früher einen Raben, einen selten beanlagten Vogel, der mir sehr zugethan war und auf das Wort gehorchte. Er verstand genau meine Stimme wiederzugeben und die Mißverständnisse, welche er gelegentlich dadurch herbeiführte, waren oft urkomisch." Von einem andern Raben berichtet derselbe Beobachter: „Er kennt jeden Familienangehörigen beim Namen, merkt gleich, wenn einer fehlt und verfügt über den bedeutenden Reichthum von 75 Worten, welche er mit einer viel Verständniß verrathenden Zusammenstellung zu gebrauchen versteht."

Am zutreffendsten das Wesen eines hoch begabten sprechenden Raben bezeichnend dürfte die Schilderung vom Amtsgerichtsrath Paske sein*): „Der Rabe war im Alter von 3—4 Wochen aus dem Nest gehoben und vorzugsweise mit Fischen aufgefüttert worden. Unerträglich war sein fortwährendes Schreien nach Nahrung; er wurde aber ruhiger, sobald er selber fressen gelernt hatte. Alsbald begann er auch mit Flugversuchen, die ich in der ersten Zeit überwachte, bis ich mich schließlich nicht mehr um ihn zu kümmern brauchte, da er immer von selbst wieder zurückkam. Ich hielt ihn auf dem mit einer hohen Mauer umgebenen Gefängnißhof, wo ich ihn vom Fenster meines Amtszimmers aus beobachten konnte. Auf meinen Ruf kam er an dasselbe geflogen, ließ sich hier füttern und hielt hier auch regelmäßig seine Nachtruhe. Nach und nach verübte er mancherlei lose Streiche. So flog er mit Vorliebe durch offenstehende Fenster in die Zimmer hinein, richtete hier nicht allein allerlei Unfug an, sondern ließ sich auch kaum vertreiben. Eines Tags gerieth er durch das Fenster in den Saal, in welchem gerade eine Militärgerichtssitzung abgehalten wurde, setzte sich auf den mit Schreibzeug und Akten bedeckten Tisch und war zum Verlassen desselben durchaus nicht zu bewegen, bedrohte vielmehr Jeden, der ihn angreifen wollte, mit dem Schnabel, bis man schließlich zu mir schickte, worauf ich ihn ohne Widerstand entfernte. Ein andermal zertrümmerte

---

*) „Die gefiederte Welt" 1881 (Magdeburg, seit 1872).

er einem im gegenüberliegenden Hause wohnenden Herrn, der von der Pariser Weltausstellung eine Anzahl Andenken mitgebracht und diese auf einem Spind aufgestellt hatte, den größten Theil derselben. Wiederholt nahm er auf der Straße spielenden Kindern Bälle u. dergl. fort und trug sie im Fluge nach Hause, wo er alles in hierzu aufgesuchten oder mit dem Schnabel hergerichteten Schlupfwinkeln, die er durch Verstopfen mit Papier u. dergl. spähenden Blicken zu entziehen suchte, versteckte, um es gelegentlich, wenn er sich langweilte, wieder hervorzuholen. Dies that er namentlich auch mit der ihm gereichten Nahrung bei Ueberfluß. Da sich schließlich von allen Seiten Klagen über ihn erhoben, so sah ich mich genöthigt, ihm einen Flügel zu stutzen. Von nun an begann er gewissermaßen ein ganz andres Leben; er fühlte Langeweile und vertrieb sich diese durch Nachahmen von allerlei Tönen. Bald bellte er wie ein Hund, bald krähte er wie ein Hahn und in diesen Uebungen gefiel er sich stundenlang. Eines Tags überraschte er mich, indem er seinen Namen ‚Jakob‘ deutlich aussprach; später lernte er noch eine große Zahl anderer Worte, ja, ganze Redewendungen hinzu. Oft hat er den Gefangenwärter in Verlegenheit gebracht, indem er ihn laut bei Namen rief, während dieser dann nicht wußte, zu wem er kommen sollte. Bei meinen täglichen Besichtigungen begleitete er mich regelmäßig in die nach dem Hofe mündenden Gefängnißzellen, und hier hielt er unter den Insassen strenge Musterung. Gegen zerlumpt aussehende Kerle hatte er Widerwillen, den er dadurch äußerte, daß er ihnen in die Beine biß. Es dauerte immer einige Tage, bis er sich mit neu hinzugekommenen Gefangenen befreundete, und die letzteren kannte er stets sogleich aus den übrigen heraus. Auf demselben Hof, den er bewohnte, wurden auch Hühner und eine Katze gehalten und mit diesen sowol als jener lebte er fortwährend in Unfrieden. Er nahm die Eier aus den Hühnernestern fort, trug sie, wenn er dabei ertappt wurde, im Schnabel, ohne sie zu zertrümmern oder fallen zu lassen, davon und öffnete sie erst, wenn er sich unbeobachtet glaubte. Schließlich folgte er den Hühnern, wenn sie zum Nest gingen und zog ihnen das gelegte Ei unter dem Leibe fort; eine Henne, welche sich zur Wehr setzte, tödtete er durch Schnabelhiebe und begann sie zu fressen. So mußten die Hühner also abgeschafft werden. Die Katze peinigte er und zwickte sie mit Vorliebe am Schwanz, was er namentlich auch bei den zufällig auf den Hof kommenden Hunden that, denen er, wenn sie nach ihm schnappten, immer sorgfältig auszuweichen vermochte. Als die Katze Junge hatte, benutzte er eine kurze Zeit ihrer Abwesenheit, um

eins nach dem andern aufzufressen. Auch war er ein eifriger Ratten=
fänger; diesen lauerte er vor ihren Löchern auf und nie habe ich be=
merkt, daß ihm eine einmal gepackte Ratte noch entkommen wäre;
selbst wenn die Katze eine solche gefangen hatte, jagte er ihr dieselbe
ab. Mittlerweile waren ihm die Flügel wieder nachgewachsen, er
machte wie früher seine Ausflüge auf die Straßen, neckte
Kinder und Erwachsene, entwendete alle möglichen Gegenstände und
verübte die verschiedensten losen Streiche, die ihm jedoch mit Rücksicht
auf seine Drolligkeit und da er allbekannt war, immer verziehen
wurden. Eines Morgens war er verschwunden; dem Vernehmen nach
ist er auf einem englischen Dampfer ausgeführt worden."

Als Kenner sprechender Vögel überhaupt gibt Dr.
Lazarus sein Urtheil über den Raben in Folgendem ab:
„Im ganzen halte ich ihn für den am höchsten sprachbegabten unter
unseren einheimischen Vögeln und stelle ihn sogar dem Star voran.
Meine beiden Raben sprechen viel, deutlich und so laut, daß man
sie oft zwei= bis dreihundert Schritte weit hört. Besonders der eine
spricht ganze Sätze mit solcher Deutlichkeit, daß die anderen Haus=
bewohner oft meine Stimme zu hören glauben, wenn der Vogel Jemand
von den Dienstboten beim Namen ruft oder die Redensart ‚Konstantin,
den Vögeln Essen geben‘ sagt. Weil dieser Rabe sehr oft von allerlei
Leuten, welche den Hofraum betreten, geneckt wird, so lehrte ich ihn
den Ausspruch: ‚O, was für ein Esel bist Du!‘, welchen er auch oft
und dazu bei richtiger Gelegenheit anwendet. Außerdem spricht er
noch vieles Andre in deutscher und polnischer Sprache, hustet, bellt,
kräht u. drgl. und besonders läßt er sich des Abends hören".

Von einer liebevollen Vogelfreundin, einem Fräulein, dessen
Namen ich leider nicht zu nennen vermag, will ich eine hübsche
Schilderung wenigstens im Auszuge anfügen*): „Durch Zufall
gelangte ich in den Besitz einer Brut junger Edelraben. Die beiden
alten Vögel waren todt unter dem Horst gefunden (wahrscheinlich
vergiftet) und da das Geschrei der hungernden Jungen wahrhaft herz=
zerreißend erschallte, so ließ mein Vater einen jungen Bauer zu dem
auf einer mächtigen Espe stehenden Horst emporklettern; die vier jungen
Vögel wurden vermittelst eines Korbs herabgelassen. Von den Jungen,
denen an Schwanz und Flügeln bereits die Federn zu sprießen be=
gannen, waren nur zwei noch imstande zu schreien und die Schnäbel

---

*) „Gefiederte Welt", Magdeburg, 1882.

zu sperren; die beiden anderen erschienen bereits halbtodt vor Hunger. Durch Einflößen von Milch, sowie Stopfen mit hartgekochtem Ei und Brot erhielt ich aber auch sie am Leben und brachte alle vier unter Zugabe von rohem Fleisch, gekochten Kartoffeln, Ei u. a. zu vortrefflichem Gedeihen. Es scheint, daß beim Auffüttern möglichst häufiger Wechsel der Nahrungsmittel eine Hauptbedingung des Wohlgedeihens ist. Nachdem ich drei von den jungen Raben verschenkt und der in meinem Besitz befindliche nach etwa 4 Wochen bereits allein fressen und gut fliegen gelernt, begann ich ihn nach Dr. Ruß' „Handbuch für Vogelliebhaber" abzurichten. Er entwickelte sich als ein schöner, kräftiger Vogel, mit glänzendem, glatt anliegendem Gefieder, der uns, d. h. meinen Angehörigen und mir, stets wie ein treuer Hund nachfolgte, theils hüpfend, theils fliegend, und uns durch seine ergötzlichen Streiche viel Vergnügen bereitete. Allerliebst sah es aus, wenn ein kleiner Hund, ein weißes Kätzchen und der Rabe unsre Begleitung bildeten, letzterer gewöhnlich bemüht, die Katze am Schwanz zu ergreifen, was er zuweilen auch bei dem Dachshund versuchte, der dann um sich schnappte, aber so verständig war, daß er niemals ernsthaft nach dem Raben biß. Am tollsten trieb der letztre es mit dem großen Kettenhund, einem Bernhardiner, und ich habe oft die Langmuth des guten treuen Thiers bewundert. Gleich von vornherein hatte ich den Raben daran gewöhnt, auf meinen vorgehaltenen Arm zu klettern, auf welchem er sich forttragen ließ, ohne daß ich es nöthig hatte, ihn festzuhalten. Dies Verfahren ist insofern empfehlenswerth, als man dann den Vogel nicht zu fangen und zu greifen braucht. Uebrigens ließ er sich besonders von Frauen, wenn sie freundlich zu ihm sprachen, anfassen und streicheln, falls sie sich ihm langsam näherten, während ein andrer zahmer Rabe, den ich bei einer befreundeten Familie sah, wüthend um sich biß, selbst wenn Angehörige des Hauses, außer dem Hausherrn, sich ihm näherten, um ihn zu streicheln. Sobald mein Rabe fliegen konnte, wurde für ihn in einer Ecke des Hausflurs, hoch oben nahe der Decke, eine Sitzstange angebracht, welche er bereitwillig bestieg, wenn ich ihn auf dem Arm daranhielt; später brauchte ich nur, wenn ich ihn von außen hereinbrachte, mit der Hand nach der Stange zu zeigen und ein par ermunternde Worte zu sprechen, so flog er sogleich auf seinen Sitz. Seine vielen Streiche zu beschreiben vermag ich nicht. Bei meinen Spaziergängen, wenn er mich begleitete, wurde er nicht selten von mehreren Krähen vereint angegriffen und arg zerzaust. Einst hatten sie ihm einen Flügel verstaucht, sodaß ich ihm mit vieler Mühe den Verband, welchen er stets losriß, immer wieder anlegen mußte, wobei er mich aber trotz heftiger Gegenwehr und entsetzlichen Schreiens doch niemals empfindlich biß; der Flügel heilte gut wieder ein. In der Zeit seiner Krankheit hörte ich ihn zum erstenmal unsern Familiennamen aussprechen, den ich ihm seit Wochen täglich mehrmals vorgesagt. Es macht übrigens, nebenbei bemerkt, natürlicherweise große Schwierigkeit, einen Vogel in der Freiheit, auch wenn er sehr zahm ist, mit Erfolg zu unterrichten. Erblickte ich z. B. meinen Raben zufällig draußen irgendwo sitzend und hörte sein unartikulirtes Geplapper, so benutzte ich die gute Gelegenheit, ihm ein Wort, welches er lernen sollte, vorzusprechen, und es machte mir vielen Spaß, wenn „Hans" sich sichtlich bemühte, es nachzunahmen. Aber während ich ihn in seine Aufgabe ganz vertieft glaubte, erregte plötzlich meine Uhrkette, der Besatz meines Kleides oder irgend ein andrer Gegenstand seine Aufmerksamkeit, und mit der schönen Unterrichtsstunde war es vorbei. Sobald er gut fliegen konnte, begann er allein, besonders wenn niemand von uns draußen war, auf den benachbarten Feldern umherzufliegen und ging auf die Höfe, selbst in die Stuben der Bauern, ohne sich jedoch von einem Unbekannten fangen zu lassen. Jeden fremden Hund griff er heftig an, und ich fürchtete immer, daß er dabei einmal seinen Tod finden könne. Sodann drang er einst bei uns in den Taubenschlag und tödtete mehrere junge und selbst alte Tauben. Endschließlich war er eines Tags plötzlich verschwunden und wir haben nie wieder etwas von ihm gehört. Es läßt sich wol annehmen, daß er auf einem Nachbarhof von Hunden erwürgt oder bösartigen Jungen erschlagen ist; daß er sich verirrt haben oder absichtlich fortgeflogen sein könne, erscheint doch keinenfalls glaublich".

Einen hübschen Zug theilt E. Pfannenschmid noch von seinem Raben mit, welcher von Emden aus nach Berlin zur Ausstellung des Vereins „Ornis" und sodann wieder heimgeschickt worden: „Kaum hatte ich den Kasten geöffnet, so war auch der Vogel schon draußen. Mit aufgehobenen Flügeln, aufgeblähten Kopf- und Halsfedern kam er mir entgegengehüpft; mit wunderlich schnalzenden Lauten schmiegte er sich an mich, legte seinen gewaltigen Schnabel bald an diese, bald an jene Seite von meinem Knie, strich damit über meine Hand und meinen Rockärmel, während ich mit der andern Hand ihn liebkoste und versuchte, mit weit geöffnetem Schnabel mir seine Erlebnisse zu erzählen. Später sah ich, nachdem er sein Gefieder wieder in Ordnung gebracht hatte, daß er einem großen Hahn, mit welchem er früher auf Kriegsfuß stand, die gleiche

Freundschaft erzeigte. Dieser Vorgang war urkomisch. „Jakob er=
zählte, genau so wie ein Mensch sich gebehrdet, mit aufgehobenen
Flügeln und aufgeblähten Kopf= und Halsfedern. Der Hahn war
dicht an ein trennendes Drahtgitter getreten und hörte mit gesenktem
Kopf anscheinend höchst aufmerksam und verwundert zu. Dies dauerte
ungefähr 10 Minuten. Jetzt begrüßt mich der Rabe an jedem Morgen
in der geschilderten Weise".

In meiner Sammlung habe ich einen ausgestopften Raben,
welcher zu den größten gehören dürfte, die es jemals gegeben hat.
Er wurde mir von Herrn Dr. Lazarus zur Untersuchung zugeschickt,
mit der Angabe, daß er ein vorzüglicher Sprecher und viele Jahre
im Besitz einer befreundeten Familie gewesen und dann plötzlich ge=
storben sei. Die Untersuchung ergab, daß er einen Cigarrenstummel
hinuntergeschluckt hatte.

Allbekannt sind die zahllosen Geschichten und Scherze,
welche der Volksmund von gezähmten Raben erzählt, und
jede Naturgeschichte hat sicherlich eine oder einige derartige
Anekdoten aufzuweisen. So löst der neckische Vogel eilig
die Zügel, mit denen ein Bauer sein Roß am Zaunpfahl
festgebunden, fliegt dem Pferde dann auf den Kopf und
scheucht es durch Flügel= und Schnabelhiebe in die Flucht.
Ein andermal sieht er zu, wie Gemüse gepflanzt wird, und
nachdem die Leute fort sind, zieht er jede Pflanze heraus
und steckt sie mit den Blättern nach unten und den Wurzeln
nach oben wieder in die Erde. Noch ein andermal sitzt
er dabei, als ein junges Mädchen Klavier spielt und leidet
es nicht, daß sie aufhört, sondern treibt sie mit wüthenden
Schnabelhieben immer wieder an, bis endlich Jemand kommt
und das geängstigte Fräulein durch Verscheuchen des ge=
fiederten Unholds erlöst.

Seit altersher spricht der Volksmund dem Raben
(und der Elster) gegenüber von Diebereien, die sie an
goldenen Ringen und anderen Kleinoden ausüben, und es
gibt bekanntlich schauerliche Geschichten von unschuldig hin=
gerichteten Dienern, welche durch den Diebstahl eines Raben

in Verdacht gekommen waren. Noch jetzt sehen wir, gleichfalls in den meisten Naturgeschichten, die Angabe, daß man in den Horsten dieser Vögel silberne Löffel u. drgl. nicht selten finden könne; aber mindestens liegt dabei stets eine nur zu arge Uebertreibung vor. Wol ist es richtig, daß die Krähenvögel auffallende, zumal glänzende Dinge umherschleppen, in einen Schlupfwinkel oder in ihren Horst tragen; durch ihre Verfolgung aber sind sie im Freien doch schon so verringert oder scheu geworden, daß wol kaum irgendwo noch ein derartiger Diebstahl vorkommen kann, und wer einen solchen Krähenvogel gezähmt in seiner Umgebung hält, wird ihn sicherlich so zu überwachen vermögen, daß er kein derartiges „schweres Verbrechen" begehen kann.

Alles über das Gefangenleben der Rabenvögel im allgemeinen S. 14 Gesagte bezieht sich wiederum im guten wie im schlimmen Sinn vorzugsweise auf den Raben; trotzdem muß ich es hier noch besonders hervorheben, daß Vorsicht im Umgang mit ihm, und zwar nicht blos bei einem frisch angeschafften, sondern auch bei dem am besten gezähmten, lange Jahre in unserm Besitz befindlichen Kolkraben durchaus nothwendig ist. Kinder und selbst Erwachsene sind vor plötzlichem Hacken nach dem Gesicht und besonders den Augen bei unbedachtem Nahen niemals sicher. Sehr lästig wird ein zahmer, frei umherlaufender Rabe auch insofern, als er barfüßig gehenden Dienstleuten u. A. leicht schlimme Verwundungen beibringen kann. Daß dieser Vogel für alle kleineren Hausthiere, vom Hofgeflügel bis zu Katzen und Hunden, nur zu gefährlich werden kann, will ich noch beiläufig, aber mit Nachdruck wiederholen. Gerade der Rabe ist als Stubenvogel, abgesehen von seinen erwähnten Schattenseiten, auch um deswillen durchaus nicht zu halten, weil er nicht allein nur zu arg schmutzt, sondern auch an sich einen sehr üblen Geruch verbreitet, zumal, wenn er, was zu seinem Wohlsein erforderlich ist, oft und viel mit rohem Fleisch gefüttert wird.

Neuerdings ist die bereits aus früher Zeit her allgemein verbreitete Angabe, daß der Rabe ein sehr hohes Alter erreichen kann, bezweifelt worden; aber dieselbe beruht im wesentlichen durchaus auf Thatsächlichkeit. Pfannenschmid berichtet, daß eine ihm befreundete Familie einen solchen Vogel habe, der „bei allen Kindern Pathe gestanden und die ganze Geschlechtsreihe hat heranwachsen sehen". Er steht gegenwärtig im 92. Lebensjahr, hält außerordentlich auf sein Aussehen und macht bei seiner bedeutenden Stärke einen sehr würdigen Eindruck. Dr. Lazarus erzählt von einem Raben, welcher im Alter von 55 Jahren noch durchaus gesund, frisch und kräftig war. Ein leider ungenannter Berichterstatter schildert in glaubwürdiger Weise einen noch viel älteren Raben*). „Auf dem Landhause meines im Alter von 98 Jahren 1851 verstorbenen Vaters befand sich auf dem durch hohes Gatter abgeschlossenen Federviehhof auch ein Kolkrabe. Natürlich hatte derselbe größere Freiheit als seine gefiederten Genossen, mit Ausnahme der Tauben. Alljährlich wurden unserm ‚Jakob' die Flügel gestutzt, aber nur soweit, daß er an einem hohen und weiten Fluge gehindert war; Haus, Hof, der große Garten, selbst die nahe Dorfstraße blieben ihm zugänglich. Niemals mißbrauchte er diese Freiheit zu weiteren Ausflügen, sondern regelmäßig kehrte er abends in seine Nachtherberge, je nach dem Wetter auf oder in der Hundehütte, zurück. Mit dem Hofhund lebte er in besonderer Freundschaft, doch führte er die Herrschaft, und auch sämmtliche Dorfhunde hatten Furcht vor ihm. Aus meiner Kindheit her erinnere ich mich noch, wie er eines Tags gelegentlich des Besuchs eines benachbarten Gutsbesitzers, der einen großen und bösen Wolfshund mit sich führte, diesem, als er ihn angreifen wollte, im Augenblick auf dem Kopf saß und ihn mit seinem starken und spitzen Schnabel derartig bearbeitete und zauste, daß der Gärtner den Hund von seinem Peiniger befreien mußte, welcher letz-

---

*) „Gefiederte Welt", Magdeburg, 1883.

tere darauf ein Triumphgekrächz erhob. Da „Jakob", abweichend von seinen Artgenossen, von jeher wenig Diebsneigungen gezeigt, so war es ihm auch vergönnt, die Küche im Erdgeschoß des Hauses zu besuchen; regelmäßig zur Mittagszeit, wenn die Glocke die Dienstleute zum Essen herbeirief, stellte auch er sich ein und empfing seine reichliche Atzung. Dieser Rabe war nun bereits seit den frühesten Kinderjahren meines hochbetagten Vaters, also etwa seit 1753—1759 auf dem Gut und der Papa erzählte mir oft, wie es ihn ergötzt, wenn ich über 60 Jahre später gerade so wie er, mit dem zudringlichen Vogel das Frühstücksbrot getheilt. Alle Kriegsstürme, welche über das Besitzthum meiner Eltern hereingebrochen und manche Zerstörungen und Veränderungen auf demselben herbeigeführt, hat der Rabe überdauert und wenn ich, nachdem ich i. J. 1823 das elterliche Haus verlassen, dasselbe in Zwischenräumen von 2—3 Jahren besuchte, wurde ich von „Jakob" wiedererkannt und mit Flügelschlagen und markerschütterndem frohen Gekrächz begrüßt, während er gegen fremde Besucher äußerst zurückhaltend sich zeigte. Im Jahre 1848 brachte ich meine ältesten Söhne von 8 und 5 Jahren mit, und in wenigen Tagen hatte der alte Rabe sich mit diesen befreundet, wie vor länger als 90 Jahren mit dem Großvater und vor 40 Jahren mit dem Vater. Nach dem Tode meines Vaters ging das Besitzthum in andere Hände über und „Jakob" wurde dem neuen Besitzer überwiesen und empfohlen. Wie lange er nun noch gelebt, weiß ich nicht, er zeigte sich aber bei der Uebergabe noch ebenso munter wie in früheren Jahren und sein Gefieder war voll und glänzend schwarz".

Die Rabenkrähe [Corvus corone, *Lath.*] und **die Nebelkrähe** [Corvus cornix, *L.*].

Aas-, Feld-, gemeine, Raub-, schwarze Krähe, schwarze Hauskrähe, Kräge, Kropp, Quake, Feld-, gemeiner, Krähen- und Mittelrabe. — Carrion Crow. — Corneille noire. — Witte Kraac.

Aas-, gemeine, graue, Krab-, Luder-, Mantel-, Sattel-, Schild-, Schnee-, Todten- und Winterkrähe, Graumantel, Graurücken, Gacke, Nebelkrapp, grauer Krähs und Nebelrabe. — Hooded Crow. — Corneille mantelée. — Bonte Kraac.

In der äußern Erscheinung sowol als im ganzen Wesen und in allen Eigenthümlichkeiten sind diese beiden Krähen dem Raben überaus ähnlich und namentlich die erstre unterscheidet sich von ihm eigentlich nur durch die bedeutend geringre Größe. Sodann sind beide aber mit

einander so sehr übereinstimmend, daß man sie für Farben=
spielarten von einundderselben Art ansehen kann, umsomehr
da sie sich auch nicht selten mit einander paren und fort=
pflanzen. Die meisten Vogelkundigen halten sie indessen
noch für selbständige neben einander stehende Arten.

Die **Rabenkrähe** ist am ganzen Körper einfarbig tiefschwarz,
stahlblau glänzend, Schnabel und Füße sind ebenso schwarz und die
Augen dunkelbraun. Krähengröße (Länge 48 cm, Flügelbreite 100 cm,
Schwanz 20 cm). Das Weibchen ist kaum bemerkbar kleiner, sonst
durchaus übereinstimmend. Das Jugendkleid ist matt graulich=
schwarz. — Die **Nebelkrähe** ist nur an Kopf, Nacken, Vorderhals,
Brustschild, Flügeln und Schwanz schwarz, am ganzen übrigen Körper
aber hellaschgrau. Auch bei ihr ist das Weibchen in der Färbung
nicht verschieden. Das Jugendkleid ist düstrer und matter gefärbt.
Reinweiße und gescheckte Vögel kommen bei beiden Arten, aber selten,
vor. Pfannenschmid berichtet von einer bunten Nebelkrähe, welche er
erlegt: Gesicht um die Augen, Schwingen und Schwanzfedern am
Grund reinweiß, Spitzen der Schwingen und Schwanzfedern schwarz.

Die Verbreitung der Rabenkrähe erstreckt sich über
Westeuropa; auch kommt sie in Nordafrika, Nord= und
Mittelasien vor. Die Heimat der Nebelkrähe dagegen ist
der Norden, das ganze östliche Europa, sowie ein Theil
von Kleinasien und Nordostafrika. Als die Grenzscheide
zwischen den Wohngebieten beider ist in Deutschland die
Elbe anzusehen. Wo beide Krähen neben einander leben,
kommen Mischbruten nicht selten vor, in denen die Jungen
fast immer theils die Färbung der Raben=, theils die der
Nebelkrähe zeigen. Schon hieraus erhellt nach meiner
Ueberzeugung, daß beide nur Oertlichkeitsformen einund=
derselben Art sind; denn wären sie zwei verschiedene Arten,
so würden die Jungen stets ein Mischlingsgefieder zeigen.
Im Süden lebt die Rabenkrähe als Standvogel, in nörd=
licheren Gegenden als Strichvogel; die Nebelkrähe dagegen
ist überhaupt mehr Standvogel, welcher zur kalten Jahres=
zeit zwar auch umherstreicht, aber nicht weit westwärts oder

südwärts geht. Bei Wintersnoth kommen sie beide, doch die letzte mehr als die erstre, in die Ortschaften, auf Straßen und Höfe, um hier auf Dunghaufen u. a. Abfälle zu suchen. Beide bewohnen lichtere Gehölze, Vor- und Feldwald, sowie auch Baumgärten; nur selten sind sie tief inmitten des Waldes zu finden. Wo sie nicht verfolgt werden, halten sie sich immer gern in der Nähe des Menschen auf und übernachten auf Baumreihen an den Landwegen, selbst auf hohen Bäumen inmitten der Ortschaften oder sogar auf dem Kirchthurmdach.

Die Krähen führen eine sehr regelmäßige Lebensweise. Abends kommen sie in einem großen Schwarm oder in einzelnen Flügen herbei, um sich an den erwähnten Orten festzusetzen. Mit dem anbrechenden Morgen vertheilen sie sich nahrungsuchend in kleineren Scharen oder pärchenweise; mittags fliegen sie zur Ruhe auf Bäume mit dichten Kronen, um dann nachmittags wieder nach Nahrung auszuziehen. In ihren Bewegungen sind die Krähen, wenn auch nicht anmuthig, so doch gewandt und ausdauernd zugleich. Auf der Erde gehen sie schrittweise, kopfnickend und dann abwechselnd hüpfend. Der Flug ist anscheinend unbeholfen mit raschen Flügelschlägen, bei Verfolgung und Neckerei aber vermag die Krähe geschickte Schwenkungen auszuführen und hoch oben in der Luft in ähnlicher Weise malerisch zu kreisen wie der Rabe, wenn auch freilich beiweitem nicht so anhaltend und schön. Krähenschwärme unternehmen, zumal im Herbst, häufige Flugübungen und vergnügen sich mit solchen wol stundenlang; so steigen sie allmählich immer höher, lassen sich dann einzeln schnurgerade herabfallen und kreisen weiter. Bei den großen Versammlungen auf Bäumen oder im Fluge erheben sie weithin schallendes Geschrei und ihre Laute sind überhaupt recht mannigfaltig. Für gewöhnlich hören wir die rauhen

Rufe: schwart, grab, hoch krüh, und wenn sie auf einen Raubvogel stoßen oder einander jagen, ein absonderliches Knarren: krrr; Gloger bezeichnet ihre Laute: krah oder kräh, im Wohlbehagen gedehnt krähorr, dann ein hohes tlack oder kluck, ein tiefes kolk, talk, dralk und korrak.

Während sich das Krähenpar das ganze Jahr hindurch, auch im großen Schwarm, immer beisammen hält, sodaß beide wenigstens unfern von einander ihrer Nahrung nachgehen u. s. w., sondern sie sich gegen das Frühjahr hin parweise ab. Jetzt führt das Männchen einen seltsamen Liebestanz auf oder es zeigt doch sonderbare Bewegungen unter Verneigungen, Ausbreiten des Schwanzes und der Schwingen und mit krakelndem Geschwätz. Das Nest wird auf einem Unterbau von Zweigen aus Halmen, Fasern, Wurzeln, namentlich Quecken, Gräsern als eine Mulde errichtet und mit weicheren Halmen, Bast, Mos, Pferde- u. a. Thierhaaren ausgerundet. Bei Verfolgung bringt auch die Krähe, gleich der Elster, eine Lage von Lehm oder thoniger Erde auf den Reiserbau, um darauf das Nest zu vollenden. Das Gelege besteht in 3—7, im Durchschnitt aber 4 Eiern, welche blaugrün, sehr veränderlich, olivengrünlichbraun, dunkelgrün, aschgrau und schwarz gepunktet und gefleckt sind und vom Weibchen allein in 20 Tagen erbrütet werden. Meistens wird nur eine Brut zu Ende März oder im April und nur wenn die erste zerstört worden, noch eine zweite im Juni gemacht. Ohne eigentlich gesellig zu nisten, bauen die Krähen doch nicht selten ihre Nester unfern von einander und die dann nachbarlich wohnenden Pärchen befehden oder vertreiben sich gegenseitig nicht aus einem bestimmten Brutbezirk. Nach beendeter Nistzeit schlagen sie sich in mehr oder minder vielköpfige Scharen zusammen, welche umherstreichen.

Die Nahrung der Krähen besteht eigentlich in allem,

was eßbar ist, zunächst in lebenden Thieren, Insekten und Gewürm, auch Vögeln und Vogelbruten, sowie Vierfüßlern, Mäusen und allen übrigen Nagern, welche sie nur überwältigen können; am Flußufer und Meeresstrand suchen sie auch eifrig todte Fische und andere ausgeworfene Thiere, aber zur Laichzeit, wenn Fische in flaches Wasser am Ufer kommen, können sie hier bedeutsam schaden. Sodann fressen sie begierig Aas, und ferner mancherlei Sämereien und Früchte. In neuerer Zeit will man festgestellt haben, daß diese beiden Krähen beiweitem überwiegend schädlich seien. Wenn solch' ein Urtheilsspruch auch hauptsächlich nur von der Jägerei ausgeht, da sie in der That für junges Wild, vornehmlich Hasen und Rebhühner, sehr verderblich werden und bei Wintersnoth sogar die Alten erfolgreich angreifen, so läßt es sich andrerseits allerdings nicht übersehen, daß sie ebenso die Nester aller in Feld und Wald, Hain und Garten lebenden Singvögel arg bedrohen. So holen sie nur zu häufig die jungen Stare aus den Nistkästen hervor. Selbst dem Landmann fügen sie schweren Aerger zu, indem sie sein junges Geflügel in Gärten und Triften, ja sogar vom Hof rauben, Hühner- und besonders Enteneier stehlen, wie sie auch die schlimmsten Zerstörer der Gelege von Wildenten, Rebhühnern, Fasanen u. a. sind. Bei der Aussat des Getreides, sowie im reifenden Korn verursachen sie ebenfalls manchmal erheblichen Schaden; dem Forstmann sind sie dadurch lästig, daß sie durch Aufsitzen die Spitzenschößlinge junger Nadelholzbäume, insbesondre der Kiefern, abbrechen und dem Obstgärtner durch gleiche Beschädigung der veredelten Bäumchen. In Anbetracht dessen aber, daß alle Krähen zugleich eine bedeutsame Nützlichkeit durch Vertilgung der genannten Nagethiere, sowie von mancherlei schädlichen Kerfen und Gewürm entwickeln — wir brauchen ja nur die Vögel, welche sich hinter dem

Pfluge des Landmanns im Herbst oder Frühjahr einfinden, zu beobachten, um uns davon zu überzeugen — muß das Endurtheil gerade über sie im allgemeinen doch außerordentlich schwanken. Am zutreffendsten dürfte Professor Altum's Ausspruch sein: Als Pflanzen=, bzl. Körnerfresser sind sie für die Landwirthschaft kaum schädlich; vielmehr dürfte sich für die letztre und auch für die Forstwirthschaft ihr Nutzen und Schaden ausgleichen. Den größten Schaden bringen sie der Jagd. Meinerseits füge ich hinzu, daß sie für den Obstbau und die Gartenwirthschaft überhaupt als entschieden vorwiegend nützlich gelten müssen. Eine unnachsichtliche Ausrottung dieser beiden Krähen ist keinenfalls rathsam; man möge sie allenthalben verringern, sie mindestens nirgens in der Weise gewähren lassen, daß in den Vor- und Feldgehölzen eine erhebliche Anzahl ihrer Nester steht; aber man sollte doch wenigstens hier und da ein nistendes Pärchen dulden und namentlich darf man die Krähen, welche im Herbst und Frühjahr auf den Wiesen und Triften umherschwärmen und noch weniger die, welche hinter dem Pfluge herschreiten, fortschießen. Wo man Krähen fernhalten muß, sind sie übrigens unschwer zu vertreiben; man braucht nur eine geschoßne mit einem Bein oder Flügel an einer Stange so zu befestigen, daß sie frei schwebend vom Luftzug hin und her bewegt wird, und weithin sichtbar ist, ferner einzelne Krähenfedern aufrecht in den Boden zu stecken, werthvolle Früchte mit einem alten Netz zu überdecken, weiße Fäden darüber hinzuziehen, Knistergold anzubringen oder Spiegelglasstücke an Zwirnfäden aufzuhängen u. s. w. Zur Verringerung der Krähen, wo sie zu zahlreich werden, dürfte der Hinweis am wirksamsten beitragen, daß die Kräheneier sehr wohlschmeckend sind; sie werden häufig als Kibitzeier verkauft und von Nichtkennern auch als Leckerei gegessen. Nicht minder verzehrt man junge

Krähen in großen Städten ohne es zu wissen keineswegs selten als gebratene Tauben, und sie sollen sehr schmackhaft sein. Am gründlichsten werden alle Krähenvögel vertilgt, wenn die Landleute, um sich der Mäuseplage zu erwehren, Gift auslegen. Dies sollte aber von Menschlichkeits- und Nützlichkeitsrücksichten aus zugleich durchaus verboten sein.

Wie alle Krähen überhaupt, so sind vorzugsweise diese beiden muthvoll gegen ihre Feinde, von denen sie sogar große Raubvögel aus der Nähe ihres Nests zu vertreiben vermögen, indem auf den Ruf einer einzelnen alle rings umher wohnenden sogleich herbeistürzen und den Eindringling nun unter fortwährendem Geschrei so bedrängen, daß er schließlich das Weite sucht. Manche der gefiederten Räuber lassen sich dadurch freilich nicht stören, sondern ziehen erst von dannen, wenn sie eine der zudringlichen Krähen als Beute in den Krallen haben. Während die letzteren alle eigentlichen Räuber heftig angreifen und verfolgen, nisten sie mit dem Thurmfalk friedlich unfern von einander. Ebenso wie die Tagraubvögel verfolgen sie namentlich hitzig jede Eule, sodann auch andere große Vögel, einen Reiher, den schwarzen Storch und selbst ihren nächsten Verwandten, den Kolkraben, gleicherweise aber einen Fuchs, eine Hauskatze u. a.

An geistiger Begabung stehen beide Krähen hinter dem Raben offenbar nicht weit zurück. Ihre Sinne sind scharf entwickelt; ebenso wie sie junge Thiere in deren Verstecken leider nur zu leicht erspähen, schreibt man es ihnen zu, daß sie gefallenes Wild oder Aas auf beträchtliche Entfernung hin zu wittern vermögen. Gleich der Amsel inmitten des Waldes ist die Krähe im Vorholz, auf Feldbäumen u. a. ein ungemein aufmerksamer Wächter, zumal dort, wo sie selbst verfolgt wird. Schon von weitem nimmt sie den Jäger

wahr, unterscheidet ihn sicher vom Aderer, Hirten, Holz=
fäller u. A. und warnt mit dem Ruf schwart sogleich sämmt=
liche Genossen in der Umgebung. Als Beweis für ihre
Klugheit dürfte noch die Art und Weise zu erwähnen sein,
wie die räuberische Krähe ein Ei nach dem andern aus
dem Reiherhorst zu erlangen weiß, indem sie den brütenden
Vogel von hinten angreift und behelligt, bis er vom Nest
abstreicht und sie ein Ei rauben kann, wodurch sie, nebenbei
erwähnt, recht nützlich wird, indem sie jenen schädlichen
Fischräuber wol gar von seinem Niststand zu verscheuchen,
mindestens aber seine Brut erheblich zu verringern ver=
mag. Sodann verhält sie sich beim Füttern der Jungen
in ihrem Nest, sowie beim Plündern von Nutzgewächsen
und beim Uebernachten in den hohen und dichten Wipfeln
der italienischen Pappeln an der Landstraße, zu denen sie
spät, nach schon eingetretner Dämmerung, lautlos geflogen
kommt, ganz still.

Schon die alten Schriftsteller, wenigstens seit Geßner
her, wußten es bestimmt, daß auch die Krähen dazu be=
gabt sind, menschliche Worte nachsprechen zu lernen. Freilich
ist dies bei einer alt eingefangnen Krähe, auch wenn sie,
zumal im Winter, überaus zahm wird, nur ausnahmsweise
der Fall. Junge Krähen dagegen, welche sich, aus den
Nestern geraubt, ungemein leicht auffüttern lassen, zeigen
sich der Sprachabrichtung mehr zugänglich. Sie gleichen
dann auch hierin dem Kolkraben, sind wie er in der Ge=
fangenschaft leicht zu halten und sehr ausdauernd, aber
nicht oder doch nur kaum als Stubenvögel geeignet, werden
außerordentlich zahm, lassen sich zum freien Umherfliegen
gewöhnen, indem sie selbst bei weitem Umherschweifen abends
regelmäßig zurückkehren; beide bleiben jedoch an Begabung
beiweitem hinter dem großen Verwandten zurück. Buffon,
Bechstein, Lenz u. A. führen einzelne Beispiele von sprechen=

den Krähen an. Ich persönlich kann ein solches gleichfalls erzählen. Vor nahezu 20 Jahren sah ich in einem Biergarten in der Leipziger Straße zu Berlin eine Nebelkrähe, welche frei umherlief, sich gegen die Gäste, also ganz fremde Leute, sehr zutraulich benahm und, wenn man sie nicht fortjagte, aus den offenen Biergläsern trank. Dann aber, wenn sie ziemlich viel vom edlen Gerstensaft genossen, gerieth sie nicht, wie es sonst bei Vögeln der Fall zu sein pflegt, in dumpfe Betäubung, sondern sie wurde, wie ein echter Zecher, lustig und aufgeräumt. Sie begann nun das oben erwähnte natürliche Liebesspiel, indem sie die Flügelfedern ausspreizte, den Kopf mit den aufgeblasenen Halsfedern abwechselnd rechts und links zur Erde bückte und wunderliche krächzende, schnarrende und plaudernde Laute, anscheinend mit großer Anstrengung, aber sehr eifrig erschallen ließ. Sobald dann die Zuschauer in Gelächter ausbrachen, richtete sie sich plötzlich empor, klappte nach Krähenart einigemal mit den Flügeln und sagte gleichsam würdevoll: ‚Kurt hat genug', ‚Kurt hat genug', ‚Kurrrt!' Darauf hüpfte sie fort, um am nächsten Tisch nach den Weißbrotstückchen u. a., die ihr zugeworfen wurden, umherzulungern. So habe ich die Krähe mehrere Sommer in dem Biergarten gefunden und den Winter soll sie immer in einem Taubenschlag mit den Bewohnern desselben friedlich zusammen verbracht haben.

Die Satkrähe
[Corvus frugilegus, *L.*].

Acker=, Feld=, Gesellschafts=, Hafer=, schwarze und weißschnäbelige Krähe, Krähenveitel Kranveil, Kurock, Altenburgischer, Pommer'scher und Sächsischer Rabe, Root= und Satrabe (fälschlich Rocke), Rauchvogel, Ruck, Nackt= und Grindschnabel. — Rook. — Corbeau freux.

Auf den ersten Blick erscheint diese wenig abweichend von den beiden vorigen Krähen. Sie ist am ganzen Körper einfarbig schwarz, purpurblau oder violett glänzend; der Schnabel ist schwarz, die Augen sind braun und die Füße schwarz. In der Größe ist sie etwas geringer (Länge 47 cm, Flügelbreite 98 cm, Schwanz 19 cm). Außerdem ist sie verschieden durch vorzugsweise schlanke Gestalt, sowie, wenigstens im Alter, durch ein bis zu den Augen kahles Gesicht, indem am Schnabelgrund und um die Nasenlöcher die Borsten und Federchen beim Tiefhineinhacken in den Erdboden abgerieben worden. Je älter der Vogel, desto kahler das Ge=

sicht, auch sehen jene Stellen dann wie mit Grind überzogen aus. Ferner ist der Schnabel dünner und schwächer, der Schwanz mehr gerundet als bei den anderen Krähen. An den spitzeren Flügeln ist sie auch im Fluge von den letzteren zu unterscheiden. Das **Weibchen** ist übereinstimmend; allenfalls dürfte sein Gefieder etwas weniger glänzend sein. Es gibt reinweiße, grauweiße, weiß gescheckte und hellbraune Farbenspielarten, auch eine solche blos mit weißem Nacken hat man beobachtet. Das **Jugendkleid** ist einfarbig mattschwarz, und an dem vollbefiederten Gesicht ist die junge Satkrähe noch lange zu erkennen. Gloger gibt als Unterscheidungszeichen der jungen Satkrähe von den anderen an, daß ihre Halsfedern zerschlissen und nicht pfeilförmig spitz sind. Weitere Unterschiede sind nicht zu finden, sodaß man die Arten leicht verwechseln kann.

Ihre Heimat erstreckt sich über das mittlere Europa, von Südschweden bis über Süddeutschland hinaus; auch in Mittelasien ist sie heimisch. Als Zugvogel kommt sie bereits im Februar oder März vor. An Waldrändern, in Feldgehölzen und auf Baumreihen an den Landwegen, auch wol in weiten Baumgärten, immer in der Nähe von Wiesen, Triften und Feldern und ausschließlich in ebenen Gegenden hält sie sich stets gesellig in mehr oder minder großen Schwärmen, bis zu Tausenden von Köpfen. Ebenso stehen ihre Nester an den genannten Oertlichkeiten und zwar in Brutansiedelungen wol bis zu 20 Stück auf einem Baum oder doch in der Nähe beisammen. Das Nest ist leichter gebaut und nicht so sorgfältig ausgerundet, im übrigen dem der beiden nächstverwandten gleich; zuweilen ist es auch mit einer Lage von Lehm oder Erde verdichtet. Trotz der Geselligkeit leben die Satkrähen aber, namentlich während des Nesterbauens, in immerwährendem Zank und Streit. Zunächst hadert jedes Pärchen mit dem andern um den Nistplatz, sodann stehlen sie sich gegenseitig die Nestbaustoffe fort, und dies Alles geschieht unter fortwährendem Geschrei und Gekrächze, sodaß die ganze Schar einen gewaltigen weithin schallenden Lärm hervorbringt. Die 4—6 Eier des

Gelegs sind grünlichweiß oder hellgrün, rothbraun und aschgrau gepunktet und gefleckt. Im März findet die erste Brut und im Juni die zweite statt. Nach der letztern schlagen sich diese Krähen zu immer größer werdenden Scharen zusammen, welche nahrungsuchend umherschwärmen auch wol mit Dohlen, Staren u. a. Vögeln, doch niemals mit den anderen beiden Krähen gemeinsam, weithin umherschweifend. Im Oktober oder erst im November ziehen sie südwärts, bis Südeuropa oder Nordafrika wandernd, doch überwintern sie auch in kleinen Flügen nicht selten, in welchem Fall sie, aber nur bei sehr starker Kälte und tiefem Schnee, also im Gegensatz zu den beiden verwandten Krähen und der Elster, auf die Straßen und Höfe nahrungsuchend kommen.

Diese Krähe ist ruhiger, furchtsamer und weniger schlau, auch wol überhaupt geistig geringer begabt als die anderen; an körperlicher Gewandheit dürfte sie ihnen indessen gleichstehen, ja im Fluge sie übertreffen, denn ein Satkrähenschwarm fliegt manchmal sehr hoch, sodaß sie fast den Blicken entschwinden, und indem sie malerisch kreisen, lassen sie sich eine nach der andern plötzlich senkrecht tief hinabfallen; ein schönes Flugspiel, welches sie wieder emporkreisend mehrmals wiederholen.

In den allerschädlichsten Kerbthieren und allerlei Gewürm, vornehmlich Maikäfern und Engerlingen, Rüsselkäfern, Heuschrecken, allerlei Raupen u. a., ferner Schnecken, Regenwürmern u. drgl., auch kleinen Vierfüßlern, wie Mäusen, besteht ihre Nahrung. Um das Gethier aus dem weichen Erdboden hervorzuholen, arbeitet sie mit dem Schnabel tief hinein, und dabei eben werden die kurzen Federchen rings um denselben abgestoßen. Außerdem verzehrt sie allerlei Sämereien, besonders gern keimendes, sowie halbreifes Getreide und Hülsenfrüchte, wie Erbsen, sodann auch Beren, und allerlei Baumfrüchte, niemals aber oder doch nur im Nothfall Aas; selbst wenn sie an das letztre geht, frißt sie blos die Maden und das Gewürm davon. Von einem großen Baum, auf welchem zahlreiche Maikäfer fressen, schütteln eine Anzahl Krähen die Maikäfer herab, indem sie flügelschlagend sich auf die dünnen Zweige setzen oder daran hinunterflattern, während andere unten die Beute aufsammeln; dann fliegen die letzteren hinauf und schütteln ebenso in den Zweigen, während die ersteren unten fressen. Obwol auch diese Krähe junge Thiere raubt, hier und da ein Vogelnest zerstört, sowie den Junghäschen und Rebhühnerbruten gefährlich wird, ja trotzdem zugegeben werden muß, daß sie zeitweise am Getreide und zwar sowol an der Aussat, wie dem reifenden Korn argen Schaden verursacht, kann der letztre doch ihrer nützlichen Thätigkeit gegenüber, in der sie für die Landwirthschaft, Forstwirthschaft und den Gartenbau überaus wichtig ist, nicht im entferntesten zur Geltung kommen. Umsomehr ist es daher zu bedauern, daß sie in neuerer Zeit, insbesondre seitens der Jägerei, gleich den anderen Krähen beschuldigt und leider auch unnachsichtlich verfolgt wird. Wol ist es richtig, daß die Satkrähen an ihren Brutplätzen einen unausstehlichen Lärm verursachen. Durch ihr heiseres kraa, kreischendes kurr oder kürr (kirr, girr, auch quer), karr und kroja, seltener jack, dann auch durch ihr unablässiges Grackeln und Plaudern, noch vielmehr aber durch ihre fürchterliche Schmutzerei können sie allerdings ungemein lästig fallen. Dennoch würde man nach meiner Ueberzeugung ein schweres Unrecht begehen, wenn man sie arg verfolgen oder wol gar ausrotten wollte. Die rücksichtslosen Feinde der Satkrähe seien daran erinnert, daß schon Naumann, der größte unserer Vogelkundigen, mit voller Entschiedenheit für ihren Schutz eingetreten ist. Sodann gehört diese Krähe zu den

Vögeln des Pflügers, welche der Volksmund gleichsam heilig spricht, und den Russen sind sie dies thatsächlich, nach Pallas' Angabe, als Heuschreckenvertilger. Allenfalls möge man ihre größeren Ansiedlungen auf fernab liegende Feldgehölze beschränken und anderweitig nur einzelne wenige Nester dulden. Ohne alle Frage ist die massenhafte Vertilgung von Satkrähen, sodaß sie nach Tausenden abgeschossen werden[*]), nicht blos vom humanen, sondern auch vom wirthschaftlichen Gesichtspunkt aus verdammenswerth. Uebrigens macht schon Buffon darauf aufmerksam, daß junge Satkrähen sehr wohlschmeckend sein sollen und in Italien werden sie bekanntlich allgemein gegessen. Auch ihre Eier stehen an Wohlgeschmack hinter den Kibitzeiern nicht zurück, wie sie denn als solche häufig in den Handel kommen. Wollten die Feinschmecker sich dies gesagt sein lassen — so hätten wir ja die Lösung der großen socialen Frage der angeblichen Schädlichkeit und Lästigkeit der Satkrähe in bester Weise vor uns.

Ganz ebenso wie die anderen verfolgen auch die Satkrähen gemeinsam jeden Raubvogel, jedoch nur dann, wenn er ihrem Brutgebiet naht; gleicherweise stoßen sie mit großem Eifer auf den Uhu. Den Kolkraben dagegen fürchten sie sehr und verlassen sogar ihre Brutansiedlung, wenn ein Rabenpar in der Nähe seinen Horst errichtet.

Als Stubenvogel hat die Satkrähe, wenn sie auch in Aufzucht, Ernährung, Zähmbarkeit und allem übrigen den anderen gleich ist und selbst darin einen Vorzug zeigt, daß man sie für viel harmloser halten darf, trotzdem einen noch geringern Werth, weil sie als weniger begabt und lernfähig sich ergibt. Alte werden daher niemals gefangen und Junge auch nur dann aufgezogen, wenn man sie gelegentlich er-

---

[*]) Vrgl. „Gefiederte Welt" 1884 und 1887.

langt; sie aus den Nestern zu rauben und aufzuziehen, liegt
kaum eine Veranlassung vor. Ihre Sprachabrichtung er=
streckt sich, soweit bis jetzt festgestellt worden, nur auf ein
oder zwei Worte. A. E. Brehm sagt, daß sie „in ge=
wissem Grade singen lernen solle"; aber ich kann nirgends
eine Bestätigung dieser Behauptung finden, und mir selbst
fehlt in dieser Hinsicht die Erfahrung.

Von einer gezähmten Satkrähe erzählt Herr R. Prinsler in
Sommerfeld: „In der hiesigen Tuchfabrik von J. Sternberg wurde vor
zwei Jahren eine junge Krähe gefangen und von einigen Arbeitern großge=
zogen. Dann wurde ihr mit verstutzten Flügeln die Freiheit in dem großen
Hofraum gegeben, wo sie sich natürlich tüchtig herumtummelte und
häufige Versuche zum Entfliehen machte; schließlich gewöhnte sie sich
aber ein, und trotzdem sie nach wiedererlangter Flugfähigkeit die
höchsten Dächer und Bäume absuchte, blieb sie doch ihrem Herrn und
einem Freund, den sie in dem Hofhund gefunden und sehr ins Herz
geschlossen hatte, treu. Die Krähe und der Hund theilen nicht blos
ihr Futter, sondern auch die Hundehütte. Was aber am wunderlichsten
bei der ganzen Geschichte erscheint, ist, daß die Krähe, wenn der Hund
schläft und ein Fremder ankommt, ihren Freund im Wächteramt ver=
tritt und fast ganz natürlich wie er bellt. Sie können sich denken,
wie komisch das ist".

Von einer weißen Satkrähe berichtet sodann Herr
Dr. Mühlböck, Arzt in Villach: „Der prächtige Albino ist
schön weiß, ohne eine andere Farbenschattirung, mit blaßrosa
gefärbtem Schnabel und ebensolchen Füßen mit weißen Krallen.
Die Regenbogenhaut der Augen ist blaßbläulichroth, die Pupille leb=
haft blutroth. Diese Krähe wurde im Frühjahr als halbflügger Vogel
gefangen und ohne Mühe aufgefüttert; sie ist sehr zahm, klug und
zutraulich, auch läßt sie bei guter Laune einen komischen grackelnden
Gesang hören; im übrigen ist besonders ihre Lebhaftigkeit auffallend."
— Gerade bei den Satkrähen kommen Schnabelverkrüppe=
lungen häufig vor; so habe ich eine solche in meiner Samm=
lung, bei welcher Ober= und Unterschnabel weithin kreuzförmig über
einander stehen. Sie ist im besten Körperzustande, wohl=
genährt geschossen worden, und da sie nicht wie ihre Ge=

nossen den Kreuzschnabel bis an die Augen in die Erde stoßen konnte, so zeigt sie nicht das nackte Gesicht, sondern die Nasenlöcher und die ganze Schnabelumgebung sind mit Borstenfederchen besetzt.

Die Dohle
[Corvus monedula, *L.*].

Aelke, Elk, Oelke, Dachlicke oder Dachlücke, Tahle, Dole, Schnee- und sibirische Dohle, Duhle, Gacke, Gäck, Geile, Kayke, Klaas, Dohlen-, Stadt-, Schnee- und Thurmkrähe, Dohlenrabe, Schneegäck, Schneegöck oder Schneejäck, Tahe, Tahle, Talk, Taperl, Thale, Thalke, Thalicke, Tschockerle, Tschöckerle, Thule, Tuhl oder Tuhle, Zschockerl. — Jackdaw. — Choucas.

Als ein lebhafter, immer heiterer und muthwilliger, dabei aber auch schlauer und gelegentlich sehr listig sich zeigender Vogel tritt uns die Dohle entgegen — freilich nur wenn wir sie genau kennen und mit ihr gleichsam im regen Verkehr stehen. Dies können wir allerdings eigentlich blos an der gezähmten oder als Hofvogel gehaltenen Dohle wahrnehmen. Außerdem ist sie hübscher gefärbt als die meisten anderen Krähenvögel.

Das alte Männchen erscheint an der Oberseite tief und glänzend schwarz; während Stirn und Oberkopf schwarz, sind aber Hinterkopf, Nacken und Wangen schön aschgrau; an jeder Halsseite ist ein grauweißer Fleck; Brust und Bauch und die ganze übrige Unterseite sind schwarzgrau; der verhältnißmäßig kurze, schwachgebogne Schnabel ist schwarz; die Augen sind grell silberweiß oder perlfarben und die Füße schwarz; der Schwanz ist wenig gerundet. Das Weibchen ist kaum verschieden, am Kopf dunkler grau. Auch das Jugendkleid ist matter und einfarbig düster schwarz; das Grau am Kopf fehlt noch; die Augen sind grauschwarz, später blau. Als der kleinste von allen unseren Rabenartigen mißt sie: Länge 33 cm, Flügelbreite 66 cm, Schwanz 13,5 cm. Es gibt reinweiße, weißgefleckte, gelbliche oder bräunliche, auch ganz schwarze Farbenspielarten; die ersterwähnten sind natürlich Kakerlaken mit rothen Augen.

Ihre Verbreitung erstreckt sich über ganz Europa und ebenso ist sie auf den kanarischen Inseln, sowie in einem großen Theil von Asien heimisch. Als Zugvogel kommt sie im Beginn des Monats März an ihren Nistorten, auf Thürmen und allerlei anderen hohen Gebäuden innerhalb der Ortschaften an, und sie bewohnt ebensowol das Kirchen= dach im kleinsten Dorf, als jeden Thurm u. a. inmitten der größten Stadt. Gleich denen der Saatkrähe werden die Dohlennester stets gesellig zu mehreren beisammen in irgend= welchen Höhlungen an den erwähnten Gebäuden, seltner in steilen Felswänden, noch weniger in hohlen Bäumen und nur ausnahmsweise innerhalb einer Saatkrähen=Ansiedlung in einem Feldgehölz, angelegt. Aus Reisern und Halmen geschichtet und mit trocknem Gras, Thierharen und Federn ausgerundet, ist das Nest nicht so sorgfältig wie das der größeren Krähen gebaut. Obwol die Pärchen stets in Ge= sellschaft neben einander nisten, leben sie doch in fortwähren= dem Zank und Streit; sobald aber ein Feind oder Stören= fried naht, ein Bussard, ja selbst ein schnell fliegender Raubvogel, scharen sie sich sogleich zusammen, greifen den= selben im großen Schwarm unter Geschrei an und jagen ihn meistens in die Flucht. Vom Wanderfalk und Habicht werden freilich viele geschlagen; der Thurmfalk dagegen nistet unbekümmert und auch unbehelligt neben ihnen. Vier bis sechs hellbläulichgrüne, aschgrau und schwarzbraun ge= fleckte Eier bilden das Gelege, welches von beiden Gatten des Pärchens abwechselnd in 18 Tagen erbrütet wird; ebenso gemeinsam füttern sie die Jungen auf und vertheidigen sie muthvoll gegen Feinde. Nach dem Flüggewerden der Jungen, welche noch lange Zeit abends zum Nest zurück= kehren, streichen die Dohlen in Flügen, die sich zu immer größer werdenden Scharen ansammeln, umher, mischen sich auch unter die Schwärme der anderen Krähen, während die Stare sich ihnen gern anschließen. So schwärmen sie oft bis tief in die Dämmerung hinein umher, bis sie auf einem dicht belaubten Baum oder einem Dach zur Ruhe kommen. Während eine Anzahl von ihnen im November nach Süddeutschland oder bis nach Nordafrika wandert, bleiben viele, manchmal die meisten, über Winter hier und dann kommen sie wol, in großer Noth, bei starker Kälte und hohem Schnee auf die Straßen, jedoch nur in kleinen Ortschaften oder den Vorstädten, nicht aber in der Großstadt.

Ueberaus gewandt in allen ihren Bewegungen, fliegt die Dohle hurtig und geschickt, fängt im Fluge größere Kerbthiere, besonders Käfer, erhebt sich oft bis zu beträchtlicher Höhe weit kreisend, steht selbst bei starkem Winde wie spielend in der Luft still oder rüttelt ähnlich wie ein kleiner Falk über einer Beute und streicht dann wiederum dicht über der Erde dahin. Auch der Gang ist nicht ungeschickt, schreitend, seltner hüpfend. Ebenso wie die anderen Krähen ist sie immer laut und läßt ihre mannigfaltigen Rufe: kräh, jäck, jäck, bjär und anhaltend dah oder kiah, häufig erschallen. Nach Gloger ertönen ihre Laute als ein hohes kräh und ein höheres jack, jäck, jäcke, kja, jaah und krichjäh. Das jack wird gackernd, wenn sie es beim unwilligen Locken und Zanken im Frühling oft schnell, häufig und fein wiederholen. Die Jungen schreien um die Zeit des Ausfliegens tief quarrend grraaak. Einander rufen die Gatten des Pärchens mit lautem, hohem skata, skata, wobei sich die Dohle vorn niederbückt, die Flügel halb ausbreitet und sie vorwärts schlägt."

Wie die Nahrung der Satkrähe, so besteht die der Dohle in allerlei schädlichen Kerbthieren, vornehmlich Maikäfern, ferner Würmern, Weichthieren, namentlich Schnecken, sodann in Mäusen, aber auch zeitweise in Sämereien, vorzugsweise in keimendem und reifendem Getreide, schließlich in Kirschen u. a. Früchten. Auf den Triften setzt sie sich oft den Rindern, Schafen, Schweinen u. a. auf den Rücken, um ihnen das Ungeziefer abzulesen. Selbstverständlich ge-

Die Elster (j. S. 68).
⅓ der natürlichen Größe.

hört sie zu den Vögeln des Pflügers, obwol man sie nicht so häufig wie die Verwandten in den frischen Furchen sieht. Aas frißt sie selten, eigentlich nur die darin hausenden Maden u. a. In ihrer Bedeutung für den Naturhaushalt und die menschlichen Kulturen dürfte sie mit der Satkrähe auf gleicher Stufe stehen. Der Schaden, welchen sie am Getreide und an Früchten zuweilen verursacht, kann wol kaum inbetracht kommen; eine bedeutsame Schädlichkeit entwickelt sie dagegen durch das Ausrauben von Vogelnestern. So holt sie gern die noch nicht flüggen jungen Stare aus den Nistkästen; doch hat man auch beobachtet, daß Stare und Dohlen friedlich neben einander in Baumlöchern nisten. Herr H. Struve in Dresden hält sie für einen der schlimmsten Nesträuber, denn er zählt nach eigner Erfahrung eine erstaunliche Anzahl von allerlei durch sie zerstörten Vogelnestern und zwar nicht allein Sperlings=, sondern besonders Star= und sodann Schwarzdrossel=, Wildtauben=, Grasmücken= u. a. Bruten auf, welche durch sie vernichtet werden. Wo ein großer Dohlenschwarm bei Nahrungsmangel einen bestimmten Vogelnistbezirk absucht, kann er allerdings nur zu argen Schaden hervorbringen. Obwol in manchen Vogelschutzschriften vorgeschlagen ist, daß man auf allen Thürmen u. a. Nistvorrichtungen für sie anbringen soll, dürfte eine solche unbedingte Hegung doch nicht rathsam sein. Herr General Crusius empfahl, daß man, um die Dohlen abzuhalten, alle Vogelnistkästen ohne Anflug= oder Springhölzer herstellen lassen möge; die Stare ebensowol, als auch andere Höhlenbrüter würden trotzdem gut ein= und ausfliegen können. Schon die alten Schriftsteller berichten, daß junge Dohlen schmackhaft sind, und bis zum heutigen Tage kommen solche in den Speisehäusern, zumal in großen Städten, vielfach als gebratene Tauben auf den Tisch; warum will man dies Beispiel, welches das tägliche Leben uns gibt, nicht dahin benutzen, daß man durch derartigen Verbrauch dieser Vögel als Nahrungsmittel ihre übermäßige Vermehrung verhindre! Uebrigens ist die Dohle seit dem Alterthum als Heuschrecken=, bzl. Ungeziefervertilger geschätzt; auch wußte man es bereits zu Aristoteles Zeit, daß sie sich ebenso wie alle anderen krähenartigen Vögel verscheuchen lasse, wo sie Schaden macht oder sonst unliebsam sei, da= durch, daß man einen todten Vogel ihrer Art aufhänge. Außer dem Menschen und den erwähnten Raubvögeln hat sie nur an Hauskatzen, beiden Mardern, weniger am Iltis, Feinde, welche ihr erheblichen Abbruch thun, indem sie ihre Nester ausrauben.

Auch die Dohle wurde im Alterthum schon als Käfig= vogel gern gehalten, und sowol um ihrer Zahmheit als Sprachbegabung willen war sie beliebt. Bei Aristoteles bereits finden wir Angaben inbetreff ihrer und späterhin Konrad Geßner gibt schon die Anweisung, daß man sie namentlich morgens früh im Sprechen unterrichten soll. Sie ist harmloser und dreister als die anderen Krähenvögel und daher leichter in Schlingen, Netzen, Fallen u. a. zu fangen, zugleich ohne alle Mühe einzugewöhnen oder aus dem Nest gehoben, aufzufüttern. Zur Zugzeit kann man sie zahlreich überlisten, wenn man auf einem Dunghaufen im Freien Schlingen oder Schlagnetze anbringt und eine gezähmte als Lockvogel hält. Jung aufgezogen, aber auch als Wildfang wird sie ungemein zahm, läßt sich zum Ein= und Aus= fliegen gewöhnen und kommt regelmäßig zurück, selbst bei sehr weitem Umherschweifen. Häufiger als die Verwandten sehen wir sie daher als Sprecher und auch als Stuben= vogel vor uns. Man hält sie sowol im Zimmer als auf dem Hof, lieber als die größeren Krähen, weil sie viel mehr zahm und, im Gegensatz zu fast allen, wenigstens einigermaßen zutraulich wird, weil sie andrerseits auch sanf=

ter sich zeigt und nicht so leicht Unfug an anderen Thieren anrichtet. Ihr Diebsgelüst nach allerlei glänzenden und auffallenden Dingen kommt jedoch fast noch mehr zur Geltung als bei den größeren Verwandten. An Klugheit und Begabung steht sie hinter dem Raben weit zurück. Ihr Sprachschatz erstreckt sich selbst bei der begabtesten nur auf einige Worte. Aber auch sie lernt mancherlei andere Laute nachahmen, so das Krähen des Hahns und das Gackern der Hennen, Hundegebell u. a. Friderich erzählt von einer zahmen Dohle auf dem Geflügelhof, welche besondre Freundschaft mit dem Hahn geschlossen hatte, nachts neben ihm auf der Stange saß, indessen abgeschafft werden mußte, weil sie die Hühnereier stahl und fraß.

Eine „wunderbare Historie" von einer Dohle wird aus Friderici Lucae „Schlesischer Chronik" von Tentzel in der „Monathl. Underred. de Anno 1689" Mens. Maj. 569 berichtet: „Zu Schweidnitz hat ein Rathsmann dieser Stadt recht gegen den Raths-Keller über gewohnet, welcher mehr das Gold als Gott geliebet. Dieser, damit er seinen Geldhunger stillen möchte, unterrichtete dermaßen eine Dole, daß sie alle Abend aus- und durch eine ausgebrochene Glas-Scheibe in die alte Raths-Stuben einflog, und also täglich von denen auf dem Tische liegenden Ducaten und andern silbernen Münz-Sorten ein Stück abgeholet und ihrem Herrn zubrachte. So bald die andern Raths-Bedienten die Verminderung des Geldes verspürten, deliberirten sie, wie man den heimlichen Dieb ertappen mochte und verordneten, daß einer aus ihrem Collegio des Nachts in der Raths-Stuben verbleiben, den Dieb ablauren und demselben eine Falle stellen solte. Solcher Vorsatz wurde ins Werk gerichtet und stellte sich darauf nach der Sonnen Untergang die Dole ein, ergriff mit dem Schnabel ein Stück Goldes und flohe damit nach ihres Herrn Behausung. Jothane List zu überweisen legten sie etliche bezeichnete Stücke Goldes auf den Tisch, welche nachgehends die Dole gleich den vorigen abholete. Woranf der sämmtliche Rath sich versammelte und den Schluß machte, daß, im Fall man erfahren würde, wer der heimliche Dieb sey, man denselben nöthigen wolte, entweder von dem Krantz des sehr hohen Rath-Thurmes biß auf die Erden ohne Leiter herunterzusteigen oder auf demselben zu erhungern. Inzwischen schickten sie einige Personen in des verdächtigen Raths-Herrn Haus, ließen visitiren und funden die gezeichneten Gold-Stücke, wie auch den künstlichen Dieb. Sobald nun der Rath den sonst alten Collegam überzeugte, geständ er sein Verbrechen und unterwarf sich der beschloßenen Strafe willig. Er stieg dann anhero in Gegenwart vieler Tausenden auf den Krantz des Thurmes mit Angst und Zittern und von da auf ein steinern Geländer unterwerts, also, daß er weder vor noch hinter sich mehr kommen konnte. Auf welchem jämmerlichen Schangernüte er 10 gantzer Tage ohne Speise und Tranck stehen blieb, nagete sein Fleisch an Händen und Armen ab vor großen Hungers, biß er in hertzlicher Reue und Buße durch diesen grausamen und unerhörten Tod sein Leben endigte. Nachgehends ist anstatt des entselten Cörpers dessen steinernes

Bild zu einem unverwelklichen Gedächtniß begangener Missethat auf das steinerne Thurm=
gebäude eingesetzet, aber Anno 1642 durch einen heftigen Sturm=Wind heruntergeworffen
worden, davon auf dem Rathhause der Kopff desselben noch soll vorhanden seyn."

*

Obwol Raben und Krähen in fremden Welttheilen artenreich
und in mehr oder minder großer Kopfzahl vorkommen, gelangen solche
doch verhältnißmäßig selten und fast immer nur einzeln in den Vogel=
handel. Wir müssen dies bedauern, denn in ihren Reihen gibt es
fraglos nicht wenige für die Liebhaberei nach verschiedenen Seiten
hin sehr werthvolle Vögel. Am meisten ist es zu beklagen, daß die=
selben für den nicht gerade sehr wohlhabenden Liebhaber bis jetzt fast
garnicht zugänglich sind. Denn wenn sie auch eingeführt werden,
so haben sie stets so hohe Preise, daß sie nur von den öffentlichen
zoologischen Anstalten angeschafft werden können, und selbst wenn ein
Liebhaber einmal den einen oder andern kaufen wollte, so wird er
z. B. auf der Antwerpener Versteigerung, als absonderliches Schau=
stück für einen zoologischen Garten immer vorweg genommen.
Angesichts dieser leidigen Thatsache hätte ich also die **fremd=
ländischen Raben und Krähen** hier ganz übergehen dürfen
und zwar umsomehr, da ich inbetreff der beiweitem meisten
Arten meiner Sache keineswegs durchaus sicher sein kann, ob wir in
ihnen bereits festgestellte wirkliche Sprecher oder wenigstens sprach=
begabte Vögel vor uns haben. Trotzdem würde ich es für ein Un=
recht halten und besonders es keinenfalls auf den Vorwurf ankommen
lassen, den man mir machen könnte, wenn demnächst die eine oder
andre Art so häufig in den Handel gebracht werden sollte, daß sie
einem weitern Liebhaberkreise zugänglich wäre, in welchem Fall sie
sich dann auch sicherlich als Sprecher ergeben dürfte. Unbedingt
können wir doch annehmen, daß alle fremdländischen Rabenvögel
ebenso fähig sein werden zum Sprechenlernen wie die unserigen.

Der **Geier= oder Erzrabe** [Corvus crassirostris,
Rüpp.]. Für den Fall, daß der in den Gebirgen Ost=
und Mittelafrikas bis zu den Somaliländern heimische und
in Abessinien häufige Riese unter den Raben gelegentlich
eingeführt werden sollte, will ich ihn wenigstens beiläufig
erwähnen. Er ist tiefschwarz, purpurn und blauschwarz schillernd,
am Hinterkopf und Nacken mit je einem weißen Fleck gezeichnet; an
Halsseiten, Oberkehle und Zügel deutlich dunkelbraun; Flügelbug
und oberseitige Flügeldecken sind dunkelbraun und schwarz gefleckt;

Eigentliche Raben oder Krähen. 53

der überaus große dicke, aber kurze, oberseits ein wenig gebogene Schnabel ist schwarz mit weißlicher Spitze, die Augen sind braun, die Füße schwarz. In der Größe übertrifft er unsern Kolkraben beiweitem (Länge 72—74 cm, Flügel 46—47 cm, Schwanz 23,5—24 cm). Ueber die Lebensweise ist wenig bekannt. Th. von Heuglin*) sagt, daß er vorzugsweise Fleischfresser sei, und in allem übrigen wird er gleichfalls von unserm Raben nicht abweichen. — Uebereinstimmend mit ihm dürfte der südafrikanische Geierrabe [Corvus albicollis, *Lath.*] sein, welcher im Gebiet der Kapkolonie häufig und auch in Ostafrika nachgewiesen ist. Nach der Beschreibung, welche Finsch und Hartlaub**) geben, ist er dem vorigen durchaus gleich und nur durch geringere Größe verschieden.

Der Schildrabe
[Corvus scapulatus, *Daud.*].

Schildkrähe. — White-necked Crow. — Corneille à scapulaire blanc.

Zu den am häufigsten zu uns gelangenden fremdländischen Arten gehört dieser, wiederum ein sehr naher Verwandter unseres Kolkraben. Er ist tiefschwarz, violettblau und grünlich schillernd; ein breites Querband über den Oberrücken, welches sich jederseits bis zu den Brustseiten hinabzieht, sowie Brust, Bauch und Seiten sind reinweiß; der Schnabel ist schwarz, die Augen sind dunkelbraun, die Füße schwarz. In der Größe steht er hinter dem Raben erheblich zurück, doch übertrifft er etwas die Rabenkrähe (Länge 48 cm, Flügel 32,5 cm, Schwanz 16,5—17 cm). Beschreibung nach Finsch und Hartlaub. Im Jugendkleid ist der weiße Nackenfleck bereits vorhanden und die Gesammtfärbung mehr bräunlichschwarz; Schnabel bläulichschwarz, Winkel und Rachen fleischfarben (v. Heuglin). Von allen afrikanischen Arten hat er die weiteste Verbreitung, denn dieselbe erstreckt sich wahrscheinlich über ganz Mittel- und Südafrika nebst Madagaskar. Auf den Hochebenen

---

*) „Ornithologie Nordost-Afrika's" I (Kassel, Fischer).
**) Baron Karl Klaus v. d. Decken's „Reisen in Ost-Afrika" IV (Leipzig und Heidelberg, Winter).

fand ihn Heuglin bis zu 4000 Meter über Meereshöhe. Häufig ist er im Sudan und in Abessinien. Hartmann sagt, daß er im lebhaften Wesen an die Elster erinnere, A. E. Brehm dagegen, daß er unserm Raben gleiche. Seine Stimme ist ein sanftes kurr. „Er lebt niemals in größeren Gesellschaften, sondern einzeln und parweise, im Herbst in Familien, sowol in der eigentlichen Wüste, als in den von Menschen bewohnten Gegenden und in der Nähe der Wohnungen. Nicht mißtrauisch gegen Menschen, ist er aber raufluftig gegen seinesgleichen; lebhaft und munter, fliegt er hoch und gewandt und sitzt vorzugsweise auf Felsen und an der Erde, selten auf einem Baum. Ein gefallenes Thier entdeckt er von allen Aasvögeln zuerst und umkreist es mit lautem, hellem Geschrei, welches dem der Rabenkrähe ähnlich ist. Dadurch lockt er nicht blos andere Raben, sondern auch Geier und Marabus herbei. Der Horst stand im Juni nach dem Beginn der Regenzeit in der Steppe von Ostsenar auf einem Akazienbusch, welcher in etwa 4 Meter Höhe auf einem einzelnen Granitblock wurzelte, und enthielt drei halbflügge Junge" (v. Heuglin). Das Gelege soll in 3—4 Eiern bestehen, welche denen der Rabenkrähe gleichen. R. Hartmann fand das Nest am 3. Mai auf einem Balanites-Baum, aus Reisern und Wüstengras geformt, und das Weibchen brütete. Nach A. E. Brehm's Angabe gleicht er auch in der Gefangenschaft dem Kolkraben. Nähere Mittheilungen aus irgend einem zoologischen Garten liegen leider nicht vor. Für die Liebhaberei ist er bisher nicht zugänglich gewesen. — Die vier oder fünf verschiedenen Arten, welche von Reisenden und Museum-Ornithologen aufgestellt worden, haben Finsch und Hartlaub umgestoßen, sodaß nur eine Art bestehen geblieben ist.

Der **kurzschwänzige Rabe** [Corvus affinis, *Rüpp.*] ist schwarz, mit violett-stahlblauem Schein, an Kopf und Hals mehr glänzend rauchschwarz. Sehr bezeichnend sind für diese Art die aufwärts gerichteten Federborsten, welche die Nasenlöcher bedecken und der kurze, stark zugerundete Schwanz, der von den langen Flügeln um 5—7,5 cm überragt wird. Dadurch ist die Art schon im Fluge leicht kenntlich (Finsch und Hartlaub). Die Größe ist bedeutend geringer als die des einheimischen Raben (Länge 45 cm; Flügel 37,5 cm; Schwanz 15 cm). Das Weibchen ist nach Heuglin an den Zügeln und der Oberkehle aschgrau überlaufen. Heimat: Nordostafrika. Nach Angaben des letztgenannten Forschers soll er geselliger als andere Arten sein und sowol in der Steppe als auch im Gebirge (bis zu 12,000 Fuß über Mereshöhe) und am Meeresstrand, nicht selten in der Nähe von menschlichen Wohnungen, leben, auf Klippen zu mehreren Paren beisammen nisten, dagegen im Flachland und in der Wüste um Karawanenlager und Brunnengruben parweise vorkommen. In den Londoner zoologischen Garten ist er lebend gelangt; ob er auch anderweitig vorhanden gewesen, vermag ich nicht zu sagen. Ebensowenig kann ich mit Sicherheit behaupten, daß er bei häufigerer Einführung sich sprachbegabt zeigen würde. Jedenfalls aber läßt sich dies annehmen. — Abessinische Krähe; Abyssinian Crow; Tukka im Somalilande.

Der **dünnschnäbelige Rabe** [Corvus carnivorus, *Bartr.*] ist glänzend schwarz mit violettem Schiller. Länge 60 bis 62,5 cm; Flügel etwa 42 cm; Schwanz 25 cm. Seine Heimat erstreckt sich über ganz Nordamerika. Nach Angaben des Prinzen Max von Neuwied liegt der einzige bedeutende Unterschied zwischen diesem amerikanischen und dem europäischen Raben in dem dünnern Schnabel des erstern. „Ich habe kein Stück des europäischen Raben zur Vergleichung mit dem unsrigen zur Hand, aber die meisten neueren Ornithologen stimmen darin überein, daß beide Arten verschieden sind, obgleich Audubon entgegengesetzter Ansicht ist" (Baird). Bisher dürfte dieser Rabe erst wenig lebend eingeführt sein. — American Raven.

Die **amerikanische Rabenkrähe** [Corvus americanus, *Aud.*] ist glänzend schwarz, violett schillernd, selbst an der Unterseite.

Größe: Länge 47—50 cm; Flügel 32,5—34 cm; Schwanz 20 cm. Heimat: Nordamerika, insbesondre das Missourigebiet, auch die Küste von Kalifornien. Manche Vogelkundigen halten sie nur für eine Spielart unserer Rabenkrähe. „Nach Audubon liegt der hauptsächlichste Unterschied in der geringern Größe der amerikanischen Krähe, doch ist diese Annahme nicht durchaus zutreffend, da dieser Vogel (gleich vielen anderen) in dieser Hinsicht sehr abweichend sich zeigt. Die bedeutsamste Verschiedenheit dürfte in der Gestalt der Federn an Kopf und Hals liegen, welche bei der europäischen Rabenkrähe spitz und deutlich sich abheben, bei der amerikanischen aber viel breiter und rund sind und sich nicht unterscheiden lassen. Audubon bemerkt ferner, daß die Federn am Hals der erstern grün und blau schillern, bei der letztern dagegen entschieden purpurbraun glänzen. Der Prinz von Wied gibt auch an, daß die Laute beider Krähen verschieden seien" (Baird). In den zoologischen Garten von London ist sie mehrfach gelangt; im Vogelhandel dagegen ist sie bisher noch kaum zu haben. — Common Crow and American Crow (Baird).

Die **australische Rabenkrähe** [Corvus australis, Gml.] steht nach Gould in der Größe, auch in der Gestaltung der Halsfedern, sowie in der Lebensweise, der Stimme u. a., so genau in der Mitte zwischen der europäischen Rabenkrähe und dem Kolkraben, daß es schwer ist, anzugeben, welcher von beiden Arten sie am nächsten verwandt sei. Der Forscher stellt sie jedoch zu den eigentlichen Krähen. Ihr ganzes Gefieder ist schwarz, purpurn glänzend, mit Ausnahme der Halsfedern, welche grün schillern; Schnabel und Füße sind schwarz; Augen im Alter weiß, in der Jugend dunkel. Obwol sie sich aber inhinsicht der Größe und Färbung recht abweichend zeigt, so sind die Unterschiede doch nicht so bedeutend, daß sie zur Spaltung in verschiedene Arten berechtigten. Ihre Heimat ist Australien, wo sie in allen bisher durchforschten Gegenden gefunden worden. Sie lebt parweise oder in Flügen von 20 bis 50 Köpfen, und dann sind sie den Ansiedlern sehr verhaßt, weil sie Schaden an Nutzfrüchten verursachen. Im übrigen ist ihre Nahrung mit der unserer Krähen übereinstimmend; auch fressen sie Aas. Ihr Krächzen ist dem der Rabenkrähe sehr ähnlich, doch im letzten Laut abweichend. Das große Nest steht in der Spitze der höchsten Gummibäume und enthält 3—4 Eier, welche mattgrün, braun gefleckt und gesprenkelt sind. Auch sie ist schon mehrfach in die zoologischen Gärten gelangt und von den bedeutenderen Händlern, besonders J. Abrahams, eingeführt. — Australischer Rabe (Abrahams); White-eyed Crow (Gld.); Australian Crow; Crow der Kolonisten; Wur-dang der Eingeborenen von Westaustralien; Om-bo-lah der Eingeborenen von Port Essington.

Die **dickschnäblige Rabenkrähe** [Corvus culminatus, *Syk.*] ist mit der europäischen Art wiederum fast übereinstimmend; aber der Schnabel ist stärker und höher; der Schwanz ist gerundet. Hinsichtlich der Größe steht sie zwischen dem Kolkraben und der Rabenkrähe in der Mitte und im Wesen soll sie beiden gleichen. Ihre Heimat ist Asien: Indien, China, Japan. Die Reisenden berichten, daß sie überall sehr häufig sei und sich vorzugsweise von Aas ernähre, auch sucht sie an den Flußufern nach Fischen u. a. In der Nähe menschlicher Wohnungen hält sie sich nicht soviel wie andere Arten. Ruf: rauhklingend krah, etwas heiserer und kürzer als bei den europäischen Krähen. Die Brut erfolgt im Mai und Juni und gleicht wiederum der aller Verwandten. In den zoologischen Gärten von London ist sie einigemal gelangt; sonst dürfte sie wol kaum eingeführt sein. — Large-billed Crow; Indian Carrion Crow *(Horsf. et Moore)*; Raven der Europäer in Indien; Dharkowa, Dhori-kowa, Kurrial, in Hindostan *(Blyth, Jerd.)*; Dand-kag in Bengalen *(Blth.)*; Pahari-kowa, Deyra Doon *(Phill., Blth.)*; Goyegamma-caca (d. h. High-caste Crow) auf Zeylon *(Layard)*; Andang (d. h. Grave Crow) der Malayen *(Lrd.)*; Burong-gaga-gaga der Malayen *(Blth.)*.

Die **glänzende Krähe** [Corvus splendens, *Vieill.*] ist an Vorderkopf nebst Kehle, Flügeln und Schwanz schwarz, an Hinterkopf, Nacken und Brust fahlbraun, an Rücken, Bürzel und Bauch schiefergrau. In der Größe kommt sie nur der gemeinen Dohle gleich. Ihre Heimat ist Indien und sie wird daher auch ausschließlich indische Krähe genannt. Nach den Berichten der Reisenden ist sie im wesentlichen hinsichtlich der ganzen

Lebensweise mit unseren Krähen übereinstimmend: allenthalben häufig, in Flügen gesellig, aber nicht in größeren Schwärmen, zeigt sie sich von früh bis spät lebendig und lärmend, selbst in mondscheinheller Nacht. Vorzugsweise dreist und frech, bringt sie sogar bis in die menschlichen Wohnungen; wo sie aber verfolgt wird, erscheint sie mißtrauisch, vorsichtig und sehr schlau. Noch heutzutage gilt sie bei den Hindus als heiliger Vogel und wird bei gewissen feierlichen Gelegenheiten gefüttert, trotzdem aber von Fängern überlistet und für den Zweck, als Heil=, bzl. Stärkungsmittel in mancherlei Krankheiten verwendet zu werden, vielfach gefangen. Sie wird häufiger als andere fremdländische Arten lebend eingeführt, doch ist auch sie wol nur in zoologischen Gärten zu finden. — Indische Krähe, Glanzkrähe, Glanzdohle; Indian Crow; Common Indian Crow (Blth., Jerd.), Indian Hooded Crow; Kowa, Pati-kowa (d. h. Common Crow) in Hindostan (Jerd., Blth.), Kay, Kak in Bengalen (Hamilt., Blth.), Dasi Kowa, Deyra Doon (Blth., Royle), Caravy-caca auf Zeylon (Lrd.), Gagum der Malayen (Lrd.).

Die **Mönchskrähe** [Corvus capellanus, *Sclat.*] ist an Kopf, Brustschild, Flügeln und Schwanz schwarz, am ganzen übrigen Körper weiß. Heimat: Persien und Mesopotamien. Sie gleicht so sehr unserer Nebelkrähe, daß man sie nur als Abart oder örtliche Rasse derselben gelten lassen will; inanbetracht dessen aber, daß sämmtliche Krähen einander überaus ähnlich sind und daß man namentlich alle schwarzen Krähen auf der ganzen Erde füglich wol als eine Art zusammenfassen könnte, dürfen wir dieser die Berechtigung, gleichfalls angeführt zu werden, nicht absprechen. Sie ist mehrfach lebend in den zoologischen Garten von London gelangt. — Chaplain Crow.

* *

Die Alpendohle
[Corvus pyrrhocorax, *L.*]

Alpenamsel, Alstachel, Alprapp, Bergdule, Amsel, Berg=, Schnee= und Steindohle, Dohlendrossel, Alpen=, Berg=, Schnees und gelbschnäblige Steinkrähe, Chächty, Täü, Flütesie, Gächty, Küster, Wildvul, Beren= und Feuerrabe und Ryestern. — Alpine Chough. — Choucas des Alpes.

Die Alpenkrähe
[Corvus graculus, *L.*].

Alpen-, Kräten-, Schnee- und Steindohle, Eremit, Klausrapp, rothbeinige, Schweizer-, Stein- und rothschnäblige Steinkrähe, Alpen-, Eremit-, Feuer-, Gebirgs-, Klaus-, Stein- und Waldrabe, Schweizer-Eremit und Thurm-Wiedehopf. — Chough. — Crave.

Die meisten Vogelkundigen trennen diese beiden Arten, obwol sie in der Gestalt, Färbung, Lebensweise u. a. den anderen Krähen gleichen, als Felsen- oder Alpenkrähen [Pyrrhocorax, *Cuv.*] ab. Sie haben folgende besondere Kennzeichen: Ihr Schnabel ist verhältnißmäßig lang und dünn, mehr oder minder gebogen, auffallend hell gefärbt und nur wenig mit Borsten bedeckt. Die Flügel sind lang und spitz mit dritter bis fünfter längster Schwinge und reichen zusammengelegt bis zum Ende des Schwanzes, welcher verhältnißmäßig kurz und gerade abgeschnitten ist. Die Füße sind schwächer als bei den verwandten Krähen und gleichfalls hell gefärbt. Die Geschlechter sind kaum verschieden und das Jugendkleid ist nur glanzlos. In der Größe gehören sie zu den geringsten Krähenvögeln. Sie sind ausschließlich Gebirgsvögel. Beide Felsenkrähen sind schön und anmuthig und gewähren bis zu den höchsten und einsamsten Bergspitzen hinauf dem Reisenden einen angenehmen Anblick.

Die Alpendohle ist einfarbig sammtschwarz mit nur schwachem Metallschimmer, schön orangegelbem Schnabel, welcher kürzer als der Kopf ist, dunkelbraunen Augen und rothen Füßen. Das Weibchen soll völlig glanzlos sein, mit mehr bräunlichen Füßen. Das Jugendkleid ist mattschwarz, mit anfangs schwarzem, dann düstergelbem, zuletzt nur an der Spitze schwärzlichem Schnabel und anfangs schwarzen, dann röthlichbraunen Füßen. In der Größe ist sie etwas bedeutender als die gemeine Dohle (Länge 40 cm, Flügelbreite 82 cm, Schwanz 15 cm).

Ihre Verbreitung erstreckt sich auf alle Hochgebirge Europas und zwar ist sie auf denen von England, Schottland, sowie von ganz Südeuropa, ferner den kanarischen Inseln, Nordostafrika und eines Theils von Asien heimisch, als Standvogel, welcher kaum einmal im Winter tiefer hinabgeht. Zu jeder Zeit ruhelos umherschwärmend, munter und gesellig, auch zur Nistzeit, doch keineswegs mit einander verträglich, vielmehr fortwährend schreiend und zankend, zeigen sie sich gegen Menschen nicht scheu, sondern ziemlich dreist und zutraulich. In allen Bewegungen sind sie gewandter, rascher und zierlicher als die anderen Krähen. Ihre Laute erllingen schrill pfeifend krüh, krüh und jack, jack oder jäck, wechselnd mit krähenartigem Krächzen und Geplauder. Gloger nennt das letztere einen theils krähenden, theils volltönig und amselartig pfeifenden Gesang. „Als beständige Schwätzer pflegen sie auch beim Futtersuchen nicht zu schweigen. Sie rufen fast wie die Dohlen krüh, krüh und kli, kiri, kiri oder jarick oder jaik". Allerlei lebende kleine und todte größere Thiere, sowie auch Beren, u. a. Früchte und Sämereien bilden ihre Nahrung. Löcher an steilen Felsenwänden und Klippen, meistens sehr hoch, enthalten im April das Nest, welches aus Reisern, Halmen, Wurzeln und Stengeln geformt und mit Thierwolle und Haren ausgerundet ist; vier bis fünf hellaschgraue, dunkler olivengrün gefleckte Eier bilden das Gelege, welches vom Weibchen allein in 18 Tagen erbrütet wird. Der Thurmfalk soll sie zuweilen aus den Nestern vertreiben. Außerdem sind ihre Feinde: Wanderfalk, Habicht, Sperber, doch weiß die gesunde, kräftige Alpendohle einem solchen Räuber meistens gut zu entgehen, und nur wenn er einen Schwarm plötzlich überrascht, vermag er eine zu schlagen. Obwol sie unschwer mit Leimruten, Schlingen oder Schlagnetz an den Stellen, welche ein Schwarm regelmäßig besucht, zu fangen ist und sich auch gleicherweise als Nestvogel leicht aufziehen läßt, so gelangt sie doch nur selten und einzeln in den Handel und nur ausnahmsweise auf die Ausstellungen. Um ihrer Schönheit willen hält man sie gern in der Gefangenschaft, weniger aber alt eingefangene als aus dem Nest geraubte und aufgefütterte. Diese werden

Die Felsen- oder Alpenkrähen.

kann sehr zahm und zutraulich, lassen sich zum Ein- und Ausfliegen gewöhnen, sind ungemein pfiffig und haben alle anderen Eigenthümlichkeiten der übrigen gezähmten Krähen (s. S. 14); aber sie sind nur wenig gelehrig und lernen kaum ein oder einige Worte nachsprechen.

A. E. Brehm gibt im „Thierleben" eine Schilderung von Savi, welche ich im Folgenden hier anfüge: „Die Alpendohle gehört zu den Vögeln, welche sich am leichtesten zähmen lassen und die innigste Anhänglichkeit an ihren Pfleger zeigen. Man kann sie jahrelang halten, frei herumlaufen und fliegen lassen. Sie springt auf den Tisch und frißt Fleisch, Früchte, besonders Trauben, Feigen, Kirschen, Schwarzbrot, trocknen Käse und Ei, liebt die Milch und zieht bisweilen Wein dem Wasser vor. Wie die Raben hält sie die Nahrungsmittel, welche sie zerreißen will, mit den Klauen fest, versteckt das übrig bleibende, deckt es mit Papier u. a. zu, setzt sich auch wol daneben und vertheidigt den Vorrath gegen Hunde und Menschen. Sie hat ein seltsames Gelüst zum Feuer, zieht oft den brennenden Docht aus den Lampen und verschluckt denselben, holt ebenso des Winters kleine Kohlen aus dem Kamin, ohne daß es ihr im geringsten schadet*). Sie hat eine besondre Freude daran, den Rauch aufsteigen zu sehen, und so oft sie ein Kohlenbecken wahrnimmt, sucht sie ein Stück Papier, einen Lumpen oder Span, wirft dies hinein und stellt sich davor, um den Rauch anzusehen. Sollte man daher wol nicht vermuthen, daß dieser der ‚brandstiftende Vogel' (Avis incendiaria) der Alten sei? Vor einer Schlange oder einem Krebs u. drgl. schlägt sie die Flügel und den Schwanz und krächzt ganz wie die Raben; kommt ein Fremder ins Zimmer, so schreit sie, daß man fast taub wird, ruft aber ein Bekannter, so gackert sie ganz freundlich. In der Ruhe singt sie manchmal und ist sie ausgeschlossen, so pfeift sie fast wie eine Amsel; sie hat selbst einen kleinen Marsch pfeifen gelernt. War jemand lange abwesend und kommt zurück, so geht sie ihm mit halbgeöffneten Flügeln entgegen, begrüßt ihn mit Geschrei, fliegt ihm auf den Arm und besieht ihn von allen Seiten. Findet sie nach Sonnenaufgang die Thür geschlossen, so läuft sie in ein Schlafzimmer, ruft einigemal, setzt sich unbeweglich aufs Kopfkissen und wartet bis ihr Freund aufwacht. Dann hat sie keine Ruhe

---

*) Es ist verwunderlich, daß A. Brehm diese fantastischen Angaben von Savi ohne jede Anmerkung seinerseits nachgeschrieben hat.

mehr, schreit aus allen Kräften, läuft von einem Ort zum andern und bezeugt auf alle Art ihr Vergnügen an der Gesellschaft ihres Herrn. Ihre Zuneigung setzt wirklich in Erstaunen; aber dennoch macht sie sich nicht zum Sklaven, läßt sich nicht gern in die Hand nehmen und hat immer einige Personen, die sie nicht leiden mag und nach denen sie pickt." Meine Leser werden auch ohne weitere Bemerkungen meinerseits sicherlich wissen, was sie aus dieser Schilderung als wahr und richtig oder übertrieben und auf Einbildung beruhend aufzunehmen haben. Ungleich werthvoller ist die nachstehende Mittheilung des leider zu früh verstorbenen Gelehrten Dr. Karl Stölter in St. Fiden bei St. Gallen.

„Gegen Ende des Juli 1874 bekam ich eine junge Alpendohle, welche in den Appenzeller Bergen außerhalb des Nests gefangen worden, weil sie nämlich an einem Vorderarmknochen ein Knötchen hatte und infolgedessen am Fliegen gehindert war. Dies heilte in kurzer Zeit aus. Ich setzte die Dohle frei auf einen Dachbalkon, der von zwei Seiten mit Hausmauern umgeben ist; nur über Nacht sperrte ich sie in einen Käfig. Als ich sie erhielt, wollte sie weder selbst fressen, noch sich ätzen lassen, bis sie nach zweitägigem Hungern verständiger wurde. In kurzer Zeit fraß sie selbst und zwar rohes Fleisch, Käsequark und Milchbrot, später den Abfall von der Fütterung meiner Kerbthierfresser mit Käsequark versetzt; eine todte Maus zerriß sie und fraß sie nur theilweise und mit wenig Begierde, sodaß ich glaube, die Alpendohle wird sich in der Freiheit nicht viel mit Mäusefang beschäftigen. Auf dem Balkon trieb sie sich umher, ohne herunterzuflattern und zwar auf dicken Aesten, Blumentöpfen und einer Kiste. Oeffnete man das daraufgehende Fenster, so kam sie gleich herbeigesprungen, nahm das dargebotne Futter aus der Hand und ließ sich trauen. Im Hause folgte sie mir auf dem Fuße. Allmählich machte sie Flugübungen, und eines Tags flog sie wirklich um die Hausecke und hing draußen an der Mauer, doch kehrte sie sogleich wieder zurück. In kurzer Zeit lernte sie jetzt gut fliegen und nun flog sie hin und wieder mit den Tauben, die sie des Futters wegen besuchten, um die Wette. Ein einziges Mal blieb sie einen halben Tag fort, dann entfernte sie sich aber niemals wieder auf längere Zeit. Unter dem Balkon waren zwei Stockwerke, und darüber im Querhaus hatte sie sich ihre Nachtherberge gesucht, in welche sie sich, sobald sie gut fliegen konnte, allabendlich durch das nach dem Balkon gehende Fenster, im Sommer zwischen 6 und 7 Uhr, im Winter zwischen 4½ und 5½ Uhr, zur Ruhe begab. War das Fenster geschlossen, so gerieth sie in große Noth, sie umkreiste dann unter lärmendem Pfeifen das Haus, um sich bemerkbar zu machen und kam auf den Ruf sogleich herein. Morgens und abends ließ sie eine Zeit lang ihren geschwätzigen Gesang hören. Gar gern drang sie in die Zimmer, denn da gab es immer viel zu schaffen für sie: Schuhwerk u. drgl. wurde untersucht, dies und das aufgelesen, Pflanzen wurden angepickt u. s. w. So suchte sie durch ein offnes Fenster sich immer einzuschleichen, und dann ließ sie sich nicht leicht wieder entfernen; bloßes Aufscheuchen nutzte garnichts und mit der Hand war sie kaum zu erhaschen. War ich endlich ihrer habhaft geworden und warf sie vorn zum Fenster hinaus, so kam sie wol gar von der hintern Seite schleunigst wieder herein. Komisch anzusehen war es, als sie sich einst in meinem Arbeitszimmer mitten unter die ausgestopften Vögel setzte, so ruhig, daß ich sie selbst für eine Mumie hätte halten können. In den Zimmern konnte sie nicht geduldet werden, ihrer Schmutzerei wegen. Uebrigens flog sie niemals tiefer hinab in die unteren Stockwerke, wie sie sich auch nicht auf den Erdboden, in den Garten oder auf die umliegenden Wiesen niederließ, ebensowenig sah ich sie auf einem Baum sitzen; der Balkon, das Hausdach, der Thurm, verschiedene Vorsprünge und Borden waren ihre Tummelplätze. Hier jagte sie den Insekten nach. Häufig sah ich sie spechtartig an der Mauer kleben, um etwas abzulesen. Das Zerstören von Pflanzen in den Blumentöpfen und die erwähnte Schmutzerei waren ihre einzigen Schattenseiten. Mit den Spatzen und Tauben, die ihr Futter theilten, lebte sie in bester Eintracht; auch vor der Katze zeigte sie keine Scheu, sondern spielte mit ihr und jene that ihr niemals etwas zu leide, denn sie wußte wol, daß die Dohle und die Reitpeitsche in einer gewissen Wechselbeziehung standen. Zu Ende des Oktober verschwand sie plötzlich spurlos. Durchgegangen ist sie gewiß nicht, dazu war sie zu anhänglich an Haus und Leute; es muß ihr also wol ein Unglück zugestoßen sein. Für jeden Vogelfreund, der über entsprechenden Raum zu verfügen hat, dürfte die Schneedohle als ein muntres unterhaltendes Hausthier zu empfehlen sein, dessen schöne Erscheinung und Zutraulichkeit sicherlich unsere Zuneigung verdienen." Dr. Stölter empfiehlt sodann Versuche zu machen, aus dem Nest gehobene und aufgezogene Alpendohlen so zu gewöhnen, daß sie sich in geeigneter Oertlichkeit an einem Hause ansiedeln und nisten. Ihre Fortpflanzung in der Gefangenschaft dürfte nicht zu schwierig sein, denn im Berliner Aquarium hat ein Pärchen wenigstens bereits Eier gelegt.

Die **Alpenkrähe** ist gleichfalls einfarbig schwarz, mit grünem, blauem, violettem Metallglanz im ganzen Gefieder. Ihr vorzugsweise dünner, spitzer und gebogener Schnabel ist korallroth und länger als der Kopf; die Augen sind dunkelbraun und die Füße glänzendroth. Sie ist ein klein wenig größer als die vorige (Länge 41 cm, Flügelbreite 83 cm, Schwanz 15 cm). Das Weibchen unterscheidet sich nicht oder doch nur durch kaum bemerkbar geringre Größe. Das Jugendkleid ist einfarbig mattschwarz, ohne jeden Glanz; der Schnabel und die Füße sind schwärzlichbraun. Auch ganz weiße Alpenkrähen mit rothen Augen kommen vor.

In der Verbreitung und im Aufenthalt ist diese Krähe mit der Verwandten übereinstimmend, doch ist sie nur in südlichen Gegenden Standvogel, während sie in den nördlichen mit dem Herbst sich nach der Südseite der Gebirge hinzieht und im strengen Winter in die Thäler hinabstreicht. Das Nest steht immer in steilen, meist unzugänglichen Felsen, auch in alten Ruinen und selbst in den Kirchthürmen der höchsten Gebirgsdörfer; im übrigen ist es dem der vorigen gleich und enthält ein Gelege von ebensovielen bräunlichweißen, olivenbraun gepunkteten und gefleckten Eiern. Sie ruft kräh, kräh und bla, bla und läßt ein zwitscherndes Schwatzen hören. Gloger sagt: „sie schreit viel und laut krähen- oder rabenartig, sowol sitzend als fliegend, aber feiner, entweder wie kria, kria oder kruhü, kruhü, auch kräh, krähä und bla. Letztres sind die Laute der zahmen, wenn sie hungern. Auch schwatzende Töne, dem Gesang des Stars nicht unähnlich, vernimmt man zuweilen, elsterartige Laute bei Schreck und Verwunderung. Gefangene gackern leise, wenn sie vergnügt sind und geliebkost werden; auch lassen sie, zumal morgens, ihr kreischendes Geschwätz hören". Obwol sie im ganzen Wesen der vorigen sehr ähnlich ist, ihr auch in der Ernährung gleicht, während sie freilich eher an das Aas von gefallenen Thieren geht, zeigt sie sich doch viel mehr scheu und vorsichtig, läßt sich nur schwierig fangen, ist dann aber anmuthiger und zierlicher, zutraulicher und schlauer. Sie läßt sich anfassen, streicheln, Köpfchen krauen, ist sehr drollig, läuft oder fliegt hinter ihrem Gebieter her. Nach Angabe des Herrn Apotheker Zimmermann in Königsberg i. Pr. soll sie sehr gut Musikstücke nachpfeifen lernen. Auch sie soll schon und zwar in einem großen Käfig, gezüchtet sein.

Bereits Buffon sagt, sie lasse sich in gewissem Grade zähmen. Anfangs ernähre man sie mit einer Art Teig von Milch, Brot, Samen u drgl., bald aber bequeme sie sich dazu, Alles anzunehmen, was auf die menschliche Tafel kommt. Aldrovandi hat eine zu Bologna in Italien gesehen, welche die besondre Gewohnheit hatte, die Fensterscheiben von außen oder innen zu zerbrechen, ums ins Haus oder hinaus zu gelangen. Im übrigen finden wir bei den alten Schriftstellern, welche sich viel mit diesem Vogel beschäftigen, inbetreff seiner wie der vorigen Art die Angabe, daß er nicht allein wie die Krähen, Dohlen, Elstern Metallstücke und alles Blanke stehle, sondern auch Stückchen brennenden Holzes vom Feuerherde nehme und damit Unheil anstifte. Man könne, sagt noch Buffon, diese böse Gewohnheit gegen den Uebelthäter selbst richten und zu seinem eignen Verderben anwenden, wenn man ihn nämlich durch einen Spiegel in Fallstricke zu ziehen suche, wie man sich eines solchen auch bediene um Lerchen anzulocken. Olina gibt an, er lasse sich beständig hören, wenn er sich erhebe, nicht seiner Stimme wegen, sondern um die Aufmerksamkeit auf sein schönes Gefieder zu lenken. Uebrigens war es seit altersher bekannt, daß diese Art sprechen lerne. Freilich wußten Aristoteles und Plinius noch nicht sicher zu unterscheiden, welcher von den Vögeln der ‚Pyrrhocorax' oder der ‚Coracias' sei.

Die **australische Alpendohle** [Corvus melanorhamphus, *Vieill.*] ist im ganzen Gefieder grünglänzend schwarz mit Ausnahme der Innenfahnen der Schwingen erster Ordnung, welche zu Dreivierteln ihrer Länge vom Grunde an weiß sind. Schnabel und Füße sind schwarz, die Augen aber scharlachroth. Ihre Verbreitung erstreckt sich über ganz Neusüdwales und Südaustralien, und sie kommt stets in kleinen Flügen von 6 bis 10 Köpfen vor. Wenig scheu, läßt sie sich nahe ankommen, indem sie auf dem Boden nahrungsuchend hinundher läuft und dann auf einen niedrigen Zweig des nächsten Baums fliegt. Im Fluge sieht man deutlich die weiße Flügelzeichnung. Sonderbar sieht es aus, wenn sie hurtig von Zweig zu Zweig hüpft, den Schwanz spreizend und auf und nieder schnellend. Beim Verjagen stößt sie rauhe, knirschende und scharfe Töne aus; im Geäst sitzend läßt sie dagegen ein eigenthümliches, leises, weich und klagend, aber angenehm lautendes Pfeifen hören. In der Parungszeit wird das Männchen sehr erregt und dann zeigt es seltsame Geberden und nimmt wunderliche Stellungen an. Einen Vogel dieser Art im Fluge zu erlegen, machte mir größre Schwierigkeit als die aller anderen. In die Monate August und September, Oktober und November fällt die Nistzeit und es werden mehr als eine Brut gemacht. Das Nest steht in der Regel in der Nähe eines Bachs auf einem wagerechten Zweige, ist außen aus schlammiger Erde mit Strohhalmen geformt und hat eine aus weichen Stoffen gerundete Mulde. Vier bis sieben gelblichweiße, olivengrünlich und purpurbraun gefleckte Eier bilden das Gelege. Die Nester stehen zuweilen unfern von einander, auch legen, wie es scheint, manchmal mehrere Weibchen zusammen in ein Nest. Im allgemeinen bevorzugt der Vogel offnes

Waldland, während der Brutzeit aber die Nähe von Bächen und Lagunen, jedenfalls weil das Par in derartigen Oertlichkeiten den zum Nestbau nöthigen Schlamm sowie auch reichliche Insektennahrung findet (Gould). Lebend ist dieser Vogel mehrmals im zoologischen Garten von London vorhanden gewesen und sodann auch im Hamburger; Dr. Bolau hat ihm den deutschen Namen gegeben. White-winged Chough; White-winged Corcorax (Gld.); Waybung der Eingeborenen von Neusüdwales.

* *

Die **Elstern** [Picainae] oder langschwänzigen Krähen sind von allen übrigen Krähen- oder Rabenvögeln auffallend verschieden. Sie haben folgende Merkmale: Der Schnabel ist dem der eigentlichen Krähen gleich, doch an der First ein wenig höher gebogen; die Füße sind etwas höher, die Flügel kürzer und mehr gerundet, mit vierter oder fünfter längster Schwinge, während die erste bedeutend verkürzt und verschmälert ist. Als Hauptkennzeichen erscheint aber der sehr lange, stufenförmig gesteigerte Schwanz. Die Geschlechter sind kaum zu unterscheiden; das Jugendkleid ist nur düsterer gefärbt. Ihre Verbreitung erstreckt sich auf alle Welttheile mit Ausnahme Australiens, immer jedoch nur über nördliche Gegenden. Da die Elstern sowol in der äußern Erscheinung als auch in der Lebensweise, insbesondre im Nisten überaus abweichend von einander sind, so muß ich mir vorbehalten, nähere Angaben bei den einzelnen Arten zu machen. In der Ernährung stimmen sie im wesentlichen mit den eigentlichen Krähen überein, nur dürfen sie, zumal die einheimische Elster, beiweitem mehr als Nestplünderer gelten und daher kann ihre überwiegende Schädlichkeit garnicht fraglich sein. Auch in ihnen haben wir Vögel vor uns, welche sämmtlich gelehrig und, wenn auch nicht in hohem Grade, sprachbegabt sind.

Die gemeine Elster
[Corvus (Pica) europaea, *Cuv.*].

Achelaster, Adelster, Aegerst, Agelaster, Alaster, Algarde, Alster, Argerst, Aster, Atzel, Atzl, Egester, bunte, Garten- und Krickelster, Elsterrabe, Gartenkrähe und -Rabe, Gräck- oder Grückelster, Häster, Hätze, Heister, Hester, Hetze, Hutsche und Scholaster. — Common Magpie. — Pie ordinaire.

Als einen der allerbekanntesten Krähenvögel haben wir die Elster vor uns. An Kopf, Hals, Oberbrust, Rücken, Flügeln, oberseitigen und unterseitigen Schwanzdecken und Schenkeln ist sie schwarz, an Kopf und Kehle tiefschwarz, wenig glänzend, an Hals und Rücken mit blauem, an den Flügeln mit grünem Metallglanz; der Schwanz ist goldgrün und purpurn metallschillernd schwarz; die Schulterdecken, Innenfahnen der ersten Schwingen bis fast zur Spitze, ein mehr oder minder deutlicher Fleck am Unterrücken und ein Fleck auf dem Bürzel sind graulich- bis reinweiß; Unterbrust und Bauch sind weiß; der Schnabel ist schwarz; die Augen sind dunkelbraun und die Füße schwarz. Von geringer Krähengröße, erscheint sie durch ihren langen, beweglichen Schwanz und das dichte, volle Gefieder bedeutender als sie in Wirklichkeit ist (Länge 45—50 cm, Flügelbreite 55—58 cm, Schwanz 24—26 cm). Das Weibchen sieht nur etwas matter in den Farben aus und sein Schwanz ist kaum bemerkbar kürzer. Das Jugendkleid ist dem der alten Vögel gleich, doch am ganzen Körper ohne Glanz. Es kommen weiß und schwarz unregelmäßig gescheckte Elstern vor, bei anderen ist das Weiß nicht rein, sondern aschgrau, bei noch anderen sind die sonst schwarzen Körpertheile rostfarben oder hellbraun oder isabellfarben; auch eine beinahe ganz schwarze und eine reinweiße (Albino) Farbenspielart gibt es.

In ganz Europa und einem großen Theil Asiens, sowie in Nordamerika ist sie als Standvogel heimisch und bei uns fast allenthalben noch ziemlich häufig, während sie in manchen Strichen, selbst in günstiger Oertlichkeit, ganz fehlt. Ihren hauptsächlichsten Aufenthalt bilden Feldgehölze und der lichte Vorwald, die Baumreihen an den Landstraßen und Gärten mit vielem und großem Baumwuchs, vorzugsweise in der Nähe menschlicher Wohnungen; tief inmitten des Hochwalds, wie auf weiten Getreidefeldern ohne Bäume, in weiten Brüchern und Moren, ebenso im Hochgebirge ist sie niemals zu finden. Immer regsam und munter, flügelklappend und schwanzwippend, zeigt sie sich gewandt in allen Bewegungen.

Obwol sie nur fliegt wenn sie muß und also niemals wie die anderen Krähenvögel hoch oben kreist, so geht ihr Flug doch trotz der kurzen runden Flügel geschickt durchs dichteste Gezweige und über eine Blöße mit vielen Flügelschlägen rasch dahin. Gleich den übrigen Krähen schreitet sie auf dem Boden, nur selten hüpfend. Von fernher hören wir auf den hohen Pappeln das schack, schack des Elsterpärchens mehrmals schnell hintereinander wiederholt, dazwischen ihr singendes Schwatzen und bei jeder geringsten Erregung ihr entrüstetes Keckern. Gloger gibt ihre Laute in folgender Weise an: „Sie schreit gewöhnlich rauh schack oder krack, schackerack und schakerakkak, in Furcht und Schreck sehr heftig und oft, zuweilen kreischend schääk oder krääk. Eine Art gesangähnlichen Geschwätzes, öfter mit einigen pfeifenden Tönen läßt sie besonders bei der Begattung und überhaupt im Frühling erschallen, die jungen Männchen manchmal auch im Herbst." Wie die Verwandten hört und sieht sie vortrefflich, und infolgedessen läßt sie sich schwierig anschleichen, zumal dort, wo sie viel verfolgt wird. Hier warnt sie auch andere Vögel beim Nahen des Jägers oder vor sonstiger Gefahr. In ihrem Wesen ist sie ungemein vorsichtig und bei Gelegenheit überaus listig, dann aber wiederum dreist und frech. Mit anderen Krähen und selbst den größeren Würgern zankt sie sich viel herum. Ihren Feinden, vornehmlich dem Hühnerhabicht und Sperber, weiß sie meistens gut zu entgehen, ein Wanderfalk schlägt sie nur selten, und ebenso überlistet sie der Fuchs höchstens beiläufig einmal. Allerlei Thiere, welche sie nur zu überwältigen vermag, daneben auch Beren und andere Früchte, sowie gelegentlich Aas, sind ihre Nahrung. Durch Ver=

tilgung von jungen und alten Mäusen, sowie aller übrigen schädlichen Nager, ferner dergleichen Weichthiere, Kerbthiere und Gewürm wird sie nützlich, aber dadurch, daß sie sämmtlichen Vogelnester in weitem Umkreis ausplündert, gleicherweise junges Wild raubt, namentlich auch aus den Rebhühner- und selbst Fasanennestern die Eier stiehlt, schließlich junges Geflügel von den Höfen holt, ergibt sie sich als so beiweitem überwiegend schädlich, daß sie keine Schonung verdient, sondern vielmehr in unnachsichtlicher Weise fortgeschossen werden muß.

Ihr Nest ist versteckt im höchsten und dichtesten Wipfel eines schlanken Baums, am häufigsten einer italienischen Pappel oder auch tief im etwas über mannshohen Kieferndickicht, nur selten noch niedriger in einem sehr dichten Dornstrauch angebracht. Es ist aus Reisern, schmiegsamen Dornzweigen u. a. geflochten, hat überall, wo die Elster verfolgt wird, einen dicken Boden von Lehm oder thoniger Erde, auf welchem die aus Würzelchen, Federn, Haren, am liebsten Schweinsborsten, gerundete Mulde steht, die im Gegensatz zu den Nestern aller verwandten Vögel mit einem aus Gezweige und Dornen dicht geflochtenen Dach überwölbt ist und von einer Seite her das Einschlupfloch hat. So ist das Nest in jeder Weise gesichert, denn von oben her ist der brütende Vogel wenig zu bemerken und also den Angriffen der gefiederten Räuber nicht ausgesetzt, und von unten vermag selbst ein Schuß von starkem Schrot den Boden kaum zu durchdringen. Das Pärchen errichtet meistens mehrere Nester und zwar, wie der Volksglaube seit altersher meint, um Feinde von dem sehr versteckten bewohnten Nest abzulenken. Pfannenschmid erzählt, daß ein Elstermännchen, während das Weibchen auf dem einen Nest bereits brütete, am andern noch immerfort baute, sodaß die Knaben, welche das Gelege rauben wollten, sich wirklich täuschen ließen. Ob die Elster dabei, wie der Genannte annimmt, mit voller Ueberlegung gehandelt hat, ist allerdings eine Frage, welche sich schwerlich mit Sicherheit entscheiden läßt. Oft steht das Nest ganz in der Nähe menschlicher Wohnungen und trotzdem wird es meistens dann erst entdeckt, wenn sich die Jungen durch ihr Geschrei verrathen. Wo der Elster eifrig nachgestellt wird, fliegt sie niemals ohne weiteres zur Brut, sondern sie naht derselben stets mit großer Schlauheit. Wenn ihr Nest aber ausgeraubt wird, so vergißt sie alle Vorsicht und folgt dem Räuber, selbst bei mehrmaligem Schießen, auf weite Entfernung hin. Zuweilen läßt sich das Par durch das Ausrauben der Eier und selbst das Zerstören des Nests kaum vertreiben. Uebrigens wird das letztre nicht alljährlich neu gebaut, sondern nur ausgebessert. Der Bau beginnt sehr zeitig, nach Gloger schon im Dezember, wenn nämlich ein neues Nest errichtet wird. Zu Mitte oder Ende des Monats April ist das aus 6—8 Stück grünlichen, aschgrau und braun bespritzten Eiern bestehende Gelege vollzählig und dasselbe wird vom Weibchen allein in 18 Tagen erbrütet, während beide Gatten des Pärchens die Jungen gemeinsam füttern und zwar mit aus anderen Nestern geraubten jungen Vögeln und Kerbthieren aller Art. Nach Beendigung der Brut (nur wenn diese vernichtet ist, wird eine zweite gemacht) schweifen die jungen Elstern im Spätherbst und Winter meistens in kleinen Flügen, selten in größeren Scharen, zwischen den Scharen von Krähen, auch wol mit Eichelhehern, gesellig umher; das alte Pärchen dagegen verbleibt gewöhnlich am Standort und kommt bei großer Kälte und Noth im Winter auch wol auf die Höfe und Straßen ländlicher Ortschaften. Man verfolgt die Elstern am meisten durch Zerstören ihrer Nester und durch beiläufiges Abschießen auf der Krähenhütte. Wo sie einmal ausgerottet sind, währt es sehr lange, bis sich wieder ein Pärchen ansiedelt.

Die alte Elster ist schwer zu fangen, dagegen werden die Jungen gern und häufig aus den Nestern gehoben und aufgefüttert. Eine solche ist als Hof= und selbst als Stubenvogel recht beliebt, da sie ungemein zahm wird, ein überaus komisches Wesen zeigt, auch eine Melodie nachflöten, sowie recht gut Worte sprechen und mancherlei andere Laute nachahmen lernt. Im übrigen aber hat sie die unangenehmen Eigenschaften der Krähenvögel und stiehlt also, verschleppt und versteckt in listiger Weise allerlei glänzende und auf= fallende Gegenstände.

Mehr als viele andere Vögel muß gerade die Elster, und sogar noch heutzutage, dem Volksaberglauben dienen; eine zu Pulver gebrannte Elster gilt als unfehlbares Volks= heilmittel bei fallender Sucht u. a. m. Die alten Schrift= steller sahen diesen Vogel als vorzugsweise bedeutungsvoll an; sie fabelten viel von ihm, berichteten aber auch schon Manches, was späterhin die Beobachtung als richtig bestätigt hat. So hatte man bereits im frühen Alterthum wahrgenommen, daß er auf Weiden und Triften dem Vieh, vornehmlich Schweinen und Schafen, auf den Rücken fliegt, um Un= geziefer abzusammeln. Ferner betrieb man mit ihm schon den lustigen Fang vermittelst der innen mit Leim bestrichenen Papierdüten. Die Eigenthümlichkeit des Stehlens blanker Dinge kannten die Alten ebenso wie wir. Plutarch erzählt, daß eine Elster, welche menschliche Worte, das Geschrei von Thieren, Blöken eines Kalbs oder Schafs, Meckern einer Ziege und verschiedene andere Laute nachahmen konnte, als sie eines Tags das Blasen auf einer Trompete vernommen hatte, plötzlich schwieg, was Allen, welche sie bis dahin un= abläßig plaudern gehört, sehr auffallend war, aber später eine Erklärung fand, als der Vogel mit einmal das Still=

schweigen brach, nicht um die gewöhnliche Uebung zu wiederholen, sondern um die Töne der Trompete mit denselben Wendungen in Gesang und Takt nachzuahmen. Aldrovandi theilt mit, daß eine Elster eine Amsel schlug und verzehrte; „eine andre ergriff einen Krebs, welcher ihr aber zuvorkam, sie mit den Scheren packte und erwürgte." Wie die Raben, so wurden auch die Elstern zur Jagd abgerichtet. Früher benannte man die zahme Elster gern mit dem Namen Margarethe, weil sie denselben leicht aussprechen lernen sollte.

Im Folgenden führe ich die Schilderung einer gezähmten Krähe seitens des Herrn L. Hügel*) an: „Sie begleitet mich überall hin. Beim Frühstück und Mittagessen hüpft sie auf den Tisch, bleibt an einer Ecke sitzen und betrachtet die Gerichte; sieht sie etwas, das ihr behagen könnte, so geht sie darauf zu, um davon ihren Antheil zu erlangen, und sobald sie diesen erhalten hat, fliegt sie von selbst in den Käfig und läßt sich einsperren. Es ist spaßhaft anzusehen, mit welcher Sorgfalt sie zur Aufbewahrung von Nahrungsmitteln passende Winkel in ihrer Behausung sucht und wie sie die Beute dreht und wendet, dann versteckt, dann mit Papierschnitzeln und Spänen zudeckt und nun den Kopf hin und her wendet, um zu sehen, ob auch Alles gut verborgen sei. Manchmal bleibt sie vor einer solchen geheimen Vorrathskammer als Wache stehen und vertheibigt sie gegen jeden Menschen mit Schnabelhieben. Eine liebenswürdige Eigenschaft ist ihre ungemein große Anhänglichkeit an alle Familienmitglieder, wobei sie aber Einem vor dem Andern Vorzug gibt. Bleibt Jemand aus der Familie einen oder mehrere Tage fort, so äußert sie sich bis zu dessen Rückkehr mißmuthig und kommt er zurück, so zeigt sie ausdrucksvoll ihre Freude, läuft ihm mit halbgeöffneten Flügeln entgegen, begrüßt ihn mit Freudengeschrei, fliegt ihm auf die Schulter und bleibt dort so lange, bis sie fortgejagt wird. Sie kennt alle Personen in der Familie auf das genaueste und ruft jeden mit Namen. Ich besitze sie schon seit vier Jahren und alljährlich macht sie eine Reise in die Rheinpfalz mit. Während der Eisenbahnfahrt ist sie sehr ruhig, nimmt aber keine Nahrung zu sich, bis sie aus ihrem Gefängniß befreit wird. Am Reiseziel gewähre

---

*) In Dr. Ruß, „Lehrbuch der Stubenvogelpflege, -Abrichtung und -Zucht" S. 736.

ich ihr volle Freiheit; sie verläßt frühmorgens das Haus und kehrt erst abends spät zurück. Meistens verbringt sie den Tag in Gesellschaft wilder Elstern, mit denen sie dann in Wald und Flur umherschweift, bis sie die einbrechende Dunkelheit zur Heimkehr zwingt, doch hält sie sich an manchen Tagen nur in der Nähe des Hauses auf, macht Besuche in den Nachbarhäusern und stiehlt hier und da einen Gegenstand, der ihr in die Augen fällt. Dabei besucht sie immer die Häuser zuerst, deren Bewohner ihr aus den vorhergehenden Jahren her bekannt sind; gegen diese ist sie freundlich und wenn sie einer dieser alten Bekannten neckt und reizt, so fliegt sie eher weg, als daß sie beißt und kratzt, wie sie es Fremden gegenüber zu thun pflegt. Obwol sie sich mit den wilden Elstern viel herumtreibt, so bleibt sie doch mit ihnen niemals eine Nacht hindurch fort. Gegen die Hühner und Enten auf dem Hof und die Singvögel im Garten verhält sie sich ganz gleichgiltig. Nach meinen Erfahrungen ist dieser so verrufene Vogel im Umgang mit Menschen überaus liebenswürdig und ich kann ihn zur Zähmung und besonders zur Abrichtung nur bringend empfehlen." — Im Gegensatz dazu hat man beobachtet, daß eine gezähmte, an Aus- und Einfliegen gewöhnte Elster von wilden überfallen wurde, welche ihr die Augen aushackten und sie tödteten. — Meistens ist die zahme Elster gegen das Geflügel auf dem Hof und insbesondre gegen die jungen Hühner u. a. ebenso bösartig wie die übrigen Krähen, und wo man sie hält, muß sie durchaus überwacht werden. Herr E. Lieb in Palmyra erzählt von einer sehr zahmen Elster, welche Eier aus dem Taubenschlag so heimlich zu stehlen wußte, daß man erst nach langer Zeit den Uebelthäter ermitteln konnte. Uebrigens ging diese Elster daran zugrunde, daß sie sich an einem Päckchen gestohlener Streichhölzer vergiftete. — Herr Kreisgerichtssekretär R. Schmikalla berichtet von einer zahmen Elster, welche mit den Hausbewohnern und den im Biergarten verkehrenden Gästen auf sehr vertrautem Fuß lebte, trotzdem aber stets den Augenblick benutzte, in welchem Jemand seinen Tisch verließ, um alles Eßbare zu stehlen. „Da der Wirth erzählte, daß sie sich auch über stehen gebliebene Bierneigen hermache, beschloß ein Gast, sie darin zu belauschen. Er ließ sich ein Seidel Bier geben, stellte es mit zugemachtem Deckel auf den Tisch und ging fort. Alsbald kam die Elster geflogen, schritt rings um das Seidel, besah es von allen Seiten, stellte sich dann auf die dem Henkel entgegengesetzte Seite und führte mit ihrem Schnabel einen kräftigen Hieb oder Stoß von unten nach oben, sodaß der Deckel aufklappte und offen blieb, worauf die Elster ihren Schnabel in das Bier tauchte und trank. Diese Elster hatte, ohne daß sich Jemand mit ihr beschäftigte, einige Worte sprechen gelernt und diese wußte sie zu ihrem Vortheil anzuwenden. So konnte sie, weil sie stets beim Füttern der Hühner zugegen war, den Lockruf ‚putt, putt‘! so nachahmen, daß die Hühner, wenn sie ihn ertönen ließ, herbeiliefen. Dies machte dem Besitzer vielen Spaß, so lange, bis er eines Tages gewahr wurde, daß die Elster mit ihrem ‚putt, putt‘ eine brütende Henne von den Eiern rief und dann schleunigst zum Nest schlüpfte, um ein Ei zu rauben und aufzufressen." — Herr Peter Frank in Liverpool beobachtete eine zahme Elster, welche eine Dohle, mit der sie in Freundschaft zusammenlebte, als diese in eine Grube gefallen war, getreulich mit Futter versorgte.

Die eingehendste Mittheilung über eine gezähmte und abgerichtete Elster gibt Herr A. Günzel*): Vor Jahren gelangte ich in den Besitz einer jungen Elster, welche aus dem Nest gehoben und schon bis zur Selbständigkeit herangezogen war. Sie wurde in einen Käfig gebracht und dieser in einem Zimmer aufgestellt, in welchem sich schon andere gefiederte Gäste befanden. Bereits am nächsten Morgen stellte es sich heraus, daß ‚Jakob‘, wie sie benannt worden, Anlage zu schlechten Streichen zeigte. Er hatte den Stift der Käfigthür ausgezogen und war auf das Bauer eines Zeisigs geflogen, eifrig bemüht, den Insassen mit Schnabelhieben zu bearbeiten. Durch mein Einschreiten wurde der geängstigte Zeisig noch zur rechten Zeit aus seiner lebensgefährlichen Lage befreit. ‚Jakob‘ hatte sich damit also das Recht, als Zimmervogel gehalten zu werden, verscherzt und nun wurde im Hof an einer geschützten Stelle sein Käfig aufgestellt. Doch schon nach wenigen Tagen hatte er seinen Kerker wieder verlassen, um sich auf den Dächern der Nachbarhäuser herumzutreiben. Alles wurde aufgeboten, um seiner wieder habhaft zu werden, doch lange Zeit vergeblich. Endlich in der Dämmerstunde, als sich der

---

*) In „Die gefiederte Welt", 1887.

Hunger und die Sorge um eine Nachtherberge einstellte, ging er in seinen Käfig, den ich mit Leckerbissen ausgestattet und zu einer Dachluke herausgeschoben hatte, wieder zurück. Von nun an erhielt ‚Jakob' Unterricht im Sprechen und nach nicht allzulanger Zeit sprach er seinen Namen und verlangte sein Lieblingsfutter: ‚Speck'; weiter hat er es jedoch in dieser Kunst nicht gebracht. Wenn ich mich dem Käfig mit Futter näherte und einen kurzen Pfiff erschallen ließ, so rief die Elster sogleich: ‚Jakob, Speck'! Sobald sie den letztern dann empfangen, verzehrte sie ihn mit Wohlbehagen, mit der Zunge schnalzend und die Augen bei jedem Bissen verdrehend. Ging ein Fremder am Käfig vorbei, so verhielt sich ‚Jakob' ganz ruhig, doch an seinen schelmischen Augen konnte man merken, was er im Schilde führte. Kaum war Jener nämlich einige Schritte am Käfig vorbei, so pfiff ‚Jakob' ihm kräftig zu, und der Fremde hemmte unwillkürlich seine Schritte, um nach dem Pfeifenden zu sehen; ‚Jakob' aber machte sich harmlos im Käfig zu schaffen, als ob er es nicht gewesen sei. Dasselbe wiederholte er, sobald Jener ihm wieder den Rücken kehrte. So saß die Elster wol zwei Jahre in ihrem Käfig und unterhielt uns durch ihr komisches Treiben. Späterhin wurde ihr erlaubt, sich im Freien zu bewegen. Da hielt sie sich über Tag ganz in der Nähe des Hauses auf und abends ging sie regelmäßig in ihren Käfig. Mit der Zeit war ihr jedoch ihr Wirkungskreis nicht mehr groß genug und sie flog daher ins Dorf hinab und suchte hier ebenso wie zuhause alle glänzenden Gegenstände zu stehlen, um sie sorgfältig irgendwo auf dem Felde zu verstecken. Kein lebendes Wesen durfte aber Zeuge einer solchen That sein. Sah die Elster sich beobachtet, so holte sie das Verborgne wieder hervor, um es anderweitig unterzubringen. So sammelte sie Löffel, Messer, Scheren, Fingerhüte, Ringe, Geld und allerlei andere Dinge. Beim Stehlen war sie so vorsichtig, daß sie allen Fallen geschickt aus dem Wege zu gehen wußte, welche ihr wegen dieser Unart im Dorf gestellt wurden. Frühmorgens in der Freiviertelstunde besuchte sie den Spielplatz der Schulkinder und am liebsten der Knaben, um zuzusehen, wie sich dieselben balgten. Dabei gab sie ihrem Wohlgefallen durch eifriges Hinundherspringen und Schnalzen Ausdruck. Die Knaben neckten sich gern mit ihr. Sie hielt den langen Schwanz hin und sobald Jemand danach griff, sprang sie geschickt auf die Seite, sodaß es niemals gelang, sie zu greifen. Auch von mir ließ sie sich nicht anfassen, während sie sonst doch recht zutraulich war. Das Necken liebte sie sehr und sie lief Jedem, der nach ihrem Schwanz haschte, stets nach, damit er das Spiel wiederhole. In solcher Weise hatten sie einst böse Buben in den Wald gelockt, von wo sie nicht zurückfinden konnte. Erst durch den Förster erfuhren wir ihren Aufenthalt und konnten sie nach dreitägigem Ausbleiben holen. Eines Tags saß ‚Jakob‘ in seinem Käfig, welcher stets vor der Thür stand, und als ein Holzknecht vorbeiging, ließ er ihn ruhig vorüber, um dann erst ‚Jakob, Jakob‘ zu rufen und zu pfeifen. Der Holzknecht, welcher selbst Jakob hieß, glaubte, er werde von seinem Vorgesetzten gerufen und kam zum großen Ergötzen der Familie ins Haus. So lebte die Elster noch mehrere Jahre und machte wieder die Uebersiedlung nach einer kleinen thüringischen Stadt mit. Auch hier gewöhnte sie sich bald ein und trieb sich den ganzen Tag auf der Landstraße oder im Garten umher. An einem Nachmittag erregte die Elster die Aufmerksamkeit eines Herrn und einer Dame in einer vorüberfahrenden Kutsche. Der Herr bot einem vorübergehenden Arbeiter eine gute Belohnung, wenn er den Vogel, welcher dicht vor ihnen herumhüpfte, sprach und pfiff, fangen würde, aber ‚Jakob‘ hielt seinen langen Schwanz förmlich hin und war dann mit einem großen Sprung immer rechtzeitig davon, worauf er schackerte, als ob er schimpfen oder sich über den ungeschickten Menschen lustig machen wolle. Aus der nahen Stadt lockte die Elster ganze Herden von Straßenjungen herbei, welche eine förmliche Hetzjagd hinter ihr hielten. So hatte sie eines Tags ein Bube durch einen Steinwurf an den Kopf getödtet. Wir betrauerten den ‚Jakob‘ förmlich wie ein Familienglied; er gehörte ja seit zehn Jahren zu unserm Hause. Gewiß hätte er noch lange Zeit uns und Anderen Freude gemacht." — Herr O. Mustroph in Berlin hatte eine Elster, welche sprechen, lachen, singen, bellen und husten konnte.

Als Himalaya=Elster [Corvus (Pica) bootanensis, *Deless.*] ist in der „List of the vertebrated animals in the Gardens of the Zoological Society of London" ein Vogel als lebend eingeführt angegeben, welcher von den meisten Vogelkundigen nur als örtliche Spielart der gemeinen Elster angesehen und nicht als Art erachtet wird. Ich muß es daher bei dieser Erwähnung bewenden lassen. — Die chinesische Elster [Pica sericea, *Gld.*] steht im gleichen Verhältniß und ist gleichfalls in den zoologischen Garten von London lebend gelangt. — Mit der maurischen oder afrikanischen Elster [Pica mauritanica, *Malh.*] dürfte es wiederum dasselbe Bewenden haben; auch sie ist im Londoner Garten lebend gewesen.

*

Die **Blauelstern** [Cyanopolius, *Bp.*] sind den eigentlichen Elstern sehr ähnlich, namentlich durch den langen stufenförmig zugespitzten Schwanz; aber durch den schwächern und ganz geraden Schnabel verschieden.

Cook's oder die spanische Blauelster [Corvus (Cyanopolius) Cooki, *Bp.*] ist an Kopf und Oberrücken sammtschwarz, an Rücken und Mantel bläulichgrau, Flügel und Schwanz hellblau, die großen Schwingen sind an den Außenfahnen weiß gesäumt; Kehle und Wangen sind grauweiß und die ganze Unterseite ist hell fahlgrau; Schnabel und Füße sind schwarz, die Augen braun. Ihre Größe ist bedeutend geringer, als die unsrer Elster (Länge 36 cm, Flügelbreite 42 cm, Schwanz 21—22 cm). Das Weibchen ist bemerkbar kleiner. Das Jugendkleid ist matter und fahler gefärbt, über den Flügel mit zwei fahlgrauen Binden. Von Süd- bis Mittelspanien erstreckt sich ihre Verbreitung, auch ist sie in Nordostafrika heimisch. Sie hält sich vornehmlich in den größeren Eichenwaldungen auf und ist dort häufig in vielköpfigen Flügen. Obwol sie nicht wie unsere Elstern in der Nähe menschlicher Gebäude lebt, kommt sie doch auf die Straßen, um den Pferdemist nach Nahrung zu durchsuchen. In Wesen, Gang, Flug und ganzem Benehmen ist sie der gemeinen Elster fast gleich; ihre Stimme klingt jedoch anders: kriih oder priih, langgezogen und abgebrochen, schwatzend klikkliklikli. Sie ist Standvogel; sehr unruhig, vorsichtig und scheu und schwierig zu schießen; ein Flug belebt den ganzen Waldtheil, in welchem er haust. Das Nest steht auf einem hohen Baum, und wie A. E. Brehm angibt, nicht auf einer der immergrünen Eichen, welche sonst ihren beständigen Aufenthalt bilden, sondern einer Ulme oder einem andern Waldbaum. Zuweilen werden mehrere Nester auf einem

Baum errichtet und alle immer unfern von einander. Als offene Mulde ohne Ueberdachung ist das Nest aus Reisern, Stengeln, Halmen, Zweigen, Gras u. a. geformt und mit Ziegenharen und andrer Thierwolle ausgerundet. Zu Anfang des Monats Mai besteht das Gelege in 5—9 Eiern und diese sind graugelblich, dunkler olivengrün gefleckt und getüpfelt. Nur selten ist sie in der Gefangenschaft zu finden; die Thierliste des zoologischen Gartens von London hat sie allerdings aufzuweisen, aber in die anderen Gärten gelangt sie kaum. Einen Flug von etwa 5 Köpfen sah ich einmal in der Thierhandlung des Herrn C. Reiche in Alfeld.
— Chinese Blue Magpie.

Die **chinesische Blauelster** [Corvus (Cyanopolius) cyanus, *Pall.*] ist an Kopf und Nacken schwarz mit weißer Kehle; der Rücken ist aschgrau, Flügel und Schwanz sind mehr graublau; die beiden mittelsten Schwanzfedern haben weiße Spitzen (wodurch sie sich hauptsächlich von den vorigen unterscheiden sollen); die ganze Unterseite ist weißlichgrau. In allem übrigen, auch in der Lebensweise und im ganzen Wesen, dürfte sie sich von der vorigen nicht unterscheiden. Ihre Heimat erstreckt sich über das nördliche China, ganz Japan und Ostsibirien. In den zoologischen Garten von London ist sie einigemal gelangt; anderweitig dürfte sie nur zufällig vorhanden gewesen sein.
— Chinese Blue Magpie.

*

Die **Baumelstern** [Dendrocitta, *Gld.*] gleichen in Gestalt, Größe und Wesen wiederum der einheimischen Elster, aber der Schnabel ist kürzer und an der First mehr gekrümmt; die Borstenfederchen stehen nach vorn gerichtet; im Flügel ist die fünfte und sechste Schwinge am längsten. Ihre Verbreitung erstreckt sich nur auf Asien.

Die **indische Wanderelster** [Corvus (Dendrocitta) rufa, *Scop.*] ist an Kopf, Hals und Brust schwärzlich, der Rücken und die Schultern sind rothbraun; die Flügeldecken und die Außenfahnen der zweiten Schwingen sind zart lichtgrau, die übrigen Schwingen schwarz; der Schwanz ist aschgrau, jede Feder mit breiter schwarzer Endspitze; die Unterseite von der Brust an ist schön rothgelb; der Schnabel ist schwarz, die Augen sind blutroth und die Füße dunkelschiefergrau. In der Größe bleibt sie etwas hinter der europäischen Elster zurück (Länge 40—41 cm; Flügel 15 cm; Schwanz 26 cm); Ganz Indien ist ihre Heimat, und namentlich ist sie gemein in China, Assam, Kaschmir bis zum Himalaya. Hinsichtlich des Aufenthalts dürfte sie mit unserer Elster übereinstimmen, denn „man sieht sie in jeder Baumgruppe und jedem Garten, auch in unmittelbarer Nähe der Dörfer" pärchenweise oder in kleinen Flügen. Ihren Namen dürfte sie daher erhalten haben, daß sie „im wellenförmigen Fluge von Baum zu Baum täglich ein ziemlich ausgedehntes Gebiet durchstreift, ohne einen Theil desselben zum bestimmten Aufenthalt zu wählen." Eine andre Erklärung kann ich nirgends finden und ihre Benennung ist daher keineswegs zutreffend, da sie doch als Standvogel angesehen werden muß. Nach Sundevall soll sie ziemlich scheu sein und sich meistens in den Spitzen hoher Bäume aufhalten. Ihre Laute ähneln denen der europäischen Elster, aber sind stärker und klarer und klingen wie koolen-oh-koor, manchmal hohlee-ho, ihre zankenden Rufe kakak oder kekekek, mehrmals wiederholt. Die Nahrung soll vorzugsweise in Baumfrüchten bestehen, doch natürlich auch in allerlei kleineren Thieren, vornehmlich Kerfen und nicht minder jungen Vögeln und Vogelnestern. Smith erzählt von einer Wanderelster, welche in eine Veranda, auf einen Käfig mit kleinen Vögeln kam, zuerst deren Futter und dann diese selber fraß. Ein seltsamer Aberglauben knüpft sich an sie, indem die bengalischen Frauen ihre Rufe als Ankündigung des Kommens der Bettelmönche ansehen und dementsprechend ihre Vorbereitungen treffen, ihre Kochtöpfe scheuern (Hamilton). E. von Schlechtendal erhielt durch einen Zufall anstatt einer Heherdrossel diese Elster und gibt folgende Schilderung: „Gleich nach der Ankunst ließ ich sie in einem geräumigen Flugkäfig frei, welchen bisher nur eine weißohrige Heherdrossel bewohnt hatte. In der ersten Zeit bemühte sie sich eifrig, ihr zerstoßenes und beschmutztes Gefieder in Ordnung zu bringen, dann aber versetzte sie meine ganze übrige Vogel= gesellschaft in Aufregung, als sie ein sehr lautes, rauh klingendes Elstergeschacker hören ließ. Zum Glück wiederholte sie diesen Elstern= ruf nicht häufig, sondern vielmehr andere Töne, die in ihrer Seltsam= keit schwer zu schildern sind. Zunächst war es ein heller Ruf, den ich mit den Silben guckelo wiedergeben möchte; die ersten beiden Silben sind ganz kurz, die letzte erklingt lauter, fast jauchzend. Am seltsamsten lautet ein Geschwätz, welches sie außerdem noch hören läßt. Man halte einem unartigen Kinde, das weinend spricht, die Hand vor den Mund, sodaß nur unvollkommen noch das Gerede durchdringt oder man lasse ein unartiges widersprechendes Kind durch einen Bauchredner darstellen — so wird man eine Vorstellung von dem Geschwätz oder Gesang der indischen Wanderelster haben. Un= mittelbar darauf pflegt der Vogel jenen lauten, garnicht übeln Ruf vernehmen zu lassen, und diese musikalische Gesammtleistung macht dann einen höchst überraschenden und belustigenden Eindruck. In ihrem sonstigen Verhalten erinnert sie an Heher und Elster. Der Heherdrossel gegenüber benahm sie sich anfangs entschieden feindselig, und ich war nicht ohne Sorge, daß die letztre bösartig werden möchte. Jene räumte indessen dem stärkern Genossen bereitwilligst, doch ohne sich furchtsam zu zeigen, den Vorrang am Futternapf ein; zum Glück kam die Heherdrossel dabei trotzdem nicht zu kurz, weil sie sehr zahm ist und daher besondere Leckerbissen sogleich beim Einsetzen der Freß= näpfe wegschnappt, bevor die Wanderelster zu nahen wagt. Als ein aus seinem Bauer entflohenes Hüttensänger=Weibchen sich zufällig auf den Käfig der Wanderelster niederließ, packte es diese sofort an einem Fuß und würde ihm ohne meine Dazwischenkunft jedenfalls das Bein ausgerissen haben, da sie es durch das enge Gitter nicht hineinzerren konnte. Nach kurzer Zeit begann die Wanderelster mit dem Gefieder= wechsel, die alten zerstoßenen Federn fielen aus und bald prangte der Vogel im schönen neuen Federkleid. Dann darf er als eine statt= liche Erscheinung gelten. Der Flug im Käfig ist etwas schwerfällig, das Hüpfen von Zweig zu Zweig aber schnell und gewandt; der lange Schwanz wird stets herabhängend getragen. Selbstverständlich darf sie nur mit gleich starken und muthigen Vögeln in einem ge= räumigen Flugkäfig zusammen gehalten werden." In den Handel, und dann natürlich nur in die zoologischen Gärten, gelangt sie nicht selten, bei Liebhabern ist sie dagegen kaum zu finden. Ihre besonderen Eigenthümlichkeiten, etwaige Sprachbegabung u. a., sind noch nicht beobachtet. — Landstreicher und Kotri der Indier. — Wandering Tree-pie. — Rufous Tree-Crow (*Gray*); Maha Lat in Hindostan (*Hamilt., Jerd.*), Takka-chor und Handi-chacha in Bengalen (*Blyth*), Mahtab und Chand (*Burnes*).

Die chinesische Wanderelster [Corvus (Dendrocitta) sinensis, *Lath.*] ist an der Stirn schwarz, an Oberkopf und Nacken grau; Kopfseiten und Kehle sind dunkelbraun; Rücken und Schulterdecken sind braun; Flügel schwarz mit einem kleinen weißen Spiegelfleck auf den zweiten Schwingen; der Schwanz ist schwarz; die oberen Schwanzdecken sind grauweiß, die ganze Unterseite ist graubraun und die oberen Schwanzdecken sind weißgrau; Schnabel und Füße sind schwarz, die Augen braun. In der Größe bleibt sie etwas hinter der vorigen zurück. Ihre Heimat ist China, auch Hainan. Bis zu 5000 Fuß über Mereshöhe ist sie dort im Sommer häufig, in größerer Höhe seltner; im Winter geht sie in die Ebene hinab. Sie nistet im Mai und das Nest steht ziemlich niedrig, $2{,}16 - 3{,}13$ Meter überm Boden und ist aus Zweigen mit einer aus feinen Fasern gerundeten Mulde erbaut, entweder im Wipfel eines Bäumchens oder auf einem wagerechten Ast. Das Gelege besteht in 3 Eiern, welche grünlichaschgrau, braun gefleckt sind (Hutton). In den Handel kommt sie sehr selten; in den zoologischen Garten von London ist sie mehrmals gelangt; auch die Großhandlung von J. Abrahams in London hat sie eingeführt. — Chinesische Baumelster. — Chinese Tree-pie. — Macao Tree-Crow (*Gr.*); Kokiakak in Masuri (*Hutt.*).

*

Jagdelstern [Urocissa, *Cab.*, Cissa, *Boie*], auch Laubelstern oder Jagdkrähen und mit ihrem Heimatsnamen Kittas genannt, sind den Elstern überhaupt sehr nahestehende Vögel, welche sich durch folgende Merkzeichen unterscheiden. Vornehmlich sind sie zierlicher und in auffallender, sehr bunter Färbung mit rothem oder gelbem Schnabel. Die fünfte und sechste Schwinge im Flügel ist am längsten. Ihre Färbung ist vorwaltend blau und sie müßten eigentlich als Blauelstern bezeichnet werden. Man unterscheidet zwei Sippen, lang- und kurzschwänzige. Die Heimat ist Südasien nebst den Inseln Zeylon, Sumatra u. a. Manche Arten werden in der Heimat zu Jagd und Vogelfang abgerichtet.

Die **chinesische Jagdelster** [Corvus (Urocissa) erythrorhyncha, *Gmel.*] ist an sich kleiner als die einheimische Elster, aber durch den vorzugsweise langen Schwanz, nach welchem sie auch den nichts weniger als zutreffenden Namen Schweifsitta trägt, erscheint sie bedeutender, während sie zugleich durch sehr buntes Gefieder sich auszeichnet. Sie ist an Kopf, Hals und Brust tiefschwarz, Stirn und Vorderkopf sind blau gefleckt, und von der Kopfmitte über den Nacken, Hinterhals und Rücken erstreckt sich ein weißes, immer mehr blau werdendes Band; Rücken und Mantel sind schön blau, die oberen Schwanzdecken blau, mit breiter schwarzer Spitze; die Flügel sind glänzend blau, die Schwingen an den Innenfahnen schwarz, alle Flügelfedern weiß gespitzt; die Schwanzfedern sind blau, die beiden sehr verlängerten Mittelfedern am Ende schwärzlich und an der Spitze breit weiß, alle übrigen Schwanzfedern am Ende schwarz mit weißer Spitze; die Unterseite von der Brust an ist weißlich, mit röthlichaschgrauem Ton; der Schnabel ist korallroth, die Augen sind bräunlichroth und die Füße hellroth (Länge 53 cm, Flügel 19—20 cm, Schwanz 42 cm). Ihre Heimat ist das westliche Himalayagebiet und häufig kommt sie in China, insbesondre in den Wäldern um Hongkong vor. Nistend ist sie bis zu 5000 Fuß über Mereshöhe beobachtet. Die Brut findet im Mai und Juni statt. Das Nest steht manchmal sehr hoch, jedoch auch nur 8—10 Fuß überm Boden. Es ist aus Zweigen lose geflochten mit Würzelchen ausgelegt und enthält 3—5 Eier, welche mattgrünlichaschgrau, dicht braun gefleckt und besprizt sind. Wie es scheint, ist sie weniger Baumvogel als verwandte Arten, denn man sieht sie nahrungsuchend fast nur auf dem Boden. In der ganzen übrigen Lebensweise dürfte auch sie unsrer Elster gleichen. Nach Shore ist sie ebenso räuberisch; eine gefangen gehaltene stieß auf ihr versuchsweise gebotene Vögel mordlustig und fraß sie. Lebhaft, munter und zierlich in allen

Bewegungen, fällt sie dadurch, wie durch ihre schönen Farben angenehm ins Auge. Klug und aufmerksam, warnt sie andere Vögel bei Gefahr. Einen Leopard soll sie meilenweit mit Geschrei verfolgen. Ihre Rufe ertönen scharf pink, pink, pink, worauf ein lautes Geschnatter folgt. Sie kommt häufig in die Nähe von Ortschaften, doch niemals in dieselben. In China soll man sie als Käfigvogel halten und mit kleinen Vögeln oder Fleisch füttern. Zu uns gelangt sie nicht ganz so selten wie die nächstverwandten Arten, und wir finden sie in den zoologischen Gärten sowol als auch auf den Ausstellungen, allerdings immer nur einzeln.
— Rothschnabelkitta, indische und chinesische Blauelster. — Chinese Blue Pie and Chinese Magpie. — Nil-khaut in Majuri *(Hutt.)*.

Die **siamesische Jagdelster** [Corvus (Urocissa) magnirostris, *Blth.*] ist mit der vorigen übereinstimmend und dürfte von ihr nur durch den stärkern Schnabel und etwas dunklere Färbung verschieden sein; die weißen Spitzensäume der Flügelfedern sollen gewöhnlich fehlen. Ihre Heimat ist Siam und Birma. In den zoologischen Garten von London ist sie erst zweimal gelangt, und anderweitig dürfte sie noch kaum vorhanden gewesen sein. — Siamesische Schweifkitta (?), siamesische großschnäblige Blauelster. — Siamese Blue Pie.

Die **schwarzköpfige Jagdelster** [Corvus (Urocissa) occipitalis, *Blth.*] ist den beiden vorigen wiederum sehr ähnlich, und ihre Unterscheidungsmerkmale dürften nur darin liegen, daß sie ein wenig größer, ihr ganzer Kopf schwarz, nur Kopfmitte und Nacken bläulichweiß, der Rücken kräftiger blau, nur schwach graulich schillernd und bei gleichfalls rothem Schnabel die Füße orangegelb sein sollen. Während manche Schriftsteller sie als besondre Art hinstellen, halten Horsfield und Moore sie für zusammenfallend mit der chinesischen Jagdelster. Wahrscheinlich bilden diese drei rothschnäbeligen Vögel überhaupt eine Art und dürfen jedenfalls nur als Jugendkleider oder höchstens Oertlichkeitsspielarten gelten. Diese letztre ist bisher erst einmal lebend eingeführt, in den zoologischen Garten von London. — Schwarzkopfkitta, schwarzköpfige Blauelster. — Occipital Blue Pie.

Die gelbschnäbelige Jagdelster [Corvus (Urocissa) flavirostris, *Blth.*] ist ebenfalls den vorigen, besonders der chinesischen Jagdelster, gleich und im wesentlichen wol nur durch den gelben Schnabel verschieden. Im übrigen soll der Kopf und Hals bis auf einen kleinen bläulichweißen Fleck am Hinterkopf reinschwarz sein. Auch sie dürfte keine selbständige Art sein, sondern mit der erstbeschriebnen zusammenfallen. Man hat sie im Himalaya gefunden. In den zoologischen Garten von London ist sie einmal in 3 Köpfen gelangt, sonst wol noch nirgends eingeführt. — Gelbschnabelkitta, gelbschnäbelige Blauelster; Yellow-billed Blue Pie.

Die grüne oder eigentliche Jagdelster [Corvus (Cissa) venatoria, *Hamilt.*] wird in der Heimat zur Jagd auf kleine Vögel abgerichtet und ist daher die Art, nach welcher die ganze Sippe den Namen trägt; zugleich ist sie die erste der Jagdelstern mit kurzem Schwanz. Vorder- und Oberkopf sind schön blaugrün und von einem Auge zum andern zieht sich ein breites schwarzes Band um die Kopfseiten und den Nacken; die Flügel sind rothbraun, die letzten Schwingen zweiter Ordnung mit bläulicher Spitze und schwarzem Fleck vor derselben; die mittleren Schwanzfedern sind weißlich gespitzt, die anderen mit schwarzer Binde vor der blauweißen Spitze; im übrigen ist der ganze Körper hellblau bis blaugrün, an der Unterseite schwach heller. Der Schnabel ist roth, die Augen sind braun und die Füße roth. In der Größe steht sie der europäischen Elster gleich. Die Heimat erstreckt sich über das südöstliche Himalayagebiet und Birma. Wiederum in der Lebensweise der europäischen Elster gleich, läßt sie ein Schackern hören, welches dem der erwähnten Verwandten, aber auch dem des Eichelhehers ähnlich ist, und dazu eine wohllautende Strofe. Die Naturforscher Hamilton und Blyth stimmen darin überein, daß sie sehr zahm werde. Der letzte hielt einige Jagdelstern lebend und sagt, daß sie auch den Würgern ähnlich erschienen. Sie zeigten sich sehr gelehrig und ließen ihre absonderlichen lauten und kreischenden Rufe unter lebhaften und fröhlichen Geberden erschallen. Ihre Nahrung, die hauptsächlich in

Fleisch bestand, spießten sie wie die Würger auf oder klemmten sie wenigstens zwischen die Käfigdrähte. Das schöne zarte Grün wurde allmählich mehr grünlichgraublau und das Roth nahm einen matt aschgrauen Ton an. Eine längre Schilderung dieser Art gibt Emil Linden, aus welcher ich Folgendes entnehme: „Es ist alles prachtvoll an diesem Vogel, die Farbe seines Gefieders, seine Haltung, Munterkeit und seine ausgezeichneten Stimmmittel. Die Färbung ist weniger grün, als der Name schließen läßt, sondern ein herrliches Himmelblau, welches allerdings, je nachdem das Licht darauf fällt, ins grüne schillert; ich betrachte ihn oft mit der Ueberzeugung, daß die Farbe rein azurblau sei, und dennoch mußte ich am andern Tage wieder zugeben, daß ein Schimmer von Grün, auf dem Oberkopf am deutlichsten, vorhanden ist. Dies ist die Grundfarbe des ganzen Körpers. Nur der Flügelbug und die äußeren Schwingen sind schön braun- bis dunkelpurpurn, ebenso ein Streif vom Auge aus um den Hinterhals, die Oberseite der äußersten Schwanzfedern und die Spitzen der Haube, die er aufrecht trägt; die Schwanzunterseite ist weiß, schwarz gerandet. Der sehr starke Schnabel und die Füße sind schön mennigroth, die Augen sind braun mit schön rothem Augenring, welcher ihr einen etwas unheimlichen Anblick gibt. Die Munterkeit dieser Jagdelster ist unbegrenzt und unermüdlich; sie hüpft in den lebhaftesten Sprüngen sowol seitwärts als auch auf und ab, überschlägt sich vor- und rückwärts um die Sitzstangen, dabei immer mit lauter Stimme ihr Wohlbehagen bekundend. Ihre Laute sind so mannigfaltig, daß sie sich schwer beschreiben lassen; allerdings ist es oft nicht angenehm, schrille Töne wie die von einer Sägenfeile zu vernehmen. Dann pfeift sie aber wiederum in den wunderbarsten Akkorden und mächtig tönend, den Schnabel weit geöffnet, von morgens früh, oft vor Tag, bis in die tiefe Dämmerung. In dem Raum, in welchem ich sie hielt, waren zwei Nistkasten angebracht, aber sie bekümmerte sich nicht um dieselben, sondern schlief stets auf der Stange sitzend. Mit dem Futter ging sie sehr unsäuberlich um und warf viel fort. Der Badenapf mußte täglich drei- bis viermal frisch gefüllt werden; schon morgens früh stürzte sie sich ins Wasser, bevor sie das bereits hineingesetzte Futter berührte. Durch die beiden letzterwähnten Eigenthümlichkeiten wird ihre Haltung eine recht schwierige." Es ist schade, daß der genannte Vogelwirth keine eingehen-

deren Mittheilungen, namentlich inbetreff etwaiger Ge=
lehrigkeit und Sprachbegabung, machen konnte. Die eigent=
liche Jagdelster gehört immerhin zu den sehr seltenen Vögeln
im Handel. Bei den größten Händlern, wie J. Abrahams,
Chs. Jamrach, Fräulein Hagenbeck u. A., ist sie hin und
wieder zu finden. Im zoologischen Garten von London
war sie mehrfach und auch im Besitz des Herrn A. F.
Wiener in London ist sie gewesen; gelegentlich kommt sie auch
einzeln in andere Naturanstalten und auf die Ausstellungen.

<small>Indischer und ostindischer Grünheher, Himalayaheher oder grüner Himalayaheher, Jagdelster. — Hunting Crow, Hunting Cissa, Chinese Roller. - Sir Gang, in Bengalen (*Hamilt.*, *Blyth*). — Corvus sinensis, Bodd.</small>

* *

Die **Heher** [Garrulinae] sind allbekannte über die ganze
Erde verbreitete Vögel, welche folgende besonderen Merk=
zeichen haben. Ihr Gefieder ist voll, locker, weich und meistens sehr
bunt. Der Kopf hat fast durchgängig eine Federhaube oder einen
Schopf. Der Schnabel ist gerade, dick, mäßig groß, an der Spitze
mehr oder minder, jedoch immer nur wenig, gekrümmt, an den Seiten
zusammengedrückt, mit scharfen Schneiderändern; die ovalen Nasen=
löcher sind mit nach vorn gerichteten Borstenfederchen bedeckt; die
Flügel sind kurz und gerundet, fünfte und sechste Schwinge am läng=
sten; der Schwanz ist ziemlich lang, gerade abgeschnitten, gerundet
oder schwach gesenkt. Die Füße sind nicht so kräftig wie bei den an=
deren Krähenvögeln, hochläufig, mit spitzen, scharfen Krallen. In
allem übrigen stimmen sie mit den bisher behandelten Ver=
wandten, namentlich mit den Elstern überein, doch gleichen
sie auch den Würgern. Sie nisten niemals gesellig. Das
Nest steht mittelhoch im dichten Geäst, bildet eine offene
Mulde und enthält 5—7 bunte Eier. Sie sind geistig
recht begabt, besonders aber vorzugsweise listig. Ihre Nahrung
besteht in allerlei lebenden Thieren, vom Kerbthier bis zum
jungen Vogel und kleinern Nagethier. Durch das Aus=
plündern zahlreicher Vogelnester verursachen unsere ein=
heimischen Heher großen Schaden und daher sind sie nicht

zu schonen oder gar zu hegen. Alle werden jung aus dem Nest geraubt und aufgezogen sehr zahm und lernen wahrscheinlich auch sämmtlich Worte nachplappern und Liederweisen nachpfeifen.

Der Eichelheher
[Corvus (Garrulus) glandarius, *L.*].

Baumhatzel, Bräsater, Buchelt, Eichelkehr, Eichelkrähe, Jack, Geckser, Hägerd, Häher, Häzler, Hatzel, Hagart, Hazler, Heerholz, Heger, Heher, deutscher, Eichen=, gemeiner, Holz=, Ruß= und Waldheher, Hetenvogel, Herold, Heyer, Hezler, Holzheister, Holzschraat, Holzschreier, Horrevogel, Jäck, Marggraf, Margolf, Margolfuß, Markelfuß, Markolf, rothbrauner Markwart, Marquart, Mmrkolf, Nußbeißer, Nußhacker. — Jay. — Geai ordinaire.

Als ein gleicherweise schöner und beliebter Vogel steht der Holzschreier, wie er meistens genannt wird, vor uns. Er ist an der ganzen Oberseite grauroth; die Tolle oder der Schopf ist an der Vorderseite weiß, an der Hinterseite röthlich und jede Feder mit schwarzem Längsstreif gezeichnet; der Zügelstreif ist jederseits gelblichweiß, fein dunkel längsgefleckt; die ersten Schwingen sind schwarz, an den Außenfahnen grauweiß gesäumt, die zweiten Schwingen sind an der Grundhälfte weiß (wodurch ein großer weißer Spiegelfleck auf dem Flügel gebildet wird), am Grunde blau geschuppt, an der Endhälfte sammtschwarz; die großen Flügeldecken sind an den Außenfahnen lebhaft und schön blau, mit weißen und schwärzlichen Querstreifen (wodurch ein glänzendblauer Schildfleck gebildet ist), die kleinen Flügeldecken sind braunröthlichgrau; der Schwanz ist gerade abgeschnitten und kürzer als die Flügel, und seine Federn sind schwarz, am Grund undeutlich blau quergestreift; die Kehle ist weiß, von einem breiten schwarzen Bartstreif jederseits eingefaßt; die übrige Unterseite von der Oberbrust bis zum Bauch einschließlich ist heller, weinröthlichgrau; Unterbauch, unterseitige Schwanzdecken und Bürzel sind weiß; der an der Spitze zum deutlichen Haken abwärts gekrümmte Schnabel ist schwarz, am Grund heller bleigrau; die Augen sind hellblau und die Füße bräunlichfleischroth. Das Gefieder ist weich, zum Theil zerschlissen, besonders am Bürzel, die fünfte und sechste Schwinge sind am längsten; die Holle ist sehr beweglich, sodaß der Heher sie nach den wechselnden Empfindungen auf= und niederklappen kann. In der Größe stimmt er etwa mit der Dohle überein, doch erscheint er schlanker (Länge 34–35 cm; Flügelbreite 56 cm; Schwanz 15 bis 16 cm). Das Weibchen ist von kaum bemerkbar geringrer Größe, in allen Farben matter und mit kleinerer Tolle. Das Jugendkleid ist dem der Alten gleich, doch bedeutend düster gefärbt; die blaue Flügelbinde erscheint blos angedeutet, und die Schaftstriche an den Federn der Tolle fehlen. Mannigfaltige Farbenspielarten kommen auch vor: Weißgescheckte, blos weißschwänzige, grauweiße oder hier und da mattbunte, ferner reinweiße mit rothen Augen und reinweiße mit dem blauen Flügelspiegel. Solch letzterer Heher, welchen wir einst auf einer Berliner Vogelausstellung vor uns gehabt, ist ganz absonderlich schön.

Die Verbreitung des Eichelhehers erstreckt sich über ganz Europa mit Ausnahme des Nordens, und auch in Afrika und Asien ist er heimisch. In Deutschland kommt er allenthalben häufig vor und zwar überall, wo es Wald gibt, gleicherweise im Laub= wie im Nadelholz, in gebirgigen wie in ebenen Gegenden und im tiefen Hochwald, wenn auch vorzugsweise in lichten Vorhölzern. Am seltensten ist er im reinen Nadelwald und garnicht zu finden im Strauchgehölz ohne große Bäume. Als Standvogel streicht er nur nach der Brutzeit in kleinen Flügen umher, wo es jedoch keine Eichen gibt, gehen die Flüge zeitweise weit fort; aus nordischen Gegenden wandern sie im September und Oktober auch ziemlich weit südwärts und kehren im März und April zurück. Sehr unruhig und immer in Bewegung durchstreicht das Pärchen täglich mehrmals seinen bestimmten Bezirk und treibt unter lautem Geschrei und Lärmen sein Wesen. Listig und neugierig, unter Umständen dreist und keck, läßt er sich, sobald er verfolgt wird, nicht leicht ankommen und dann verdirbt er durch sein warnendes Geschrei dem Jäger nur zu häufig die Jagd, indem das Wild von ihm aufmerksam gemacht und verscheucht wird. Mit raschem Flügelschlag fliegt er in kurzen Entfernungen dahin, durchschlüpft ungemein gewandt das Gezweige und hüpft auf der Erde unter seltsamem Sträuben der Kopffedern.

Seine Rufe erschallen rätsch, rätsch, räh, dann kreischend räh und gedehnt miäh. In der Weise der Krähen läßt er auch ein singendes Geplauder ertönen. Gloger schildert seine Laute in folgender Weise: „Bald ruft er durchdringend rhäätsch, rätsch, bald etwas gedämpfter rrää; in der Angst täch, käh oder krääh, krää, zuweilen markolsus, auch sanfter, vielleicht lockend, wie der Mäusebussard hiäh; oft miaut er wie eine Katze. Aus solchen und anderen gurgelnden, schwatzenden, pfeifenden und kreischenden Tönen setzt sich ein Gemisch von wunderlichem Gesang zusammen, welchen junge Männchen selten im Herbst, manche alten schon im Februar, hören lassen. Daneben äfft er zugleich die Lockstimme anderer Vögel vortrefflich nach; ja, man hat ihn das Wiehern eines Füllens, die Töne des Scharfmachens einer Säge, das Krähen des Haushahns und das Gackern der Hennen nachahmen hören." Diese Angaben vervollständigt A. E. Brehm in Folgendem: „Außer seinen Naturlauten stiehlt er alle Töne und Laute zusammen, welche er in seinem Gebiet hören kann, den mianenden Ruf des Bussards gibt er auf das täuschendste und so regelmäßig wieder, daß man in Zweifel bleibt, ob es seine eigenen oder fremde Töne sind..." Wie weit die Nachahmungskunst des Hehers geht, erzählt der Letztgenannte nach Rosenheyn: „Einst im Herbst setzte ich mich, von der Jagd ermüdet, im Walde unter einer hohen Birke nieder und hing in Gedanken den Erlebnissen des Tages nach. Darin störte mich nun, allerdings in nicht unangenehmer Weise, das Gezwitscher eines Vogels. So spät im Jahre, dachte ich, und noch Gesang im schon ersterbenden Walde? Aber wer und wo ist der Sänger? Alle nahestehenden Bäume wurden durchmustert, ohne daß ich denselben entdecken konnte, und dennoch klangen immer kräftiger seine Töne. Ihre große Aehnlichkeit mit der Singweise einer Drossel führte mich auf den Gedanken, eine solche müsse es sein. Bald erschallten jedoch in kurz abgerissenen Sätzen auch minder volltönende Laute als die ihrigen; es schien, als hätte sich ein unsichtbarer Sängerkreis in meiner Nähe gebildet. Ich vernahm z. B. ganz deutlich sowol den pickenden Ton eines Spechts, als den krächzenden der Elster; bald wiederum ließ der Würger sich hören, die Drossel, der Star, ja selbst die Rake, alles mir wohlbekannte Laute. Endlich erblickte ich in bedeutender Höhe einen — Heher. Er war es, welcher sich in diesen Nachahmungen übte."

Gleich der Nahrung anderer Krähenvögel besteht auch

die des Eichelhehers vornehmlich in allerlei lebenden Thieren, welche er eben zu überwältigen vermag, und durch das Ausrauben der in weitem Umkreise seiner Brutstätte befindlichen Vogelnester zeigt er sich ungemein schädlich. Dagegen kann seine nützliche Thätigkeit durch Vertilgung von allerlei Kerbthieren, sowie Mäusen und anderen Nagern keinenfalls als überwiegend inbetracht kommen. Auch Vögel bis zu Drosselgröße tödtet er zuweilen, namentlich, wenn sie in der Wintersnoth matt geworden sind. Zeitweise verzehrt er Eicheln, Buch- und Haselnüsse, welche er im Kropf erweicht und dann wieder hervorholt, um die Schalen zu zerbrechen; ferner Vogel-, Hollunder- und andere Beren, sowie Getreideähren mit halbreifen Körnern. Gelegentlich frißt er gern Aas. Bei Nahrungsüberfluß legt er sich Vorrathsstätten an.

Im April steht das Nest im dichten Gesträuch etwa mannshoch, doch meistens höher, als eine offene, aus Reisern, namentlich Haidekrautstengeln geformte Mulde, welche mit allerlei Haren und Würzelchen ausgerundet ist und ein Gelege von 5 bis 9 Eiern enthält, die düstergelblich-, bläulich- oder grünlichweiß, mattbraun gefleckt, gepunktet und bespritzt sind. Beide Gatten des Pärchens erbrüten das Gelege abwechselnd in 16—17 Tagen. Die Jungen werden mit weichen Kerbthieren und Würmern, vorzugsweise aber mit den geraubten Bruten anderer Vögel, aufgefüttert. Nur wenn die erste Brut zerstört wird, macht das Pärchen im Juni noch eine zweite.

Während der Heher seinerseits den Thurmfalk neckt und verfolgt, ist er äußerst ängstlich vor Habicht, Wanderfalk und selbst vor dem Sperber, welcher letztre, wenigstens das Weibchen, gleichfalls mit Erfolg auf ihn stößt; außerdem schlägt ihn der Uhu, und der Marder raubt sein Nest aus. Aus Furcht vor den gefiederten Räubern fliegt er über freies Feld niemals truppweise, sondern einzeln hintereinander in ziemlich weiten Zwischenräumen. Sein schlimmster Feind ist natürlich der Mensch, und in der That liegt dazu, ihn unnachsichtlich fortzuschießen oder zu fangen, um seiner erwähnten Schädlichkeit, vornehmlich des Nesterausraubens, willen, Veranlassung genug vor. Für die Forstwirthschaft soll er einerseits nützlich sein, indem er Eicheln u. a. verschleppt und also verpflanzt, wohin sie sonst nicht so leicht kommen würden; schädlich aber wird er, indem er allerlei Waldbaumsämereien, auch auf bestellten Anlagen, vernichtet. Beim Drosselfang in den Dohnen richtet er oft durch Ausfressen der Beren oder der in den Schlingen hängenden Vögel erheblichen Schaden an. Nach Lenz ist er ein wirksamer Vertilger der Kreuzotter, doch dürfte dies thatsächlich keineswegs von großer Bedeutung sein. In den Dohnen wird er blos beiläufig einmal gefangen und zwar nur die aus nördlichen Gegenden vorüberstreichenden; die bei uns wohnenden Heher dagegen sind infolge eifriger Verfolgung seitens der Jäger meistens sehr scheu und gewitzt. Am wirksamsten thut man ihnen Abbruch, indem man das Nest beschleicht, wenigstens den einen Alten dabei schießt und die Brut vernichtet. Außerdem werden sie auf der Krähenhütte und gelegentlich auf der Suche oder dem Anstand abgeschossen. Buffon rühmte das Fleisch dieses Hehers; wenn es erst abgekocht und dann gebraten werde, schmecke es wie Gänsebraten. Warum will man denn nicht das Nützliche mit dem Angenehmen verbinden und insbesondre junge Heher zahlreich für die Küche erlegen!

Gefangen wird der Eichelheher mit dem Wichtl, einer lebenden oder ausgestopften Eule auf Leimruten oder in Schlingen. Als alter Vogel läßt er sich schwer eingewöhnen und kaum zähmen, er zerstößt sich vielmehr das Gefieder und wird bald unansehnlich. Dankbarer für die Stubenvogelliebhaberei zeigt sich der aus dem Nest geraubte junge

Eichelheher, welcher aufgefüttert worden. Er ist ungemein liebenswürdig, kommt gern auf den vorgehaltnen Finger, läßt sich streicheln und liebkosen und ist sehr gelehrig, lernt Liederweisen nachflöten, auch recht gut menschliche Worte, jedoch nur 5—6, höchstens 8, nachsprechen, aber langsamer, meistens undeutlicher als die Elster und ohne eine Spur von Verständniß; er vermag nicht einmal die Bezeichnung eines besondern Leckerbissens zu begreifen. Ein solcher Heher ist manchmal ein begabter Spötter. Mit anderen Vögeln darf man ihn natürlich nicht zusammenbringen. Schon Buffon sagt, daß er im Käfig 8—10 Jahre gut ausdauere. Bechstein rühmt seine Eigenschaften in Folgendem: Diese Vögel empfiehlt ihre Gelehrigkeit, indem sie leicht sprechen lernen, besonders wenn man ihnen die Zunge gelöst hat*), doch sprechen sie nichts als einzelne Worte. Sie lernen Trompeterstückchen und andere kleinstrofige Melodieen und grackeln die Töne von vielen Vögeln nach. Ihre Farben haben gleichfalls Reiz genug, sie zu Stubenvögeln zu machen. Außerdem kann man sie zum Ein- und Ausfliegen gewöhnen, doch geht dies nicht, wie bei den Raben- und Krähenarten in der Stadt an, sondern nur auf dem Lande, nahe am Wald und Feld.

Einen zahmen Heher schildert Herr Karl Scholz: In einer Mühle kaufte ich ihn; er sollte pfeifen, sprechen und singen. Als Forstmann kannte ich die unvergleichliche Nachahmungsfähigkeit, nicht minder aber auch die Diebs- und Plünderungsgelüste dieses schönen Vogels; nimmermehr jedoch hätte ich geglaubt, daß er so reich begabt sei — allerdings bin ich davon überzeugt, daß alle anderen Heher von dem meinigen übertroffen wurden. Sämmtliche Thierstimmen täuschend nachzuahmen, war ihm förmlich Spielerei; er wieherte wie ein Pferd, krähte wie ein Hahn, quiekte wie ein Ferkel, winselte wie ein Hund, welcher vor der Thüre Einlaß haben will, pfiff ein Lied, sprach deutlich seinen Namen „Jakob", schnalzte, wie man es mit dem Finger thut und rief „Frau". Sein Meisterstück jedoch war das helle, laute Jauchzen, wie es nur ein Mensch

*) Ueber diesen albernen Aberglauben sind wir glücklicherweise heutzutage bereits aufgeklärt und ich bitte inbetreff dessen in dem Abschnitt über die Abrichtung Näheres nachzulesen.

vermag und zwar geschah es in zweierlei Weise: ‚juhu' (die erste Silbe kurz), ‚ji uhu' (die erste Silbe langgezogen). Alles dies gab uns Anlaß zu vielem Spaß, und es würde zu weit führen, wenn ich jede Einzelheit erzählen wollte. Die Thierstimmen vereinigte er zuweilen wie bauchrednerisch zu einem leisen Geschwätz, und zum Schluß kam dann das erwähnte Jauchzen. Dabei war der Heher zahm, machte sich selbst die Schiebethür seines Käfigs auf und zu, verließ diesen jedoch niemals freiwillig. Leider blieb er einmal über Nacht im Garten und wurde das Opfer einer Katze, und Alle, die ihn gekannt, trauerten um den ‚Jakob'. Ich besaß ihn drei Jahre. Noch will ich bemerken, daß er mit besondrer Vorliebe Mäuse verzehrte."

Als beachtenswerth füge ich die folgenden Angaben eines bekannten, kenntnißreichen Vogelwirths, des Herrn Dr. Lazarus in Czernowitz an: „Der Eichelheher gehört in seinem seidenweichen, wie bemalt erscheinenden Gefieder, in seiner zierlichen Gestalt und mit dem wunderlichen Schopf zu unseren schönsten Vögeln; man könnte ihn fast für einen Tropenvogel halten. Von unseren einheimischen gefiederten Sprechern wird bestimmt neben dem Kolkraben und dem Star auch der Eichelheher wohlberechtigte Beachtung finden müssen. Er lernt vorgesprochene Worte leicht und schnell, spricht jedoch nicht besonders deutlich, zwar immer noch verständlich, aber kreischend, heiser, und oft läßt er ganze Silben aus. Vor Jahren hatte ich einen Eichelheher, den ich mir selbst aufgezogen, der ziemlich gut sprach: „Guten Morgen, Herr!", „was machst Du da?", „geh fort", und dazu pfiff er eine Weise aus Fra Diavolo. Nach zweimonatlichem Unterricht begann er das erste Wort zu sprechen. Aber, obwol ich mir die größte Mühe mit ihm gab, ließ er doch häufig manche Silben weg, was recht sinnstörend war. Immerhin aber ist er so interessant, daß ihm, in einem schönen Käfig untergebracht, ohne Bedenken neben einem Papagei im Schmuckzimmer sein Standplatz gewährt werden kann."

Von einem weißen Heher erzählt Herr Röbbecke: „Der Eichelheher ist bekanntlich seines bedeutenden Nachahmungsvermögens wie seines lustigen Wesens und seiner Schönheit wegen ein geschätzter Stubenvogel, welcher viel Vergnügen gewährt und bei gehöriger Reinhaltung und Pflege ein ziemlich hohes Alter erreicht. Weiße Heher sind selten, immerhin mögen sie indessen öfter vorkommen, als man anzunehmen pflegt. Ich sah im Walde in der

Nähe der Stadt Bayreuth in den sechziger Jahren einen ganzen Herbst hindurch einen solchen herrlichen Vogel, den der Besitzer des dortigen Anwesens auf meine Bitte hin schonte, in Gesellschaft von anderen Hehern. Er war reinweiß, selbst der schwarze Bartstrich fehlte, nur die Schwingen und der Schwanz waren tiefdunkel gefärbt. Er verschwand plötzlich und war jedenfalls von einem Bauernjäger todtgeschossen, der ihn wol noch dazu achtlos beiseite geworfen hatte. Sodann sah ich einen ausgestopften Heher, welcher gleichfalls weiß war und nur an Flügeln und Schwanz die natürlichen Farben behalten hatte. Einen dritten weißen Heher schoß ich im Herbst 1871, doch war er so vom Schrot zerrissen, daß ich ihn nicht ausstopfen konnte. Dann war ich 8 Jahre im Besitz eines Hehers, welcher in meiner Familie und von Allen, die ihn kannten, nie vergessen werden wird. Ich hatte ihn als Nestvogel erhalten und aufgefüttert, und beiläufig muß ich bemerken, daß ich ihn niemals dazu bringen konnte, auch beim ärgsten Hunger nicht, Eicheln zu fressen. Dieser Heher entwickelte eine solche Sprachbegabung, daß wir Alle unsere Freude an ihm hatten. Ich will mich nicht bei Einzelheiten aufhalten, aber soviel sei gesagt: er stellte manchen guten Papagei und alle meine früher gehaltenen Heher durch seine Vielseitigkeit in den Schatten. Er pfiff wunderschön und es war urkomisch, wie er sich abmühte, den Siegfriedsruf nachzupfeifen, ohne ihn indessen fertig zu bringen. Der Vogel war prachtvoll im Gefieder, kerngesund und nur zu sehr mordlustig, denn er tödtete Alles, was er erlangen und überwältigen konnte. Bis zu seiner zweiten Mauser zeigte er keinerlei Abweichung in der Färbung, dann aber erschienen weiße Federn am Halse, der Bartstreif kam graulich verwaschen hervor. Das übrige Gefieder behielt noch seine Farben. Allmählich aber wurde der Vogel am ganzen Körper mehr und mehr und im fünften Jahre völlig reinweiß; der Bartstreif war verschwunden, nur die blauen Spiegel an den Flügeln waren in aller Pracht geblieben, die sonst schwarzen Flügel- und Schwanzfedern erschienen dunkelblau und mattweiß gebändert, verwaschen, doch mit deutlicher Zeichnung, sodaß sie einer matter abgetönten Fortsetzung des Spiegels glichen. Das Auge blieb durchaus unverändert. Natürlich sah der Vogel jetzt prächtig aus — aber die Freude sollte leider nicht lange dauern. Obwol er gesund und munter sich zeigte und sein Benehmen gleich blieb, ja, seine Lustigkeit sich noch steigerte, wurde sein Gefieder allmählig zottig und sah zerzaust aus. Eine eigentliche Mauserung fand nicht mehr statt, und der arme Vogel entfederte sich in drei Jahren vollständig, sodaß ich ihn nur ungern noch sehen ließ, da er verspottet wurde. Dennoch plauderte und sang er immerfort. Ich konnte mich nicht entschließen, den alten guten Stubengenossen zu tödten, und so saß er denn splinternackt auf seiner Stange, nur noch mit drei Schwanzfummeln und einigen wenigen Flügelfedern, und dabei pfiff und schwatzte er munter in die Welt hinaus. Nachdem er noch am Morgen recht lustig gewesen, lag er eines Abends todt im Käfig. Uebrigens muß ich noch beiläufig einen Zug von diesem Heher mittheilen: Ein Star, welcher durch Uebermuth und Rauflust die ganze Bewohnerschaft eines Flugkäfigs in Schrecken versetzt hatte, sollte abgesondert werden, und ich konnte ihn vorläufig nirgends anderweit unterbringen als bei dem Heher; auch meinte ich, wenn der Star vom Heher tüchtig abgeschüttelt werde, so könne ihm dies nichts schaden, sondern nur seinen Uebermuth dämpfen. Jener griff diesen auch sogleich wüthend an, aber der Star setzte sich so wacker zur Wehr, daß er den viel stärkern Heher mit Erfolg zurückschlug. Seitdem lebten beide in Freundschaft oder wenigstens im Frieden im Käfig zusammen."

Die sehr hübsche Schilderung eines Hehers gibt sodann noch Fräulein Agnes Lehmann in Langebrück bei Dresden: „Im Walde fing ich mir selbst einen jungen Heher, welcher noch nicht gut fliegen konnte. Es war schon längst mein Wunsch, diesen einheimischen Papagei, wie man ihn im Scherz zu nennen pflegt, zu erlangen, und nun erst, da ich ihn hatte, machte ich die Erfahrung, daß er der liebenswürdigste und unterhaltendste Vogel ist, den man sich wünschen kann. Mein Erstaunen war nicht gering, als der junge Heher sogleich, nachdem ich ihn im Zimmer frei gelassen, sich auf den Käfig meines Stars setzte und dort ruhig blieb, anstatt wie andere Wildlinge umherzutoben oder sich zu verstecken. Mit seinen hellblauen Augen sah er mich zutraulich an, ließ sich streicheln und nahm das ihm aus der Hand gebotne Futter ohne weiteres. Versuchsweise setzte ich ihn in den Käfig des Stars, welcher ihn jedoch derartig biß, daß ich ihn sogleich wieder entfernen mußte. Dann wählte sich der Heher einen aus mehreren Aesten bestehenden Baumzweig zum Sitz, welcher vor dem Starbauer angebracht war, und hier saß er ganz ruhig, obwol jener sich bemühte, ihn in die Beine zu beißen. Nach acht Tagen konnte der Heher gut fliegen, aber obwol ich das Fenster, an welchem sein Sitzplatz war, öffnete, zeigte er doch durchaus keine Lust, die Freiheit zu genießen. Nun ließ ich ihn auf die vorgehaltne Hand steigen und trug ihn auf einen einige

Der Paſtorvogel (ſ. S. 126).
¹/₃ der natürlichen Größe.

Schritte vom Fenster entfernten Kirschbaum; aber so oft dies auch geschah, er kehrte immer wieder in das Zimmer zurück. Erst ganz allmählich machte er von seiner Freiheit Gebrauch, sodaß er im Garten umherflog und stets auf den Käfig des Stars, wo sein Futternapf stand, zurückkam. So war es mir gelungen, den Heher leichter als irgend einen andern Vogel zum Aus- und Einfliegen zu gewöhnen. Ich hatte bereits zwei Drosseln, eine Krähe und einen Raben, welche sämmtlich frei umherflogen, aber keiner war von vornherein so zahm und anhänglich wie der Heher. Die Rabenvögel trieben sich in der ganzen Gegend herum, der Heher aber blieb immer im Garten, in der Nähe des Hauses und der Wirthschaftsgebäude, und sobald ich oder Jemand von meinen Angehörigen seinen Namen rief, kam er schleunigst herbei. Von Baum zu Baum fliegend, begleitete er uns durch den Garten und folgte uns auf den Hof, ohne daß er gerufen wurde, sobald er ein Mitglied unsrer Familie erblickte. Anfangs ließ ich das Fenster, vor welchem der Käfig mit dem Star stand, beständig offen, damit der Heher jederzeit in das Zimmer und zu seinem Futter gelangen könne; aber sobald ich ein böswilliges Fortfliegen des Vogels nicht mehr zu befürchten brauchte, blieb das Fenster geschlossen und es wurde hier oder an einer andern Seite des Hauses ein solches nur geöffnet, wenn er Einlaß begehrte, d. h. bei längerm Warten schließlich dagegen flog oder sich auf den Bäumen dicht vor einem Fenster aufhielt und eifrig ins Zimmer spähte. Oft saß er auf dem Sprungbrettchen, welches außen am Fensterkreuz für ihn befestigt war, gerade quer vor den beiden Fensterflügeln; öffnete man nun einen derselben vorsichtig, so ließ er sich dadurch nicht erschrecken, sondern bog Kopf und Hals geschickt zurück, damit er nicht hinabgestoßen würde und dann flog er in das Zimmer. Nachts befand er sich stets in der Stube auf einer Stange, die ich für ihn so hoch und versteckt wie möglich in der Fensternische zwischen den Vorhängen und oberhalb des Starkäfigs angebracht hatte. Im Zimmer, wo er auch trotz des offenstehenden Fensters manchmal verblieb, trieb er die ergötzlichsten Dinge. Besonders gern besuchte er den Star, wenn ich die Thür des Käfigs öffnete. Nachdem er sich dann zunächst durch einige tüchtige Bissen aus dem Futternapf gestärkt, machte er sich an eine gründliche Untersuchung des großen Bauers. Der zänkische Star, welcher es nicht mehr wagte, den viel größern Heher anzugreifen, folgte ihm nun auf Schritt und Tritt, förmlich wie sein Schatten und wollte Alles haben, was jener mit dem Schnabel berührte: Steinchen, Klümpchen Sand,

Papierschnitzel oder auch Knöpfe, Pfropfen u. a., was ich hinein=
warf. Wenn der Heher dergleichen in den Schnabel genommen, so
suchte es ihm der Star zu entreißen und es entwickelte sich eine
förmliche Hetzjagd. Es läßt sich ja nicht beschreiben, wie ungemein
komisch ein solcher Vorgang war; meine Schwester und ich haben
oft Thränen darüber gelacht. Schließlich durfte ich den Heher doch
nicht mehr zum Star hineinlassen, weil ich befürchtete, er würde ihn
umbringen. Die wenigen Stunden gegen Abend, während derer
der Heher in der Stube war, benutzte ich dazu, dem Star einen
kurzen hübschen Jagdpfiff beizubringen; aber er hatte in zwei bis
drei Monaten noch nicht einen Ton davon gelernt; dagegen zeigte
sich der Heher gelehriger. Bereits als er noch ganz jung war, fiel
mir seine augenscheinliche Vorliebe für Musik auf und mehrmals,
wenn ich dem Star vorflötete, flog der Heher auf meine Schulter
und setzte sich still hin, indem er den Kopf horchend nach dem Munde
wandte. Ebenso kam er, wenn ich Klavier spielte, herbei, um regungs=
los zuzuhören. Etwa zu Ende August vernahm ich zum erstenmal,
daß er eine Melodie nachflötete und zwar zu ungewöhnlicher Zeit.
Es regnete nämlich stark und ich hatte den Heher, der vor Nässe
trieste, in einen vor dem Fenster stehenden Baum fliegen sehen. Als
wir aber garnicht mehr an ihn dachten, hörten wir mit einmal den
Jagdpfiff so rein und schön, wie ich es von einem Vogel garnicht
für möglich gehalten hätte; meine Schwester meinte im ersten Augen=
blick, daß ich dem Star vorpfeife. Leider aber brachte er die
kurze Melodie nicht ganz zu Ende; es fehlte immer der letzte Ton,
und ich half nun immer sorgsam nach. Am meisten Lust zum
Pfeifen hatte er bei Regenwetter; also wenn ich nicht draußen bei
ihm sein konnte; im Zimmer pfiff er niemals. Erklärlicherweise ist
es wol sehr schwierig, einen frei aus= und einfliegenden Vogel sprechen
oder nachflöten zu lehren, da er zu viele Zerstreuung hat und man
nicht regelmäßig Gelegenheit findet, ihn zu unterrichten. Als eine
große Leckerei für ihn durften die Stubenfliegen gelten, welche er mit
großer Geschicklichkeit fing. Wenn Eine von uns Schwestern mit
ihrer Handarbeit im Garten saß, war der Heher stets in der Nähe,
untersuchte mit großer Aufmerksamkeit das Arbeitskästchen, stahl auch
gern einen Fingerhut u. a. und verwahrte, zum besondern Ver=
gnügen unserer Bekannten, all' dergleichen, wie auch Eicheln, Nuß=
kerne und selbst Nußschalen, in dem hohen Stehkragen unserer
Kleider. So flog er meiner Schwester mit einer Eichel im Schnabel
auf die Schulter, steckte ihr dieselbe in den Stehkragen, zupfte dann

die Rüsche desselben in die Höhe und die Haarlöckchen herunter, sodaß
er die Beute für gut verborgen hielt. Nachdem ich einige Tage verreist
gewesen, ging ich sogleich nach der Rückkehr in den Garten, und als
ich ihn rief, kam er beim Klang meiner Stimme wie ein Pfeil an-
geflogen, setzte sich aber vor mir auf den Zaun und blickte mich
prüfend an, denn ich war noch im Reisemantel und sah ihm wol
fremd aus. Sobald ich jedoch einige Worte gesprochen und er mich
vollends erkannt hatte, flog er auf meine Schulter, und sein ganzes
Benehmen drückte eine solche Freude aus, wie ich sie noch nie bei
einem Vogel gesehen und bis dahin auch nicht für möglich gehalten
hatte; diese Anhänglichkeit war förmlich rührend. So entwickelte er
in vielerlei Zügen eine allerliebste Liebenswürdigkeit, und es würde
viel zu weit führen, wollte ich dieselben noch weiter schildern. Leider
sollten wir ihn nicht lange mehr behalten. Wie gewöhnlich hatte
ihn das Dienstmädchen frühmorgens zwischen 5 und 6 Uhr, noch
ehe ich aufgestanden war, wenn sie das Zimmer reinigen wollte, aus
dem Fenster fliegen lassen (seinen Futternapf füllte ich schon immer
Abends) und dann hat ihn wahrscheinlich der Habicht, dieser ärgste
Feind der Heher, geschlagen, denn er war für immer spurlos verschwunden."

Seit dem Alterthum her war auch der Heher den
Schriftstellern bekannt, und ich will nur anführen, was
Konrad Geßner in komischer Weise über ihn berichtet:
„Dieser Vogel machet aller anderer Vögel Gesang und Geschrey nach.
Er wird jung gefangen / und in einen Käfich gesetzet / daß er lerne
reden / und wann er etliche Worte gelernet / unterstehet er sich noch
mehr zuschwätzen / ja er wird zuweilen in seinem Geschwätz unver-
sehens von dem Sperber erwischet... Er lebet von den Eicheln /
und isset auch Spatzen und andere kleine Vögel. Er wird offt
unsinnig vor Zorn / daß er sich selbst zwischen den verworrenen Aesten
der Bäume erhenkt und umbringt. Man sagt auch / daß er mit
der fallenden Sucht beladen werde. Er ist der Nachteul sehr ge-
hässig / und fliegt schnell herzu / wann er sie schreyen höret / und
greifft sie vor andern Vögeln an. Von den Habichten wird er aber
gefangen... Dieser Vogel wird allein von den Armen zu der Speiß
gebraucht."

Die Liebhaberei für den Eichelheher ist in unserer
Gegenwart weder weit verbreitet, noch regsam, und dies ist
eigentlich sehr zu bedauern; denn einerseits verdient er als

Krähenvogel, bzl. gefiederter Sprecher wirklich größere Beachtung und andrerseits würde es sehr wichtig sein, wenn wir ihn für die Liebhaberei mehr nutzbar machen könnten, indem wir dadurch der leidigen Nothwendigkeit entgingen, diesen Vogel lediglich um seiner Schädlichkeit willen verfolgen und ausrotten zu müssen. Während er gegenwärtig auf unseren Vogelausstellungen immer nur als Seltenheit vorkommt, sollte man es sich angelegen sein lassen, ihn so zahlreich wie irgend möglich aus den Nestern zu heben, in sachverständiger Weise aufzuziehen, abzurichten und vornehmlich bei Gelegenheit der Ausstellungen gut zu verwerthen. Anleitung zur naturgemäßen Auffütterung, Ernährung und Abrichtung werde ich hier weiterhin geben.

Der Tannenheher
[Corvus (Nucifraga) caryocatactes, L.].

Bergjäck, Bergs- und Birkheher, Holzschreier, schwarzer und türkischer Holzschreier, Mangolf, Markolf, schwarzer Markwart, Gebirgs-Maljatsch, Nußbeißer, -Brecher, -Bretscher, Nußhacker, Nußhart, Nußheher, grauer und schwarzer Nußheher, Nußzägg, schwarzer Nußjäck, Nußknacker, gefleckter, schwarzer und türkischer Nußheher, Nußkrähe, -Kelcher, -Kretscher, -Kritscher, -Picker, -Rabe, -Schreier, Nußprangl, Spechtrabe, Schwarz- und Steinheher, Tannenelster, Tannenheyer, Tschack, Unschuldsvogel, Waldstarl, Zirbellrach, Zirbelkrähe, Zirmgratschen. — Casse-noix. — Nutcracker.

Zu den interessantesten aller Krähenvögel gehört dieser gefiederte Zigeuner, wie Chr. L. Brehm die Vögel nannte, welche zu unbestimmter Zeit und ebenso auf unbestimmte Entfernungen hin zu wandern pflegen, wenn in der eigentlichen Heimat die hauptsächlichste Nahrung nicht reichlich vorhanden ist.

Seine Grundfarbe ist dunkelbraun; ein Stirnband, welches sich aber nicht abhebt, ist rußschwärzlichbraun, Oberkopf und Nacken sind rein dunkelbraun, der Zügelstreif ist reinweiß; ein Streif oberhalb und unterhalb des Auges, sodann die Kopf- und Halsseiten und der Rücken sind allenthalben mit weißen Tropfenflecken, deren jeder von einem schwarzen Rand umgeben ist, übersät; an Unterrücken, Bürzel und den oberen Schwanzdecken stehen nur einzelne weiße Flecke, und im Alter sind diese Theile rein dunkelbraun; die Schwingen und großen Flügeldecken sind schwarz, an der Innenfahne kaum merklich heller bräunlich, die zweiten Schwingen haben kleine weiße Spitzflecke, unterseits sind die Schwingen rußschwarz, die Schulterdecken sind schwarz mit weißen Flecken und die großen und kleinen unterseitigen Flügeldecken sind schwärzlich, mit breiten weißen, nach unten zu gezackten Endsäumen, der Flügelrand ist weiß und schwarz geschuppt; die Schwanzfedern sind schwarz, an der Innenfahne unmerklich heller bräunlich, die Endbinde ist reinweiß, an den äußersten Federn am breitesten, unterseits sind die Schwanzfedern mattschwarz mit sehr breiter weißer Endbinde; die ganze Unterseite ist dunkelbraun, mit weißen Tropfenflecken übersät, welche an Kehle und Oberhals kleiner sind und an Hals, Brust und Bauch immer größer werden, Unterleib und Schenkel sind rein bräunlichgrau, nur mit einzelnen weißen Flecken und am Schienbein schmal weiß gestreift; die unteren Schwanzdecken sind reinweiß; der Schnabel ist glänzend schwarz und die Nasenlöcher sind von weiß und braun gestreiften Borstenfederchen verdeckt; die Augen sind dunkelbraun; die Füße sind schwarz. Die Gestalt ist lang und gestreckt; der Kopf ist groß, mit sehr starkem und langem, geradem, spitz zulaufendem, kreiselförmigen Schnabel, mit scharfen Schneidenrändern; die Füße sind verhältnißmäßig lang, und die Zehen haben kräftige gebogene Krallen; die Flügel sind mittellang, mit stark gestuften Schwingen, deren erste sehr verkürzt ist, während die vierte bis sechste am längsten sind; der Schwanz ist mittellang, gerundet; das Gefieder ist dicht und weich, der Oberkopf ohne Haube. Er ist wenig größer als der Eichelheher (Länge 35—36 cm, Flügelbreite 58 cm, Schwanz 12 cm). Das Weibchen ist übereinstimmend, nur heller und fahler röthlichbraun. Das Jugendkleid soll noch heller und mit viel kleineren Flecken, auch sparsamer überstreut erscheinen. Als Spielarten kommen vor: In der Grundfarbe roth, anstatt dunkelbraun; unregelmäßig weiß gescheckt; reinweiß mit rothen Augen (Kakerlak oder Albino); ebenso weiß, aber mit stark gelbem oder bräunlichem Ton.

Die Verbreitung des Tannenhehers erstreckt sich ausschließlich auf die Hochgebirge des gemäßigten und nördlichen Europa, sowie Nordasiens, und hier hält er sich ebensowol in den Laub- als auch Nadelholzwaldungen auf, jedoch immer nur dort, wo Zirbelkiefern (Pinus cembra, *L.*) vorkommen oder häufig sind. Im Norden soll er als Zug-, in den südlicheren Gegenden als Strichvogel leben. In den Jahren, in denen die Zirbelnüsse schlecht gerathen sind, streicht er auch in die Ebenen hinab, und dann wird er überall in Deutschland, bzl. in ganz Europa gesehen. Auf Anregung des Herrn Viktor von Tschusi=Schmidhoffen ist in letzter Zeit der Wanderzug des Tannenhehers aufmerksam beobachtet worden und zwar einerseits, um die Verbreitung genau zu ermitteln, andrerseits aber, um festzustellen, ob die nach Schnabelbildung und abweichender Färbung des Schwanzes schon von den älteren Vogelkundigen, bereits Klein, später Chr. L. Brehm, Gloger u. A., behauptete Verschiedenheit einer dickschnäbligen und dünnschnäbligen oder richtiger schlankschnäbligen Form thatsächlich sei. Hier liegt es fern, auf die Unterscheidungszeichen derselben einzugehen; ich kann vielmehr nur auf die betreffenden Schriften hinweisen*). Gleich anderen nordischen Vögeln zeigen sich die erwähnten Wandergäste oft so harmlos, daß man sie unschwer erlegen, fangen und selbst mit einer Peitsche herunterschlagen kann. A. E. Brehm meint, der Tannenheher „stehe an Verstand" den verwandten Krähenvögeln wahrscheinlich nach, dumm aber, wie er gescholten werde, sei er jedenfalls nicht. Dies ergibt sich auch daraus, daß er bald genug den Menschen in aller seiner Furchtbarkeit kennen lernt und dann ebenso scheu wird, wie die Genossen. Im Gezweige bewegt er sich mit großer Gewandtheit, klettert

---

*) „Der Tannenheher". Ein monographischer Versuch von Victor Ritter von Tschusi=Schmidhoffen (Dresden 1873). — „Der Wanderzug der Tannenheher durch Europa im Herbst 1885 und Winter 1885/86". Eine monographische Studie von Dr. Rudolf Blasius (Wien 1886). — „Der Tannenheherzug durch Oesterreich=Ungarn im Herbst 1887" von Victor Ritter von Tschusi zu Schmidhofen („Ornis", internationale Zeitschrift für die gesammte Ornithologie, herausgegeben von Prof. Dr. R. Blasius und Prof. Dr. E. v. Hayek, Wien, 1889).

und hackt spechtähnlich an der Rinde umher und spaltet große Stücke ab, um das darunter sitzende Gethier zu erlangen. Sein Flug geht leicht, aber mit vielen Flügelschlägen und trotzdem nicht sehr hurtig; auf der Erde schreitet oder hüpft er. Nicht so lebhaft wie der Eichelheher, ist er jedoch kräftiger. Kreischend schräck, schräck oder träck, kräck und körr, körr erschallen seine Rufe, auch läßt er ein singendes Schwatzen mit Flügeln und Schwanz zuckend hören.

Wie alle Heher ernährt er sich vorzugsweise von allerlei ihm zugänglichen lebenden Thieren, vornehmlich größeren Kerbthieren, auch den stechenden, wie Bienen, Wespen, Hummeln, Hornissen u. a., sodann Säugethieren, insbesondre Nagern, Vögeln und dem Inhalt der Vogelnester; zeitweise frißt er Beren, Eicheln, Bucheln und Nadelholzsämereien, hauptsächlich Zirbelkiefernüsse. Gleich dem Eichelheher soll auch er bei Nahrungsüberfluß Vorräthe einsammeln und verstecken. Da er bei uns doch nur im Herbst und Winter erscheint, so kann von seiner Schädlichkeit nicht viel die Rede sein; immerhin schießt ihn der Jäger beiläufig, wo er ihm begegnet, im Walde oder auf der Krähenhütte; ferner kann er vermittelst einer kleinen Eule gefangen werden, wie er denn in allen möglichen Fangvorrichtungen leichter zu überlisten ist, als andere Krähenvögel.

Im März steht das Nest 4—10 Meter hoch im dichten Wipfel eines Nadelholzbaums, einer Tanne, Fichte u. a., aus Reisern geformt, mit Halmen, Bast, Flechten, Mos u. a. gerundet, und das Gelege bilden 3—4, nach anderen Angaben 5—7 Eier, welche sehr glänzend grünlichblau, grau- und olivengrünlichbraun gefleckt und schwarzbraun gepunktet sind. Sie werden vom Weibchen allein erbrütet. Nach der Brut streicht die Familie umher, und wie erwähnt schweifen sie manchmal sehr weit in die ebenen Gegenden hinaus.

Jeder, nicht allein aus dem Nest gehobene und aufgefütterte junge, sondern auch der alteingefangene Tannenheher wird sehr zahm. Als Käfigvogel ist er unter Umständen ganz angenehm, munter und geschwätzig, aber er soll nur ein oder doch nur wenige Worte nachplappern und gar nichts nachflöten lernen. Zu beachten ist, daß er jedweden Holzkäfig zermeiselt, sowie, daß er jeden schwächern Genossen tödtet. Bechstein in den ältesten Ausgaben seiner Naturgeschichte behauptet, er müsse sprachbegabt sein, auch ahme er den Gesang anderer Vögel in der Weise eines Würgers nach; in neuerer Zeit wollte man indessen festgestellt haben, daß beides kaum zutreffend sei. Herr Viktor von Tschusi zu Schmidhoffen, einer der besten Kenner der Art, schrieb mir, daß er den Tannenheher für einen gering begabten Vogel halte, bei welchem von Sprechenlernen wol schwerlich die Rede sein könne. Späterhin hat er aber eine doch wenigstens einigermaßen gegentheilige Beobachtung gemacht. Auf einer Gemsjagd am Stoder lernte Herr Alexander Guggitz in Graz den Tannenheher als trefflichen Nachahmer des Rothkehlchen- und Schwalbengesangs kennen*) und unter Bezugnahme darauf schreibt der erstgenannte Vogelkundige Folgendes: „Diese mir neue Eigenthümlichkeit des Vogels mußte natürlich umsomehr mein Interesse erregen, da derselbe seit nahezu 20 Jahren einen Gegenstand meiner besonderen Forschungen bildet und da ich seinetwegen nicht nur im zeitigen Frühjahr das Gebirge oftmals besuchte, um mich über seine Lebensweise, die ja von der zur Sommer- und Herbstzeit so sehr abweicht, zu unterrichten, sondern auch während der beiden letzteren Jahreszeiten reichliche Gelegenheit hatte, ihn im Gebirge und im Garten zu beobachten. Außer dem allbekannten kräh, kräh, das man zur Herbstzeit insbesondre oft und anhaltend hört, vernimmt man noch, wiewol seltner, ein tscherr, welches an das der Misteldrossel erinnert. Den Tönen, welche die allgewaltige Liebe auch in der rauhen Tannenheherbrust zu wecken vermag, vermochte ich leider niemals zu lauschen. Dafür aber gab mir einer am

---

*) „Mittheilungen des ornithologischen Vereins in Wien" 1886.

6. Oktober 1879 einen Solovortrag in meinem Garten und zwar längre Zeit hindurch, sodaß ich mir ein Urtheil über den Werth dieser seiner Leistung bilden konnte. Die von Nüssen strotzenden Haselbüsche, welche in großer Anzahl den Garten umsäumten, hatten mehrere Tannenheher herbeigelockt und längre Zeit hier gefesselt. Durch den Garten gehend, hörte ich am erwähnten Tage nachmittags ein eigenartiges Geschwätz und vorsichtig nach dem Sänger spähend gewahrte ich in der Nähe einen Tannenheher, welcher auf einem aus dem Gebüsch hervorragenden Ast im vollen Sonnenschein saß und sang, bzl. schwätzte. Was ich da hörte — und ich lauschte solange, bis er schwieg — mochte zwar tief empfunden sein, doch fehlte dem Gesang, wenn man denselben so nennen darf, jede Melodie. Es war ein Geschwätz, dem der Elster und der Dohle, wie man es zur Zeit der Liebeswerbung beider hört, gleicherweise ähnlich. Wenn man den Gesang, wie B. Placzek*) richtig bemerkt, als Aeußerung des höchsten Wohlbefindens, der Lust am Dasein, auffaßt, so dürfte der Herbstgesang, wie wir dies übereinstimmend an anderen Vögeln wahrnehmen — nicht nur junge singen zu dieser Zeit, sondern auch alte —, der sich von dem des Frühlings nur durch Mangel an Feuer unterscheidet, kaum anders lauten. Manche Arten aber, die sonst in der Regel nicht als Nachahmer fremder Gesänge und Lockrufe bekannt sind, mischen zuweilen solche unter ihren Naturgesang, und da auch der Eichelheher in täuschender Wiedergabe der verschiedensten Laute nicht Geringes leistet, so mag sich der Tannenheher ebenfalls mit mehr oder weniger Glück darin versuchen und seinen bescheidnen ererbten Gesang durch fremde Laute bereichern."

Der **Heher mit gestreifter Kehle** [Corvus (Garrulus) lanceolatus, *Vig.*] ist am Kopf schwarz, Rücken röthlichgraubraun; Schwingen schwarzbraun, die mittleren Schwingen an der Außenfahne blau und schwarz quergebändert, Spitze weiß und vor dieser eine schwarze Binde, Deckfedern der ersten Schwingen weiß (einen großen weißen Spiegel bildend), die übrigen Flügeldecken schwarz; Schwanzfedern an der Außenfahne blau und schwarz quergebändert, mit weißer Spitze und vor dieser schwarzer Binde, Innenfahne schwarzgrau; Kehle schwarz, weiß gestrichelt; ganze übrige Unterseite hellweinroth. Größe erheblich geringer als die des Eichelhehers. Heimat: der Himalaya, wo er sehr gemein ist und in der

---

*) „Der Vogelgesang nach seiner Tendenz und Entwicklung" in den „Verhandlungen des naturforschenden Vereins in Brünn" 1883.

Lebensweise unserm Holzheher gleicht. Brutzeit: Mai und Juni. Gelege 3—4 Eier, welche auf grünlichgrauem Grund dunkel gefleckt sind, hauptsächlich am dickern Ende, und mit einigen schwarzen Haarstrichen. Dem Jugendkleid fehlt die Strichelzeichnung auf der Kehle (Hutton). Im zoologischen Garten von London ist diese Art nur zweimal vorhanden gewesen und von Fräulein Chr. Hagenbeck war i. J. 1884 ein Par lebend eingeführt und in der „Gefiederten Welt" ausgeboten. — Schwarzkehliger Heher (Chr. Hagenbeck), Strichelheher (?Rchw.). Lanceolated Jay.

Der **Unglücksheher** [Corvus (Garrulus) infaustus, *L.*] ist ebenfalls sowol im ganzen Wesen, als auch in der Lebensweise unserm einheimischen Eichelheher sehr ähnlich, trotzdem aber durch solche Merkzeichen verschieden, daß man ihn in eine besondre kleine Sippe: **Flechtenheher** (Perisoreus, *Bonap.*) gestellt hat; der vorzugsweise schlanke, gerade, an der Spitze wenig, längs der Dillenkante stärker gebogne Schnabel, kurzläufige Füße, gesteigerter Schwanz und besonders weiches Gefieder ohne Schopf. — Der Unglücksheher ist an Oberkopf, Kopfseiten und Nacken schwärzlichbraun; die übrige Oberseite ist heller, roströthlichgrau, Unterrücken und Bürzel sind mehr roströthlich, die Flügel aschgrau, die ersten Schwingen sind an den Innenfahnen braun, die großen Flügeldecken rothbraun, die kleinen mehr bräunlichgrau; der Schwanz nebst den oberen und unteren Schwanzdecken ist rostroth, alle Schwanzfedern sind an den Außenfahnen, sowie die beiden mittelsten ganz röthlichgrau; die Kehle ist grau, die übrige Unterseite röthlichgrau; Schnabel und Füße sind schwarz, die Augen dunkelbraun. In der Größe bleibt er hinter dem Eichelheher bedeutend zurück (Länge 30—31 cm, Flügelbreite 46—48 cm, Schwanz 13 bis 14 cm). Das Weibchen ist nicht verschieden und das Jugendkleid erscheint nur fahler. Seine Heimat ist ganz Nordeuropa und Nordasien, auch der höchste Norden von Amerika. Streichend kommt er nach südlichen Gegenden und so ist er mehrfach in verschiedenen Theilen Deutschlands erlegt worden.

Den Aufenthalt bilden vorzugsweise Nadelholzwälder und nur auf der Wanderung der Laubwald. Er soll klüger und auch lebhafter als der Eichelheher sein. Bei Annäherung von Gefahr drückt er sich regungslos an einen Baumstamm und verhält sich ruhig, um hinterrücks dann plötzlich mit durchdringendem Schrei abzufliegen. Nach Brehm ist der Unglücksheher zugleich anmuthiger als der Verwandte; sein Flug sei leichter, dahingleitend, und dabei fallen die rothen Flügel- und Schwanzfedern ins Auge. Auf den Zweigen hüpft er in weiten Sprüngen, klettert auf und nieder oder läuft förmlich rutschend; in der Weise eines Spechts hängt er sich an die Baumstämme, jedoch meistens in schiefer Richtung. In der Ernährung ist er wiederum mit den übrigen Hehern übereinstimmend: Allerlei lebende kleine Thiere, sodann Sämereien und Beren, namentlich die Samen der Nadelhölzer, Arven u. a. sind seine Nahrung. Seine Töne erklingen klangvoll güb, güb, klagend gräc, gräe und schrill skruih, skruih. Nach den letzten schauerlich tönenden Lauten soll er den Namen haben. Zu Anfang April fällt seine Brutzeit und das dem des Eichelhehers gleichende Nest enthält ein Gelege von 5—8 Eiern, welche Wolley beschreibt: auf schmutzigweißem bis grünlichweißem Grund röthlichgrau und heller oder dunkler braun gefleckt. Der genannte Reisende fand zu Mitte des Monats Mai in den meisten Nestern mehr oder minder flügge Junge. Dieser wie alle übrigen Reisenden schildern ihn als einen zutraulichen und sehr neugierigen Vogel, welcher leicht zu fangen und einzugewöhnen ist, aber im Käfig sich ungemein listig zeigt, nur zu bald den Verschluß öffnet und entkommt. Lebend eingeführt wird er höchst selten, sodaß er bisher erst einmal in den zoologischen Garten von London gelangt ist. — Canada Jay.

*

Als Blauheher [Cyanocitta, *Strickl.*], Blauraben [Cyanocorax, *Boie*] und Goldheher [Xanthoura, *Bp.*] werden von den übrigen Hehern kleine Sippen geschieden. Als deren gemeinsames hauptsächlichstes Unterscheidungsmerkmal soll der mehr oder minder lange, immer aber verhältnißmäßig kurze Schnabel gelten, der bei manchem bereits am Grunde, bei anderen erst an der Spitze gekrümmt ist. Im übrigen haben sie folgende Kennzeichen: Ihre Gestalt ist schlank, lang gestreckt; der Schnabel ist theils mit, theils ohne Borstenfederchen um die Nasenlöcher bedeckt; im kurzen Flügel sind die vierte bis fünfte oder sechste Schwinge am längsten; der mehr oder minder lange Schwanz ist abgerundet oder gestuft; die Füße sind schlanter als bei den Verwandten; der Kopf ist mit einem Schopf geziert. Das Gefieder ist weich und knapp anliegend und bei den meisten vorherrschend blau, bei manchen braun, bei einigen gelb gefärbt. In der Lebensweise, Ernährung, sowie in allen übrigen Eigenthümlichkeiten gleichen sie wiederum den Verwandten, insbesondre unserm Eichelheher. Ihre Verbreitung erstreckt sich in zahlreichen Arten über Nord=, Mittel= und Südamerika.

Der gemeine Blauheher
[Corvus (Cyanocitta) cristatus, *L.*].

Blauheher, gehäubter blauer, Hauben= und Schopfheher. — Blue Jay.

Unter allen fremdländischen Krähenvögeln gehört dieser schöne Heher zu denen, welche im Handel am gemeinsten sind. Er ist an der Oberseite blau, mehr oder minder glänzend; Oberkopf und Haube sind hellblau, Stirnstreif und Zügel schwarz, die Kopfseiten und ein breiter Augenbrauenstreif bis zum Schnabel einerseits und zum Ohr andrerseits sind reinweiß; ein breites Band, welches vom Hinterkopf schräg hinunter bis zum Oberhals verschmälernd sich erstreckt und die weiße Kehle umsäumt, ist tiefschwarz; die Flügel sowol als auch der Schwanz sind schwarz, dunkel= und hellblau quergebändert, über den Flügel zieht sich eine breite weiße Querbinde und die zweiten Schwingen sind breit weiß gespitzt, auch der Schwanz hat ein breites weißes Endband; die ganze Unterseite von der Brust an ist mehr oder minder rein= oder grauweiß; Schnabel und Füße sind schwarzbraun, die Augen braun. Die Größe ist beträchtlich geringer als die des Eichelhehers (Länge 28 cm, Flügelbreite 40 cm, Schwanz 12—13 cm). In ganz Nordamerika ist er häufig und zwar im Norden als Strich- und Wander-, in südlichen Gegenden als Standvogel. Seinen Aufenthalt bilden alle Wälder, sowie auch große Fruchtgärten. Wie schon in der allgemeinen Uebersicht dieser Sippe gesagt worden, ist er im ganzen Wesen, sowie in der Lebensweise, Ernährung u. a. m. mit dem Eichelheher übereinstimmend. Besonders erwähnenswerth ist daher nur noch, daß auch er die Stimmen von mancherlei Vögeln und anderen Thieren wiederzugeben vermag. „Sein Geschrei klingt nach Gerhardt wie titullihtu und göckgöck; der gewöhnliche Ruf ist ein schallendes käh. Der genannte Naturkundige sagt, daß er die Stimme des rothschwänzigen Bussard, Audubon, daß er den Schrei des Sperlingsfalk aufs täuschendste nachahmt und alle kleinen Vögel der Nachbarschaft dadurch erschreckt" u. s. w. Wie unser Heher schreit er, sobald er einen Fuchs oder ein andres Raubthier bemerkt und warnt damit die kleineren Vögel, sowie auch andere Thiere, während er seinesgleichen und Krähen herbeiruft, um mit diesen gemeinsam den Feind zu ärgern und zu vertreiben. Er soll zwei Bruten im Jahr machen und das Gelege besteht in 4—5 Eiern, welche auf olivenbraunem Grund dunkel gefleckt sind. Obwol er viel aus den Nestern gehoben und aufgefüttert wird, so sind die bei uns eingeführten Blauheher doch fast sämmtlich eingefangene Wildlinge. Es dürfte allbekannt sein, daß der berühmte amerikanische Forscher Audubon einen Versuch mit einer beträchtlichen Anzahl machte, um diesen schönen Vogel in Europa einzubürgern. Da man aber damals die zweckmäßige Behandlung und Ueberführung solchen fremdländischen Gefieders noch nicht ausreichend kannte, so gingen dieselben unterwegs zugrunde — und das ist eigentlich nicht zu bedauern, denn es wäre ja kein Vortheil für unsere Wälder gewesen, wenn dieser arge Nesträuber in denselben heimisch geworden. Jetzt ertragen derartige Vögel die Ueberfahrt ohne jede Gefahr. Bei den Liebhabern ist dieser prächtige nordamerikanische Heher leider erst wenig zu finden und daher sind wir über sein Benehmen als Käfigvogel und über seine Begabung, die zweifellos eine bedeutende ist, leider nicht ausreichend unterrichtet. Sein Preis ist noch immer verhältnißmäßig hoch.

Der **schwarzköppige Blauheher** [Corvus (Cyanocorax) pileatus, *Temm.*] ist an Stirn, Zügel und Oberkopf nebst Haube kohlschwarz; über und unter dem Auge ist ein halbmondförmiger himmelblauer Fleck; der Hinterkopf ist gleichfalls blau, aber jede Feder weißlich gerandet; Nacken, Rücken, Flügel und Schwanz sind ultramarinblau, die Schwanzfedern am Grund schwarz, an der Spitze breit weiß; Kehle, Vorderhals und Halsseiten bis zur Brust kohlschwarz; ganze übrige Unterseite, auch die unterseitigen Flügel= und Schwanzdecken gelblich= bis reinweiß; Schnabel und Füße schwarz; Auge grellgelb. Größe erheblich bedeutender als die des Eichelhehers (Länge bis 37 cm, Flügelbreite 45 cm, Schwanz 17 cm). Seine Verbreitung erstreckt sich über das ganze wärmere Amerika, aber er ist mehr im Binnenland, also in den Pampas, als in den Waldungen, heimisch. Von den nächsten Verwandten soll er sich nach Burmeister dadurch unterscheiden, daß sein Gelege nur in zwei Stück bläulich= weißen braungefleckten Eiern besteht. Hudson dagegen spricht von 6—7 und einmal sogar 14 Eiern in einem Nest; auch nach dem Letztern sind die Eier blau, aber zart weiß besprißt. In neuerer Zeit wird der Blaurabe und zwar weniger aus dem Nest geraubte und aufgezogene Junge, als eingefangene Wildlinge, hin und wieder lebend eingeführt, und dann kommt er nicht allein in die zoologischen Gärten, sondern auch wol hier und da auf eine Ausstellung, wo er ebensowol durch seine Schönheit als sein muntres krähenartiges Wesen Aufmerksamkeit er= regt. Trotzdem ist er bei Liebhabern kaum zu finden. —

Gehäubter und Schopfheher (Abrah.), Kappenblaurabe (Sr.). Pileated Jay. Uracca (d. h. Elster) in der Heimat.

Der **blauwangige Blauheher** [Corvus (Cyanocorax) cyanopogon, *Pr. Wd.*] ist am ganzen Kopf nebst Haube schwarz; Nacken bläulich- bis reinweiß; Rücken und Flügel schwarzbraun; Schwanz ebenso, doch mit breiter weißer Spitze; oberhalb des Auges ein weißer bogiger Streif, unterhalb desselben jederseits ein ultramarinblauer Wangenfleck; Kehle, Vorderhals und Halsseiten schwarz; Brust, unterseitige Flügeldecken, Bauch und Steiß weiß. Größe beträchtlich geringer als die des vorigen. Seine Heimat ist Brasilien, wo er nach Burmeister besonders bei Bahia nicht selten sein soll. In den Handel gelangt er nur gelegentlich; in dem zoologischen Garten von London ist er dagegen schon vielfach vorhanden gewesen. — Blaubart- und brasilianischer Heher, brasilischer oder brasilianischer Blaurabe; am zutreffendsten würde er blauwangiger Braunheher heißen. Blue-bearded Jay.

Der **blaugraue Heher** [Corvus (Cyanocorax) cyanomelas, *Vieill.*] von Südamerika darf nur beiläufig erwähnt werden, da er erst einmal im zoologischen Garten von London vorhanden gewesen ist. Seine Grundfarbe ist nicht rein-, sondern graublau; Stirn, Zügel und Augengegend sind sammtschwarz, Kopf, Hals und Oberbrust rußbraun. Größe nahezu des Eichelhehers. (Beschreibung nach Burmeister). Veilchenrabe (!). Black-headed Jay.

Der **merikanische Goldheher** [Corvus (Xanthoura) luxuosus, *Less.*] ist an der Stirn bläulichweiß, Stirnseiten reinweiß, Oberkopf, Zügelstreif und ein Streif oberhalb des Auges sind glänzend blau, Kopfseiten schwarz, Nacken blau; ganze Oberseite grün, Flügel heller, mittlere Schwanzfedern hell blaugrün, die vier äußeren jederseits gelb; Kehle bis zur Oberbrust schwarz; ganze übrige Unterseite gelbgrün; Schnabel schwarz, mit dunkelblauen Nasenfederchen; Augen ? Füße bleigrau. Stark Drosselgröße. Heimat außer Mexiko auch Texas. Er wird nur selten lebend eingeführt; selbst in den zoologischen Garten von London ist er erst einmal in drei Köpfen gelangt. — Merikanischer Blauheher, Goldheher, merikanischer Blaurabe. Mexican Jay.

Der **peruvianische Goldheher** [Corvus (Xanthoura)

peruviana, *Gml.*] ist der vorigen Art nahe verwandt und sehr ähnlich, aber Stirn schwach dunkler blau, Oberkopf mit weißem Fleck und ganze Unterseite reiner gelb; beträchtlich größer. Heimat: der Westen von Südamerika. Nur einmal in zwei Köpfen im Londoner zoologischen Garten, sonst wahrscheinlich noch garnicht lebend eingeführt. — Peruvianischer Blaurabe, Prachtheher. Peruvian Blue Jay.

*

Die letzte Sippe der Heher bilden die Graulinge, **Gimpel-** oder **Finkenheher** [Struthidea, *Gld.* s. Brachyprorus, *Cab.*], als deren besondere Kennzeichen folgende aufgestellt sind. Der Schnabel ist kurz, hoch, seitlich zusammengedrückt, am Grunde breit, an der First stark gebogen, mit runden unbefiederten Nasenlöchern; Flügel mittellang, dritte und vierte Schwinge am längsten; Schwanz lang und breit, gerundet; Füße kräftig; Gefieder hart, nur unterseits weich, kurz, glatt anliegend. Heimat: Australien. Nur eine Art.

Der **Finkenheher** [Garrulus (Struthidea) cinereus, *Gld.*]. Als vorzugsweise interessant tritt uns unter allen Hehern diese Art entgegen und zwar nicht allein in ihrer Erscheinung und ihrem Wesen, sondern auch namentlich in ihrem Nestbau. Der Finkenheher, auch Gimpel- und Grauheher oder Grauling (Br.) genannt, ist im ganzen Gefieder bräunlichgrau, die Kopf-, Hals- und Brustfedern sind heller gespitzt; die Flügel sind fahlbraun, Schwingen und Flügeldecken mehr schwarzbraun; Schwanzfedern schwarzbraun, an den Außenfahnen metallisch glänzend gesäumt; Schnabel und Füße sind schwarz, die Augen sind gelblichweiß, mit weißlichem Ring umgeben. Die Größe ist etwas geringer als die der gem. Dohle, bis auf den verhältnißmäßig weit längern Schwanz (Länge 30 cm, Schwanz 17 cm). Das Weibchen ist nicht verschieden. Seine Heimat ist Australien und zwar nach Gould und Gilbert sind es die inneren Theile des Südens und Ostens, wo er vornehmlich im Nadelholzwald, wie unser Eichelheher par- oder familienweise leben soll. Mit Flügeln und Schwanz schwippend schlüpfen die Grauheher in den dichten Baumwipfeln rastlos umher, indem sie rauhe, nichts weniger als wohllautende Schreie hören lassen. Ihre Nahrung besteht hauptsächlich in Kerbthieren. Abweichend von allen Verwandten formt diese Art ein napfförmiges Nest aus schlammiger oder thoniger Erde, welches auf einem wagerechten Ast steht und innen mit Grashalmen und Fasern ausgerundet ist. Dasselbe enthält ein Gelege von 4 Eiern, welche weißlich sind, röthlich- und purpurbraun und grau gefleckt. Als der letztgenannte Forscher dieses absonderliche Nest fand, schrieb er es einer ganz andern Vogelart zu und selbst als er sich davon überzeugen konnte, daß das Weibchen darin brütete, meinte er noch, die Grauheher hätten es nur dadurch erlangt, daß sie die eigentlichen Erbauer daraus vertrieben. Dann aber hat die Züchtung bei uns in Deutschland den unwiderleglichen Beweis dafür erbracht, daß dieser Heher wirklich in jener absonderlichen Weise nistet. Dr. Bodinus im zoologischen Garten sowol als auch A. E. Brehm im Berliner Aquarium fanden die Gelegenheit, die Brut des Gimpelhehers vor ihren Augen sich entwickeln zu sehen.*) Obwol der Grauheher in den großen öffentlichen Naturanstalten vielfach vorhanden gewesen, so hat man seine volle Brutentwicklung bisher noch nirgends beobachtet und ebenso wenig weiß man, ob er gleich den Verwandten zähmbar und abrichtungsfähig ist. Die Liebhaber sollten gerade ihm doch viel mehr als bisher ihre Aufmerksamkeit zuwenden. — Australischer Finkenheher (Abr.) Grey Struthidea.

* *

Als vorzugsweise beliebte Rabenvögel sehen wir die Angehörigen der Unterfamilie **Pfeifkrähen** [Gymnorhina, *Gr.*], die **Flötenvögel**, vor uns. Sie sollen

---

*) Eine ausführliche Schilderung werde ich im „Handbuch für Vogelliebhaber" III (Hof-, Park-, Feld- und Waldvögel) geben.

ebenso wie den Krähen auch den Würgern nahestehen. Als ihre besonderen Kennzeichen gelten: Schnabel kegelförmig, mittellang, fast gerade und spitz zulaufend, mit schlitzförmigen oder runden, aber nackten und nicht von Borstenfederchen bedeckten Nasenlöchern; Flügel lang und spitz; Schwanz gerade abgeschnitten oder schwach gerundet. In der Größe sind sie etwas geringer als die Nebel= und Saatkrähe. Die Heimat ist Australien. Hinsichtlich der ganzen Lebensweise, sowie auch der Ernährung dürften sie von den übrigen Krähen wenig abweichen. Ihre Nahrung besteht nach Gould vornehmlich in Grashüpfern oder Heuschrecken, auch Früchten oder Sämereien. Der genannte Reisende hebt hervor, daß sie die Gegend beleben sowol durch ihre stattliche Erscheinung und ihr farbenschönes oder doch buntes Gefieder, sowie durch ihre gewandten Bewegungen und ihre Zutraulichkeit, wo sie nicht verfolgt werden, als auch namentlich durch ihre klangvollen, weithinschallenden Flötentöne, welche, wenn mehrere in einem Gehölz bei einander sitzend sich hören lassen, ähnlich wie Orgeltöne erklingen sollen. In den Handel gelangt eine Art nicht selten, während die übrigen nur beiläufig eingeführt werden; man sieht sie alle aber, auch die erstre, fast nur in den öffentlichen Naturanstalten und kaum oder nur gelegentlich einmal bei einem Liebhaber. Sie sind als sehr gelehrig geschätzt. Vornehmlich werden sie überaus zahm und zutraulich. Man hält sie den großen sprechenden Papageien gleich im Käfig oder auf dem Ständer und hier zeigen sie im allgemeinen die bei den Krähenvögeln überhaupt geschilderten Vorzüge und Schattenseiten. Einzelne vorzugsweise begabte Flötenvögel lernen vortrefflich nachpfeifen; so berichtet Fräulein Chr. Hagenbeck von einem solchen im Besitz ihres Vaters, welcher eine Liederweise und mehrere Signale rein und tadellos durchflötete, während die meisten allerdings nur eine Strofe oder ein kleines Stück zu erlernen pflegen. Immer aber, auch bei den letzteren, sind die Töne rein und ungemein klangvoll, und lediglich oder doch vorzugsweise darin dürfte der Werth eines Flötenvogels für den Liebhaber liegen. Obwol Gould von einer Art, dem tasmanischen Flötenvogel, angibt, daß er begabt sei, menschliche Worte nachsprechen zu lernen, so dürfte dies doch nur ausnahmsweise der Fall sein, denn bei keinem einzigen der zahlreichen, im Lauf der Zeit nach Europa gekommenen Flötenvögel konnte Sprachbegabung mit Sicherheit festgestellt werden. Eigentlich bösartig wie manche anderen Krähen sind sie nicht, wenngleich immerhin allerlei kleine Thiere, sowie ganz junge Kinder vor ihnen behütet werden müssen, da sie mit dem scharfen, spitzen Schnabel den letzteren gefährliche Verwundungen beibringen könnten. Anspruchslos und ausdauernd im Käfig, sind sie besonders so kräftig, daß man sie schon mehrfach im ungeheizten Zimmer ohne Nachtheil überwintert hat. Im Park von Beaujardin bei Herrn Baron von Cornely erbaute ein Paar ein großes Nest aus Reisern, aber weder dort, noch anderwärts ist bisher schon eine volle Züchtung von ihnen erreicht worden. Ihre Preise sind sehr verschieden und stehen je nach dem Grade der Zähmung und Abrichtung auf 30—60 Mark für den Kopf.

Der schwarzrückige Flötenvogel
[Gymnorhina tibicen, *Lath.*].

Flötenvogel. — Piping Crow Shrike; Black-backed Piping Crow. — Orgelvogel (holländisch). — Ca-ruck, bei den Eingeborenen von Neusüdwales (Gld.).

In den zoologischen Anstalten, so namentlich im Berliner Aquarium, bildet ein Flötenvogel immer den besondern Anziehungspunkt für zahlreiche Besucher. Der schwarzrückige Flötenvogel ist an Kopf, Kopfseiten, Kehle, Rücken, Schulterdecken, Schwingen, Endbinde des Schwanzes und der ganzen Unterseite schwarz, nur an Nacken, Unterrücken, Flügeldecken, Ober- und Unterschwanzdecken und Schwanz, letztrer mit Ausnahme des breiten Endbands, weiß; (über den Flügel zieht sich eine breite weiße Binde); der Schnabel ist am Grunde bläulichaschgrau, an der Spitze schwärzlich; die Augen sind röthlichbraun und die Füße schwarz. Nahezu Krähengröße (Länge 43—44 cm, Flügel 27—28 cm, Schwanz 14 cm). Seine Heimat ist Neusüdwales. Inbetreff seines Freilebens gilt vornehmlich das vorhin in der Uebersicht Gesagte. Er scheint, wenn auch nirgends sehr häufig, doch auch nicht selten zu sein. Ueberall, wo einzelne Baumgruppen in freier Gegend stehen, ist er heimisch, und dann kommt er auch gern auf das angebaute Land der Ansiedler. Diese wissen ihn als Vertilger vielfachen Ungeziefers, insbesondre der Heuschrecken, zu schätzen. Er macht alljährlich zwei Bruten in der Zeit vom August bis Januar. Das Nest gleicht dem aller übrigen Krähenvögel, als eine offne aus Reisern und Stengeln geformte und mit Halmen, Fasern, Thier- und Pflanzenwolle ausgerundete Mulde. Näheres über das Gelege und die Brut konnte der Reisende nicht angeben, und dieselbe ist bis jetzt auch noch nicht erforscht worden. Bereits Gould rühmt die Erhaltbarkeit und Ausdauer dieser Art als Käfigvogel, und A. E. Brehm schildert sie dann in folgender, allerdings etwas überschwenglicher Weise: „Schon der schweigsame Vogel zeigt sich der Theilnahme werth; ungemein anziehend aber wird er, wenn er eines seiner sonderbaren Lieder beginnt. Ich habe Flötenvögel gehört, welche wunderherrlich sangen, viele andere aber beobachtet, welche nur einige jugenartig verbundene Töne hören ließen. Jeder einzelne Laut des Vortrags ist volltönend und rein; nur die Endstrofe wird gewöhnlich mehr geschnarrt als geflötet. Unsere Vögel sind, um es mit zwei Worten zu sagen, geschickt im Ausführen, aber ungeschickt im Erfinden eines Liedes, verderben oft auch den Spaß durch allerlei Grillen, welche ihnen gerade in den Kopf kommen. Gelehrig im allerhöchsten Grade, nehmen sie ohne Mühe Lieder an, gleichviel, ob dieselben aus beredtem Vogelmund ihnen vorgetragen oder ob sie auf einer Drehorgel und anderweitigen Tonwerkzeugen ihnen vorgespielt werden. Sämmtliche Flötenvögel, welche ich beobachten konnte, mischten bekannte Lieder, namentlich beliebte Volksweisen, in ihren Gesang. Wie es scheint, haben sie dieselben während der Ueberfahrt den Matrosen abgelauscht. Bekannte werden regelmäßig mit einem Lied erfreut, Freunde mit einer gewissen Zärtlichkeit begrüßt. Die Freundschaft ist jedoch noch leichter verscherzt als gewonnen; denn nach meinen Erfahrungen sind diese Raben sehr heftige und jähzornige, ja rachsüchtige Geschöpfe, welche sich bei der geringsten Veranlassung oft in recht empfindlicher Weise ihres Schnabels bedienen. Erzürnt sträuben sie das Gefieder, breiten die Flügel und den Schwanz aus und fahren wie ein erboster Hahn gegen den Störenfried los. Auch mit ihresgleichen leben sie viel im Streit und Kampf, und andere Vögel fallen sie mörderisch an". Soweit ich selbst beobachten konnte, muß ich sagen, daß die Angaben inbetreff der Gelehrigkeit des Flötenvogels nach meiner Ueberzeugung von vornherein übertrieben sind. Von den zahlreichen, verschiedenen Flötenvögeln, welche ich im Lauf der Jahre vor mir gehabt, ergab sich kein einziger als hervorragend begabt. Die Naturlaute sind klangvoll und ertönen langgezogen und sehr angenehm, aber sie werden zu keiner Melodie vereinigt, sondern erklingen immer nur mit wenig Abwechselung in gleicher Weise. Auch werden sie unterbrochen oder doch beendigt durch allerlei seltsame schnarrende Laute. Mit dem Nachahmen der Vogellieder dürfte es zudem sein eignes Bewenden haben. Zu namhafter Kunstfertigkeit wird es der doch immerhin ungeschlachte Krähenvogel schwerlich bringen. Dagegen habe ich gehört, daß ein solcher im Berliner Aquarium ein Reitersignal ziemlich vollständig und eine Liederweise wenigstens in einigen Strofen ungemein wohllautend nachflötete. In welchem Grad, wie und wieviel Sprachbegabung er entwickelt, vermag ich leider nicht anzugeben.

Der **weißrückige Flötenvogel** [Gymnorhina leuconota, *Gld.*] ist an Nacken, Rücken, Bürzel, Flügeldecken, oberen und unteren Schwanzdecken, sowie Schwanzfedern am Grund weiß; das ganze übrige Gefieder ist schwarz und die Schäfte der Schwanzfedern sind auch am weißen Grund schwarz; der Schnabel ist bläulich, nach der Spitze zu in Schwarz übergehend; die Augen sind hellbraun, die Füße schwärzlichgrau. In der Größe ist er dem vorigen gleich. Das Jugendkleid soll nur am graugewölkten Rücken zu erkennen sein, mit mehr grauem Schnabel. Seine Verbreitung soll sich über Südaustralien, Viktorialand und Neusüdwales erstrecken. Gould meint, er sei scheuer als der Verwandte; der Forscher konnte nur schwierig mehrere Köpfe für seine Sammlung erlegen. Die Brutzeit fällt in die Monate September und Oktober. Das Gelege besteht in 3 Eiern, welche matt bläulichweiß, zuweilen röthlich angehaucht mit bräunlichrothen breiten Zickzackstreifen, manchmal schwarz oder braun gefleckt sind. In allem übrigen ist er mit dem vorigen übereinstimmend, doch wird er seltner lebend bei uns eingeführt. — White-backed Piping Crow, White-backed Crow Shrike; Goöre-bat, bei den Eingeborenen (Gld.).

Der **tasmanische Flötenvogel** [Gymnorhina organica, Gld.] soll vom weißrückigen nur durch schwarzen Bürzel verschieden sein. Das von einem neueren Schriftsteller angegebne Merkmal geringrer Größe ist hinfällig. Nur von dieser Art gibt Gould die Beschreibung des Weibchens; es sei an Nacken und Rücken grau, die ersten Schwingen und die Spitzen der Schwanzfedern bräunlichschwarz. Die Heimat ist Tasmanien, und hier soll seine Verbreitung keine weite, sondern nur auf bestimmte Oertlichkeiten beschränkt sein. Gould hält ihn, wie bereits S. 115 erwähnt, für vorzugsweise gelehrig und sagt ausdrücklich, daß diese Art menschliche Worte gut nachsprechen lerne. Ueber das Freileben berichtet der Forscher wenig; dieser Flötenvogel wird hinsichtlich desselben nicht von den anderen abweichen. Die 4 Eier des Geleges sind grünlichaschgrau, umberbraun und bläulich bespritzt und muschelartig gefleckt, namentlich am dickern Ende. — Tasmanian Crow Shrike, Tasmanian Piping Crow, Organ-Bird and White Magpie der Kolonisten (Gld.).

* * *

Die Laubenvögel [Ptilonorrhynchi].

Unter den eigenartigen Erscheinungen in der australischen Vogelwelt nehmen die Laubenvögel jedenfalls eine

ganz besondre Stelle ein. Gould zählte sie zu den Paradis=
vögeln oder erachtete sie doch als diesen naheverwandt. Wo
sie aber auch von den Vogelkundigen eingereiht werden
mögen, z. B. von A. E. Brehm zu den Staren, von
Anderen zu den Krähenvögeln im allgemeinen — immer
wird man bei näherer Kenntniß zu der Ueberzeugung
gelangen, daß sie von vornherein in der äußern Erscheinung,
namentlich im ganzen absonderlichen Wesen, weniger in der
Lebensweise, dagegen vornehmlich in mancherlei Eigenthüm=
lichkeiten abweichend von anderen Vögeln sich zeigen. Für
die Leser dieses Werks haben sie insofern Bedeutung, als
wenigstens in einem Fall Sprachbegabung festgestellt wor=
den; ich werde weiterhin darauf zurückkommen.

Ihre Kennzeichen sind folgende: Der Schnabel ist kräftig
und dick, wenig hakig; die Füße sind stark; die Flügel sind ziemlich
lang; der Schwanz ist mittellang, gerade abgeschnitten, seicht ausge=
buchtet oder abgerundet. Das Gefieder ist voll, aber ziemlich straff
anliegend und schlicht gefärbt. Drossel= bis Dohlengröße. Außer
Australien sind sie auch auf Neuguinea und einigen anderen
kleineren Inseln heimisch und bis jetzt in 10 Arten bekannt,
welche in mehrere Gattungen geschieden und von denen bis=
her 3 Arten lebend eingeführt werden. Ueppige und dicht
belaubte Gebüsche bilden ihren Aufenthalt; sie dürften
Standvögel sein, welche nach der Brutzeit familienweise
oder in kleinen Flügen umherschweifen. Ihre Nahrung
soll in Früchten, Sämereien und Insekten bestehen, zeitweise
hauptsächlich in Feigen. Näheres über ihr Freileben war
bis zur neuern Zeit nicht bekannt; weder die Kolonisten,
noch die Reisenden wußten etwas von ihren seltsamen
Bauten, welche Gould beobachtete und schilderte. Er hatte
ein solches Vergnügungsnest (Laube) zuerst im Sidney=
Museum gesehen, und als er sich dann bemühte, dasselbe
auch in der Freiheit aufzufinden, gelang ihm dies in den

Zederngebüschen des Liverpool-Gebiets, wo er in einsamer Gegend solche Lauben auf dem Boden unter überhängenden Zweigen der Bäume entdeckte und zwar in sehr verschiedner Größe bis zu Meterlänge und darüber aus Stengeln und Zweigen gewölbeartig geformt und ausgeschmückt mit allerlei bunten Dingen, farbenreichen Federn, Muscheln, Steinchen, gebleichten Knöchelchen, Blumen, Früchten u. a. m. Diese Lauben dienen aber nicht zum Nisten, sondern als Balzplätze, wo die Männchen ihr Liebesspiel entfalten. Diese Beobachtungen Gould's wurden sodann in den zoologischen Gärten, zunächst in dem Londoner und später im Park von Beaujardin bei Tours bestätigt, wo diese Vögel auch in der Gefangenschaft ihre Lauben errichteten. Ihre eigentlichen Brutnester stehen auf Bäumen und sind denen der Drosseln ähnlich, muldenförmig.

Der eigentliche Laubenvogel
[Ptilonorhynchus holosericeus, *Khl.*].

Atlasvogel, Atlas-Laubenvogel, blos Laubenvogel. — Satin Bower-bird, Silky Bower-bird. — Satin Bird, der Kolonisten von Neusüdwales (Gld.); Cowry, der Eingeborenen an der Küste von Neusüdwales (Gld.).

In jeder Hinsicht tritt uns dieser Vogel als eine seltsame und unsre Aufmerksamkeit voll in Anspruch nehmende Erscheinung des Vogelmarkts entgegen. Er ist im ganzen Gefieder einfarbig schwarz, bläulichviolett-metallglänzend, nur an Schwingen und Schwanz tief sammtschwarz, die Schwanzspitze jedoch ebenfalls blauglänzend; die Augen sind grellblau mit rothem Rand umgeben; der Schnabelgrund ist graublau, die Schnabelspitze horngelb; die Füße sind bräunlichhornfarben. Das Weibchen und das unausgefärbte Männchen sind olivengrün, an Schwingen und Schwanz röthlichbraun; Flügeldecken braun, grünlich gefleckt; Brust und Bauch sind bräunlichgrün, schwarz geschuppt; der Schnabel ist hornbraun; die Füße sind gelblichhornfarben. In der Größe kommt er einer Dohle gleich oder dieselbe ist etwas bedeutender. (Länge 35 cm, Flügel 18 cm, Schwanz 12 cm). Die Heimat dürfte sich nach Gould's Angabe nur auf Neusüdwales beschränken. Diese Art, also der eigentliche Laubenvogel, ist es, deren Bauten der Reisende hauptsächlich beschrieben hat. Seine Stimme ist rauh und knarrend, trotzdem vermag er menschliche und thierische Laute u. drgl. nachzuahmen; auch wird er sehr zahm und zutraulich. Herr Baron von Cornely berichtete nach seinen Beobachtungen im Park von Beaujardin Folgendes: Im Käfig bewegt er sich mit Geschick und Gewandtheit, trotzdem ist er als Stubenvogel eigentlich nicht zu empfehlen, weil er zu vieler Frucht- und Fleischnahrung bedarf und dementsprechend arg schmutzt. Im zoologischen Garten von London, wie auch im Park von Beaujardin errichteten diese Laubenvögel mehrmals die sog. Vergnügungsnester und das Männchen entfaltete sein Liebesspiel; zur eigentlichen Brut aber sind sie noch nirgends gelangt. E. von Schlechtendal ließ sich von Charles Jamrach in London i. J. 1881 drei Köpfe behufs näheren Kennenlernens schicken. „Der Gesang bestand aus einigen knurrenden und murksenden Tönen, die zwar des Wohlklangs entbehrten, aber zu wenig laut waren, um das Ohr unangenehm zu berühren. Die eigenthümlichen Bewegungen zeigten sich im Vorstrecken des Halses, mit gleichzeitigem Anlegen der Hals- und Kopffedern und Lüften der Flügel. Der Vogel hob langsam erst den einen und dann den andern Flügel, wandte dabei den Kopf erst nach einer und dann nach der andern Seite und nahm darauf seine gewöhnliche Stellung wieder an. Das Männchen mit dem glänzend blauschwarzen Gefieder, dem gelblichen Schnabel und den prachtvollen blauen Augen ist eine recht schöne Erscheinung, das blauäugige graugrüne junge Männchen mit der gesperberten Brust erscheint ebenso wie das Weibchen seltsam und auffallend. Jede Annäherung meinerseits beantworteten sie mit heiserm unfreundlichen Krächzen und beim Futternehmen ließen sie zugleich ein leises Knurren hören". Ich selbst habe Laubenvögel niemals gehabt, dagegen mehrfach auf den Ausstellungen gesehen, jüngere Vögel bei Fräulein Hagenbeck auf der „Ornis"-Ausstellung in Berlin i. J. 1884 und ein altes prächtiges Männchen in Köln a. Rh. bei Herrn G. Voß. Die Preise sind sehr verschieden. Fräulein Hagenbeck hatte das Par mit 200 Mk. angesetzt; zu anderer Zeit pflegt der Kopf mit 50—75 Mk. verzeichnet zu sein.

Der gefleckte Laubenvogel
[Ptilonorrhynchus (Chlamydodera) maculatus, *Gld.*].

Gefleckter Kragen-Laubenvogel und violettnackiger Laubenvogel, Kragenvogel (Br.). — Pinck-necked Bower-bird, Spotted Bower-bird.

Ungleich schöner noch als der vorige, gewährt uns dieser Laubenvogel zugleich eingehende Nachricht über seine Sprachbegabung. Er ist an Oberkopf, Kopfseiten und Kehle schön braun, jede Feder schmal schwarz gesäumt und die Oberkopffedern sind silbergrau gespitzt; der Hinterhals ist mit einem schön hellrosenrothen Fächerkragen aus langen schmalen Federn geziert; die ganze Oberseite nebst Flügeln und Schwanz ist tiefbraun, Rücken-, Bürzel-, Schulterfedern und zweite Schwingen sind je mit einem großen runden, schön bräunlichgelben Spitzfleck gezeichnet; die ersten Schwingen sind weiß-, die Schwanzfedern gelbbräunlichweißgespitzt; der ganze Unterkörper ist graulichweiß, die Seiten mit hellbraunen feinen Zickzacklinien; Schnabel, Auge und Füße sind dunkelbraun, die dicke, nackte, fleischige Haut am Schnabelwinkel ist röthlichfleischfarben. Seine Größe ist etwas geringer als die des vorigen. Obwol die Geschlechtsverschiedenheiten nicht mit Sicherheit angegeben sind, so dürften sie doch darin beruhen, daß das Weibchen den violetten Kragen garnicht oder nur in matterer Färbung hat. Im Jugendkleid fehlt derselbe ganz. Gould beobachtete den Vogel in Neusüdwales, doch dürfte seine Verbreitung sich über das ganze innere Australien erstrecken. Er zeigte sich auffallend scheu und flog beim Aufstöbern stets in die Wipfel der höchsten Bäume. Das Brutnest mit drei Jungen fand Coren auf einem über ein Gewässer hängenden Baumzweig; es war eine leichte, aus Reisern und Stengeln geflochtene und mit feinen Gräsern und Federn ausgerundete Mulde. Die Lauben- oder Vergnügungsnester sollen schöner und größer als die der übrigen Laubenvögel sein; Beccari, Gould und andere Reisende haben interessante und zum Theil wol überschweng-

liche Schilderungen derselben gegeben; der letztgenannte Forscher brachte eine Anzahl der schönsten von diesem Vogel errichteten Lauben aus dem Innern von Neusüdwales nach England mit, wo sie im britischen Museum sich befinden. Lebend eingeführt wurde die Art zuerst vom Großhändler J. Abrahams, London, und dieser gibt folgende Schilderung*):
„Ein Weibchen violettnackiger Laubenvogel kam am 1. Juni 1880 von Sidney aus in meinen Besitz. Etwa einen Monat später zeigte ich es Herrn A. D. Bartlett, Inspektor im zoologischen Garten von London, welcher meinte, daß der Vogel keine 8 Tage leben würde. Nach meiner Ueberzeugung war derselbe jedoch nicht allein lebensfähig und imstande, sich an das wechselvolle Klima von England zu gewöhnen, sondern er gehörte auch zweifellos zu dem sprachbegabten Gefieder. Ich beschloß daher, ihn zur weitern Beobachtung zu behalten. Unmittelbar neben meinem Magazin liegt eine Stube, in welcher ich stets eine größere Anzahl von Vögeln in Käfigen halte. Hier wurde denn auch der Laubenvogel in einem auf dem Sims stehenden, geräumigen Bauer untergebracht. Mein Name Josef, in der englischen Abkürzung „Joe‘, wie mich meine Frau zu rufen pflegt, war das erste Wort, welches er nachzuahmen lernte; darauf kam „pretty boy" (hübscher Bube), welches ich ihm vorsprach, hinzu. Bald vermischte er beides, woraus „pretty Joe‘ entstand, ein Epitheton ornans, zu dem ich freilich nur wenig Berechtigung zu haben glaube. Dann lernte er auch das „miau‘ der Katze und das „wau, wau‘ eines Hundes täuschend treu wiederzugeben. Daß ich einen Vogel von dieser seltnen Art besaß, blieb natürlich nicht lange ein Geheimniß. Selbst vom Kontinent kamen gelegentlich Vogelliebhaber, um den seltnen Gast zu sehen oder vielmehr zu hören. Um ihn aber zu veranlassen, seine Künste kundzugeben, nahm ich eine Orange in die Hand, öffnete die Käfigthür und ließ ihn auf eine außerhalb befindliche Sitzstange gehen. In Erwartung des ersehnten Leckerbissens fing er sofort an, seinen Tanz auf der Sitzstange auszuführen. Wenn er gefragt wurde: „where is the cat?" (wo ist die Katze) oder man rief „Puss, Puss‘ (wie man hier die Hauskatzen ruft), so brachte er sein „miau, miau‘ in allen der Stimme einer Katze möglichen Abwechselungen vor, während er, wenn man ihm befahl: „call the dog‘, sogleich sein „wau, wau‘ kräftig ertönen ließ. Zur Belohnung empfing er dann

---

*) „Gefiederte Welt" 1884.

die Orange, welche auf einen an der Sitzstange eingeschlagenen Nagel gesteckt wurde. Außer dieser weder regelmäßig, noch oft verabreichten Frucht erhielt er nur das Weichfutter, welches ich selbst mische und mit dem ich die sämmtlichen in meinen Besitz gelangenden Insektenfresser ernähre. So habe ich ihn zwei Jahre lang gehalten, bis mir Herr Bartlett im Mai 1882 wieder einen Besuch abstattete. Jetzt mochte er sich wol von der Lebensfähigkeit des Laubenvogels überzeugt, jedenfalls auch besonderes Interesse an demselben gefunden haben, denn er wünschte ihn mir abzukaufen, und da auch mir daran gelegen war, daß der merkwürdige Vogel im zoologischen Garten in einer seiner Natur mehr angepaßten Umgebung gehalten und der Beobachtung zugänglich gemacht werde, so gab ich ihn für eine den Einkaufspreis keineswegs übersteigende Summe dorthin ab. Im Juli 1882 wurde dann ein Männchen Laubenvogel derselben Art eingeführt und gleichfalls vom zoologischen Garten erworben. Es ist im Gefieder ungleich schöner als das Weibchen und namentlich durch das matt rosenrothe Nackenband geziert. Beide befinden sich unter einer Anzahl anderer seltenen fremdländischen Vögel in einer Abtheilung des Western Aviary unter Pflege des durch seine Liebenswürdigkeit so beliebten Mr. Benjamin Travis. Dieser sagte mir, daß das Männchen Laubenvogel vom Weibchen bald gelernt habe, die Laute der Katzen und Hunde nachzuahmen. Obwol zwischen meinen Besuchen dort manchmal ein halbes Jahr und darüber vergeht, so kennt das Weibchen noch jetzt meine Stimme. Wenn ich mich hinter dem Gebüsch verstecke und leise frage: ‚where is the cat‘, so folgt sofort das ‚miau‘, und die Besucher rufen dann mit angstvoller Miene: ‚oh, there is a cat in the aviary‘. Das Männchen, selbst wenn die Behauptung, daß es sprachbegabt sei, auf einem Irrthum beruhen sollte, ist doch für die Beobachtung merkwürdig genug. Nahe am Fuß des Drahtgitters, welches den Vorhof des Vogelhauses bildet, hat man einen kleinen Spiegel angebracht. Das Männchen pflückt nun eine Blume oder in Ermanglung dieser ein Blatt und mit diesem im Schnabel, die rosenrothen Nackenfedern gesträubt, den Schwanz fächerartig ausgebreitet und die vor Erregung zitternden Flügel an den Seiten herabhängen lassend, springt es vor dem Spiegel hin und her und bewundert sein eignes Bildniß, vorwärts, rückwärts und seitwärts hüpfend und eigenthümliche knarrende Laute ausstoßend. Ob dies Ausdrücke befriedigter Eigenliebe oder ob es Liebeserklärungen sind, die an den vor ihm stehenden vermeintlichen Genossen gerichtet sein sollen, weiß ich nicht zu sagen. Aber es sieht sich urkomisch an, und der griesgrämlichste alte Sauertopf kann sich des Lachens nicht erwehren. Die beiden Vögel haben mehrere Nester gebaut. Dabei ist es aber auch verblieben. Entweder fehlt ihnen etwas, das zur Brut und Aufzucht der Jungen nothwendig ist oder was mir wahrscheinlicher dünkt, die vielen im gleichen Käfig gehaltenen anderen Vögel lassen sie nicht zum Nisten kommen. Im innern Vogelhause haben sie eine Laube am Boden zu errichten begonnen und zwar aus Reisern, welche in der Weise angeordnet sind, wie die Soldaten ihre Gewehre zusammenzustellen pflegen. Im Außenhof, welcher mit Gras bewachsen und mit lebenden Sträuchern und einem mit Schlingpflanzen umwucherten Baum geziert ist, hatten sie auch einen Bau begonnen und zwar zwischen den Schlingpflanzen. Würde man sie abgesondert in einen entsprechenden Raum bringen, so dürften sie sicherlich nicht allein zur Vollendung des Vergnügungsnests, sondern auch zu einer wirklichen Brut gelangen; ich bin davon fest überzeugt". — Außerdem ist diese Art nicht wieder in den Londoner Garten gelangt, wie sie denn auch zu den seltensten Vögeln des Handels gehört.

Smith's Laubenvogel [Ptilonorrhynchus (Ailuroedus) Smithi, *Lath.*] ist an Kopf und Hinterhals olivengrün, jede Feder des letztern mit schmalem weißen Längsstrich; Rücken und Flügel sind grasgrün, die Federn am erstern mit bläulich scheinender Rändern, die Flügeldecken und zweiten Schwingen sind mit einem weißen Endfleck an der Außenfahne gezeichnet, die ersten Schwingen sind schwarz, am Grund grasgrün, an der Außenfahne bläulich; die Schwanzfedern sind grasgrün und außer den beiden mittelsten weiß gespitzt; die ganze Unterseite ist gelblichgrün, jede Feder längs der Mitte mit spatelförmiger gelblichweißer Zeichnung; der Schnabel ist hellhornfarben; die Augen sind bräunlichroth; die Füße sind weißlich. Die Heimat soll sich nur auf Neusüdwales erstrecken. Im Gegensatz zum vorigen soll er nach Gould nicht scheu sein, sondern sich bei Annäherung mit geringer Vorsicht bis auf kurze Entfernung ankommen und beobachten lassen. Wenn ihrer mehrere beisammen sitzen, lassen sie ein katzenartiges Miauen erschallen. Weder ein Vergnügungs-, noch das Brutnest dieser Art haben die Reisenden bis jetzt gefunden. Ebenso ist er bisher erst in einem Kopf

i. J. 1879 in den zoologischen Garten von London gelangt. — Cat-bird.

Die Kragen- oder Halskragenvögel
[Prosthemadera, *Gr.*].

In der großen, fast lediglich nach dem Merkmal der Pinselzunge aufgestellten Gruppe, in der man die Honigvögel oder Honigfresser [Meliphagidae] an einander reiht, sehen wir eine ganz absonderliche, durch ihre äußeren Merkmale, sowie ihre Eigenthümlichkeiten sehr auffallende Art, welche die besondre oben genannte Gattung bildet. Nach der äußern Erscheinung, wie im Wesen haben sie ebensowol Aehnlichkeit mit den Staren, als mit den Krähenvögeln. Ihre Merkzeichen sind folgende: Das Gefieder ist im ganzen hart und straff und dicht, aber das Untergefieder sehr weich; einzelne Körpertheile sind durch ganz eigenartige Federnbildung ausgezeichnet, so Nacken und Vorderhals. Der Schnabel ist verhältnißmäßig lang, an der First des Oberschnabels ziemlich stark gerundet, an den Seitenrändern eingedrückt, die Schneidenränder des Oberschnabels greifen über den Unterschnabel; die Zunge ist an der Spitze bürstenartig zerfasert oder bewimpert; die Nasenlöcher, in einer tiefliegenden großen Rinne befindlich, sind ebenso wie der Schnabelwinkel und Grund des Unterschnabels umborstet; die Flügel sind ziemlich lang und spitz, die erste Schwinge ist schmal, die dritte an der Innenfahne ausgeschnitten, die vierte am längsten; der Schwanz ist ziemlich breit und gerade abgeschnitten; die Füße sind auffallend stark, hochläufig, mit kräftigen, aber nicht scharfen Krallen. Etwa Dohlengröße. Die Heimat ist Neuseeland. Bis jetzt ist nur eine Art bekannt. Alles Nähere werde ich bei dieser angeben.

Der Pastorvogel
[Prosthemadera Novae-Zeelandiae, *Gmel.*].

Halskragenvogel von Neuseeland, Kragenvogel, Pfarrvogel, Predigervogel, Tui. — Tui, Poë, Poë-bird, Poë-Honey-eater, Parson-bird, in England. — Tui, Koko, die Jungen; Pi-Tui oder Pikari, Heimatsnamen.

Zu dem seltsamsten Gefieder, welches von dem Welttheil Australien her zu uns gelangt, gehört der Pastorvogel

oder Tui, der bis vor kurzem gleichsam mit einem Sagen=
schein umgeben war, aber in der neuesten Zeit, da er,
wenn auch nicht als häufig, so doch als allbekannt im
Handel gelten darf, alles Wunderbare für uns verloren
hat. Uebrigens ist er bereits i. J. 1776 von Brown be=
schrieben und abgebildet. Ich gebe hier die Beschreibung nach
dem lebenden Vogel, welchen ich von C. Reiche in Alfeld
bei Hannover bezogen hatte: Er ist fast am ganzen Körper
metallglänzend tief schwarzgrün, an den kleinen Flügeldeckfedern, der
Kehle und ganzen Unterseite bläulich= und grünlichpurpurn schillernd;
der Halskragen im Nacken besteht aus feinen, zerschlissenen, lockig
gekrümmten Federn, deren jede einen schmalen weißen Mittelstreif hat;
der Vorderhals ist außerdem geschmückt mit zwei beweglichen Büscheln
zarter weißer Federn, welche sich gegen einander aufkräuseln; Rückenmitte
und Schultern sind matt schwarzbraun, letztere blau schillernd; über
jeden Flügel zieht sich eine breite weiße Schulterbinde, aus zwei
Reihen der Deckfedern gebildet; die Schwingen sind schwarz, die großen
an der Grundhälfte metallgrün außengesäumt, welche Farbe sich all=
mählich über den ganzen Flügel ausdehnt; die Schwanzfedern sind
oberseits etwas schillernd, unterseits mattschwarz; Bauch und Seiten
sind schwarzbraun; der Schnabel ist schwarzbraun; die Augen sind
dunkelbraun; die Füße sind schwärzlichhornfarben, die Krallen schwarz.
Der Farbenschiller soll verschieden sein, zuweilen mehr in Kupferbronze
übergehend, auch soll eine ganz braune Spielart vorkommen; ein
prächtiger Albino, welcher im Wangarmibezirk erlegt worden, befindet
sich in Dr. Buller's Sammlung im Museum der Kolonie. Der
Pastorvogel ist etwa von Dohlengröße (Länge 30—32 cm, Flügel
14—15 cm, Schwanz 12—12,75 cm). Das Weibchen soll kaum
kleiner, nicht ganz so stark metallglänzend, unterseits mehr braun
sein und etwas kleinere weiße Kehlbüschel haben. Das Jugend=
kleid ist nach Buller schieferschwarz, mit weißer Schulterbinde, einem
weißgrauen Kehlfleck, der sich zuweilen um den ganzen Hals erstreckt,
die Zügel sind gelb und die Augen schwarz. Das Nestkleid ist
weich und flaumig, ohne jeden Metallglanz.

Bis jetzt ist er nur von Neuseeland bekannt. Die
Reisenden Dr. Buller[*] und Dr. Thomsen haben ihn so=

---

[*] „A History of the Birds of New-Zealand" by Walter
Lawry Buller.

wol nach dem Frei=, als auch Gefangenleben erforscht, und nach deren Schilderung (welche nebst eigenen Erfahrungen Herr Peter Frank in der „Gefiederten Welt" 1883 gebracht) sei der Pastorvogel im Nachstehenden meinen Lesern vorgeführt. In seiner Heimat gehört er zu den gemeinsten Vögeln und daher wird ihm die Aufmerksamkeit, welche er um seiner Schönheit und seines absonderlichen Wesens willen verdient, keineswegs zutheil. Die Kolonisten gaben ihm den Namen Pastorvogel wegen der beiden weißen Federbüschel am Halse, in welchen sie Aehnlichkeit mit der Halsbinde des Geistlichen finden wollten. „Dem Reisenden, welcher den Vogel in den heimischen Wäldern beobachtet, erscheint die Bezeichnung allerdings zutreffend, denn während er seinen natürlichen Gesang erschallen läßt, ist jene ‚Binde' am Halse sehr auffallend und er geberdet sich dabei in einer Weise, welche an den Vortrag eines Predigers erinnert". Dr. Thomson sagt: „Auf dem Ast eines Baums wie auf einer Kanzel sitzend, bewegt er den Kopf, neigt ihn nach einer und dann nach der andern Seite, als ob er sich erst an diese und darauf an jene Zuhörer wenden wolle u. s. w." Um seiner ausdrucksvollen Geberden willen, sagt Buller, und weil er mit Leichtigkeit in der Gefangenschaft zu erhalten, ist er sowol bei den Eingeborenen, als auch bei den Kolonisten sehr beliebt. Er ist lebhaft und lustig, hüpft im Käsig fortwährend von einer Stange zur andern und ahmt jeden Laut, den er hört, nach, so das Bellen eines Hundes überaus täuschend. „Ein Pastorvogel, welchen ich mit einem gelbstirnigen Neuseeländer=Plattschweifsittich (Psittacus auriceps, Khl.) zusammen in einem Zimmer hielt, ahmte genau das rasche Geschnatter dieses Vogels nach, aber er lernt auch Sätze von mehreren Worten deutlich nachsprechen, und ein solcher konnte mehrere Strofen eines Volkslieds richtig nachsingen. Die Maoris oder Eingeborenen von Neuseeland wissen seine Nachahmungsbegabung wol zu schätzen und verwenden auf seine Abrichtung viele Zeit und Geduld. Man erzählt sich einige hübsche Geschichten unter diesem Volke von der großen Gelehrigkeit, die solch' Vogel manchmal zeigt. Ein Beispiel kann ich selbst anführen. Ich hielt einen Vortrag vor einer großen Anzahl von Eingeborenen im Wharerunanga (Rathhaus) über eine wichtige politische Angelegenheit und hatte meine Ansichten mit all' dem Ernst, welchen der Gegenstand erforderte, entwickelt, als unmittelbar nach Beendigung meiner Anrede und ehe der alte Häuptling, dem meine Beweisgründe hauptsächlich galten, antworten konnte, ein Pastorvogel, dessen Netzkäfig an einem Balken über unseren Häuptern hing, in einer deutlichen, nachdrücklichen Weise das Wort ‚Sito' (falsch) ausrief. Der Umstand gab, wie zu erwarten war, zu vieler Belustigung unter meinen Zuhörern Veranlassung, selbst der alte ehrwürdige Häuptling Nepia Jaratoa konnte seinen Ernst nicht aufrecht erhalten. ‚Freund', sagte er mir lachend, ‚deine Beweisgründe sind sehr gut, aber mein Wokai ist ein sehr weiser Vogel und du hast ihn noch nicht überzeugen können'. In der Freiheit ist der Tui noch beweglicher und lebhafter als in der Gefangenschaft. Er hält in seinen Bewegungen nur inne, um seinen fröhlichen Gesang ertönen zu lassen, namentlich morgens. Die Vögel führen dann mit förmlicher Begeisterung ein Konzert auf, welches die Wälder belebt. Außer den glockenähnlichen fünf Noten (denen stets ein vorbereitender Grundton vorangeht) ist ihnen ein absonderlicher Ausbruch eigen, der in scherzhafter Weise bald mit Husten, bald mit Lachen oder Niesen verglichen worden; auch bringen sie eine Anzahl von Touren und Tönen, welche denen wirklicher Singvögel gleichen. Der Flug ist schnell, anmuthig und etwas wellenförmig und schwirrend". Layard berichtet von den Flugspielen, welche sie zu sechs oder mehr Köpfen bei schönem Wetter hoch in der Luft ausführen. Die Nahrung besteht in allerlei Beren und Insekten, sowie dem Honigsaft von mancherlei Blumen, besonders den Blüten des Kowhai (Sophora grandiflora) und des Flachses. Beim letztern werden sie in großer Anzahl in Schlingen gefangen oder von den Eingeborenen gespießt und als Leckerbissen verzehrt; da sie nicht scheu, sind sie leicht zu überlisten. An den Beren fressen sie sich sehr fett. Das Nest steht gewöhnlich in der Gabel eines dichten Buschs, nur wenige Fuß vom

Boden, zuweilen jedoch auch in bedeutender Höhe im belaubten Gipfel eines Waldbaums versteckt. Es ist ziemlich groß, aus Reisern, trockenen Zweigen und grünem, groben Mos hergestellt, die Mulde sauber mit faserigen Gräsern ausgelegt, zuweilen auch aus den schwarzen harähnlichen Fasern der Baumfarne gerundet und nur spärlich mit kleinen trockenen Binsen ausgelegt. Das Gelege bilden 3 bis 4 Eier, welche in Größe, Gestalt und Färbung verschieden sind, ei- bis birnförmig, weiß bis rosa, rothbraun bis dunkelbraun bespritzt und getüpfelt, namentlich am dickern Ende.

Herr Peter Frank besaß zwei Pastorvögel. Den ersten erhielt er im Januar 1882. Der Vogel war schlecht im Gefieder, doch sonst anscheinend gesund. „Er war so zahm, daß er willig die durch das Gitter gereichten Mehlwürmer nahm, und bald fing er auch an zu singen. Ich muß sagen, daß Thomson's Beschreibung des Geberdenspiels zutrifft. Ruhig auf der Stange sitzend, erhebt er sich auf einmal etwas, streckt den Hals, nickt langsam mit dem Kopf und beginnt seinen Gesang mit dem erwähnten Grundton. Einen Augenblick hält er still, nickt dann abermals ein- oder zweimal und singt eine Strofe. Wiederum folgt eine Pause und dann weitres Nicken unter Fortsetzung des Vortrags, diesmal mit dem Kopf nach rechts gewendet. Einen Augenblick Ruhe, dann erfolgt abermaliges Nicken und Vortrag, aber nach links gedreht und am Ende der Strofe manchmal wie ein innerliches Gemurre u. s. w. Der Gesang ist sehr angenehm, weich und melodisch (?), dabei abwechselnd und auch, trotz der Größe des Vogels, nicht zu stark für ein Zimmer. Es scheint eine Verwebung eigener und anderer Lieder zu sein. Thierlaute brachte mein Vogel nicht, auch keine Nachahmung der menschlichen Stimme. Der ‚Ausbruch‘, der mit Lachen, Niesen oder Husten verglichen worden, scheint mir von Keinem ganz getroffen zu sein. Mir kam es stets wie ein kleines Gebrumm oder Gegrunz vor. Ich hatte sehr großes Vergnügen an dem Vogel, er war stets munter und lebhaft, auch sonst possirlich. Eine außerordentliche Gewandtheit zeigte er beim Fliegenschnappen. Er badete täglich".

Während Herr Frank die Vögel nicht lange in seinem Besitz hatte, hielt einer seiner Bekannten einen solchen 6

Jahre hindurch und bei noch anderen Liebhabern sowie bei mir hat sich der Pastorvogel ausdauernd gezeigt. Ueber den meinigen habe ich*) folgendes Urtheil gefällt: Wenn der Pastor wirklich solch' außerordentliches Nachahmungstalent hätte, wie es ihm die Eingeborenen und Reisenden beimessen, so würde er die klangvollen Laute der Klarinettenvögel oder den drosselähnlichen Jubel= ruf des Sonnenvogels, welche ich mit ihm zusammen in einem Zimmer hielt, angenommen haben. Freilich ist er dazu viel zu sehr mit sich selbst beschäftigt, denn er hat theils mit den seltsamen Be= wegungskünsten, größtentheils aber mit seinem wunderlichen Gesang den ganzen Tag zu thun. Das Lied ist in seiner Mannigfaltigkeit und wechselvollen Reichhaltigkeit kaum zu beschreiben. Unter Sträuben des fein weiß gezeichneten Nackenkragens und der reinweißen Kehl= büschel, augenscheinlich mit großer Anstrengung, Schütteln und Rütteln des ganzen Körpers, wechselndem Sträuben des Gefieders an den verschiedensten Stellen, beginnt er mit einem bauchrednerischen, lang= gezognen kruh, kuh, kiuh, welchem einige finkenartige, dann massen= haft starähnliche und drosselartige Töne folgen, die mit Knarren, Zischen, Flöten, dann einem sonderbaren, dem des Rothflügelstars ähnlichen Ruf kruhing, darauf wieder bauchrednerischem ku, ku, ku und wiederum mit Schnarren, Knarren, Gackern in mannigfaltig wechselvoller Weise fortgesetzt werden. Man sieht es ihm dabei an, einerseits, wie hochwichtig sein Beruf als Sänger ihm dünken muß und andrerseits, welche Mühe er sich gibt, um Alles gehörig und pünktlich hervorzubringen. Dann hüpft er herab zum Futter, nimmt nur wenige Bissen und fliegt sogleich wieder empor. So theilt er seine Zeit fast ganz regelmäßig ein in das beschriebne Hüpfen, den eifrigen Gesang und das Fressen. Im letztern ist er ungemein an= spruchslos. Herr Professor Paul Meyerheim, der auf meinen Vorschlag auch einen Poë angeschafft, hat ihn schleunigst wieder fortgegeben, „weil der Vogel, obwol sehr heiter und komisch, doch einen Gesang entwickelte, der das Zusammenleben mit ihm unmöglich machte". Für die zarten Nerven des Künstlers hatte das Lied mit dem kruh, ku als Grundton wol allerdings nicht viel Melodisches. Sprachbegabung habe ich bei meinem Vogel nicht feststellen können, obwol

---

*) „Die gefiederte Welt" 1887.

ich ihn 2 Jahre besessen und es mir angelegen sein ge‎lassen, ihn durch sachgemäßen Unterricht wenigstens zum Nachsprechen einiger Worte zu bringen. Mein Mißerfolg in dieser Hinsicht ist umsomehr auffallend, da der Pastor noch keineswegs ein ‚alter Knabe' war, sondern erst bei mir nach der Mauser zu seiner vollen Schönheit gelangte. Neuerdings wird er, zumal von den großen Handlungen C. Reiche und L. Ruhe in Alfeld bei Hannover, etwas häufiger eingeführt, und dem entsprechend ist der Preis auch von der bisherigen Höhe von 60—100 Mk. auf 45 bis 60 Mk. heruntergegangen.

Die Stare [Sturnidae].

Stattliche Vögel von absonderlichem Aussehen und eigenartig in ihrem ganzen Wesen, erfreuen sich die Stare gerade in unserer Liebhaberei einer vorzugsweise großen Beliebtheit. Einerseits den Drosseln und andrerseits auch den Finken ähnlich, werden sie neuerdings doch von den hervorragendsten Vogelkundigen viel mehr zu den Rabenvögeln gestellt und sogar als Unterfamilie zu den Krähenartigen gezählt. Aber sie sind von allen genannten so durchaus verschieden, daß sie zweifellos als eine selbständige Vogel‎familie dastehen, deren ungemein zahlreiche Angehörige über alle Welttheile, mit Ausnahme von Australien, verbreitet sind. Ihre besonderen Kennzeichen lassen sich in Folgendem zusammenfassen.

Der Körper ist schlank oder richtiger gesagt, gestreckt gebaut. Das Gefieder besteht in langen, harten, vorn schmalen Federn, und das Kleingefieder bilden weichere, gleichfalls zugespitzte, glatt anliegende Federchen; es ist meistens buntfarbig, seltner schlicht gefärbt. Die Flügel sind mittellang, spitz, die erste Schwinge ist kurz, die zweite und dritte oder zweite bis vierte am längsten. Der Schwanz ist zu‎weilen lang und gerundet, bei den meisten aber kurz und gerade abgeſchnitten. Der Schnabel iſt gerade, kegelförmig, doch eckig, ſtumpfſpitzig mit unbefiederten oder beborſteten Naſenlöchern. Die mittellangen, kräftigen Füße haben ſtark gekrümmte ſcharfe Krallen. Sie ſind von Finken- bis Turteltaubengröße.

Die Geſammtheit aller Stare zerfällt in mehrere Sippen, die aber in der Lebensweiſe im weſentlichen mit einander übereinſtimmen. Alle ſind lebhafte und unruhige Vögel, welche meiſtens geſellig das ganze Jahr hindurch beiſammen leben und ebenſo niſten. Manche ſchlagen ſich nach der Brutzeit zu ſehr großen Schwärmen zuſammen. Alle ihre Bewegungen ſind gewandt; ihr Flug iſt hurtig, ſchnurrend, ihr Gang ſchreitend, unter fortwährendem Kopf- nicken und nicht hüpfend. Der Mehrzahl nach ſind ſie Höhlenbrüter, und das Gelege bilden 4 bis 6 farbige Eier. Manche fremdländiſchen Arten erbauen offenſtehende, muldenförmige, andere ſogar ſehr kunſtvolle Neſter, welche denen der Webervögel ähnlich ſind, und einige Arten ſchließ- lich legen in der Weiſe des europäiſchen Kukuks ihre Eier in die Neſter fremder Vögel. Ihre Nahrung beſteht in Kerbthieren in allen deren Verwandelungsſtufen, Würmern, Weichthieren u. a. m., zeitweiſe aber auch in Früchten und Sämereien. Eifrig ſammeln manche Stare auch Ungeziefer vom Rücken der weidenden Hausthiere ab. Als große, viele Nahrung verbrauchende Vögel entwickeln ſie bei uns eine überaus nützliche Thätigkeit und darum, faſt mehr jedoch ihres komiſchen Weſens und ihres allerdings mehr ſeltſamen als angenehmen und kunſtfertigen Geſangs halber, ſind ſie überall gern geſehen und geſchätzt. Dies gilt wenigſtens von unſerm einheimiſchen Star und einer beträchtlichen Anzahl fremdländiſcher Arten, während wir die letzteren zum größten Theil allerdings noch nicht ausreichend kennen. Da die Starvögel im allgemeinen hier und da an dem Ertrag der Nutzgewächſe, an werthvollem Obſt, beſonders

Weintrauben, aber auch am Mais und anderen Feld=
früchten, bei uns sowol wie in fernen Ländern, zuweilen
erheblichen Schaden verursachen, so werden sie zeitweise und
in manchen Gegenden stark angefeindet. Billigerweise aber
sollte man mindestens unserm gemeinen Star gegenüber
doch immer bedenken, daß die Schädlichkeit im Verhältniß
zu der so entschiednen Nützlichkeit, doch nur gering ins
Gewicht fällt, und daß es zugleich nicht schwierig ist, die
unliebsamen Schmauser, Kirschendiebe u. a. zu vertreiben.

Alle Stare überhaupt sind sehr beliebt als Stuben=
vögel, indem sie nicht allein durch entsprechende Färbung,
und theilweise sogar Farbenschönheit, sowie durch ihr dreistes,
keckes, mehr drolliges als anmuthiges, bei manchen komisch=
würdevolles Benehmen, sondern auch vornehmlich durch ihre
bedeutende Nachahmungsgabe werthvoll erscheinen. Viele
sind als Sänger oder auch Spötter geschätzt, andere lassen
komisches Geplauder erschallen, fast alle aber, auch die gut
singenden, werden zeitweise durch schnarrende, kreischende,
schrille Laute lästig. Obwol alle Stare von vornherein
als verhältnißmäßig geistig reich begabte Vögel angesehen
werden dürfen und obwol sie im Umgang mit dem Menschen
und bei sorgfältigem, sachgemäßem Unterricht einen hohen
Grad von Abrichtungsfähigkeit ergeben, so kann von einem
bewußten Sprechen in ähnlichem Grade, wie es viele, zumal
die großen Papageien, erkennen lassen, bei ihnen doch kaum
die Rede sein. Sie plappern die erlernten Worte vielmehr
nur verständnißlos nach und ebenso sprechen sie die Laute
mit dünner, wenig klangvoller Stimme aus. Nur die
Angehörigen eines Geschlechts, die Beos oder Mainaten,
dürften insofern eine Ausnahme machen, als sie beiweitem
reicher sprachbegabt sind und namentlich auch deutlicher
sprechen lernen sollen. Alle Stare sind überaus kräftig
und ausdauernd und unschwer zähmbar. Viele Arten sind

bereits gezüchtet. Obwol im Freileben, wie erwähnt, gesellig, sind sie in der Gefangenschaft meistens sowol gegen andere Vögel, als auch gegen ihresgleichen bösartig. Im Handel sind zahlreiche Arten gemein. Die beiweitem meisten aber dürfen als Seltenheiten gelten, und dem entsprechend sind die Preise sehr verschieden. Trotzdem alle Stare eigentlich werthvolle Stubenvögel, sind sie im allgemeinen nur bei einzelnen besonderen Vogelfreunden zu finden, die großen und kostbaren Arten fast nur in zoologischen Gärten. Sie brauchen weiten Raum, als starke Fresser bedürfen sie kostspieliger Fütterung, und ihre Haltung verursacht also Kosten und Mühe; zugleich sind sie als vorzugsweise Fleisch-, bzl. Weichfutterfresser im Zimmer nur schwierig reinlich zu halten. Man fängt sie mit Schlingen, Leimruten und verschiedenen Netzen, und sie lassen sich leicht eingewöhnen. Ueber die Verpflegung sowol, als auch über die Abrichtung bitte ich weiterhin in den btrf. Abschnitten nachzulesen. In der sehr großen Mannigfaltigkeit aller Starvögel überhaupt sind bisher nur verhältnißmäßig wenige Arten mit Sicherheit als sprachbegabt festgestellt worden, und ich kann hier natürlich nur die Geschlechter behandeln, aus deren Reihen bereits Sprecher bekannt sind; alle zusammen, sowol diese, als auch die anderen, sind in meinem „Handbuch für Vogelliebhaber" I und II in entsprechender Darstellung zu finden.

Zunächst fasse ich eigentliche Stare [Sturnus, *L.*], Hirtenstare [Pastor, *Temm.*], Heuschrecken- oder Mainastare [Acridotheres, *Vieill.*], Braminenstare [Temenuchus, *Cab.*] als die Geschlechter zusammen, deren Angehörige einander am nächsten stehen und im Aeußern wie im Wesen am ähnlichsten erscheinen. Als das Vorbild aller darf ich den einheimischen Star hinstellen, und daher gebe ich sein Lebensbild sowol in der Freiheit als auch in der Gefangenschaft am ausführlichsten. Die hierhergehörenden Stare sind in etwa 40 Arten in Europa, Asien und Afrika heimisch.

Der gemeine Star
[Sturnus vulgaris, *L.*].

Sprehe, Spreu, Sprue, Spruhe, bunter, Rinder-, Wiesen-Staar oder -Star, Starmatz, Starl, Stärlein, Strahl. — Common Starling. — Etourneau vulgaire. — Telia Maina, Nakhshi Telia und Saruk, in Hindostan *(Blyth u. Phill.)*; Tilgiri, in Kaschmir *(Theob.)*; Sighergik in Turkestan *(Dicks.* and *Ross)*.

Zu den bekanntesten und beliebtesten Vögeln gehörend, steht der gemeine Star zugleich unter den gefiederten Sprechern, außer den Papageien, in mancher Hinsicht hoch obenan, und zwar erstreckt sich seine Begabung, wie ich weiterhin schildern werde, nach verschiedenen Seiten.

Er erscheint vom Herbst den Winter hindurch und bis zum nahenden Frühjahr auf den ersten Blick einfarbig, fast grauschwarz, erst bei näherer Betrachtung mattweiß gepunktet, mit schwärzlichgrauem Schnabel. Im Hochzeitskleid, zu welchem er sich beim Beginn des Frühlings verfärbt, ist er am ganzen Körper gleichmäßig schwarz, goldgrün und purpurn schillernd, überall weiß bespritzt und zwar an Kopf und Nacken fast röthlichweiß, am Rücken hell roströthlichweiß und am Unterleib reinweiß; die Flügeldecken sind fahl rostgelb eingefaßt und die grauschwarzen Schwingen und Schwanzfedern sind ebenso gesäumt; der Schnabel ist jetzt gelb; die Augen sind dunkelbraun und die Füße fleischfarbenbraun. Je älter der Star, desto reiner und tiefer schwarz wird sein Gefieder. Das Weibchen ist durch breitere fahle Einfassung der Federn und hellere Flecke lichter, aber matter bunt. Die Stargröße ist allbekannt (Länge 22 cm, Flügelbreite 25 cm, Schwanz 7 cm). Er kommt in zahlreichen Spielarten vor: reinweiß, gescheckt, schwarz mit weißem Kopf, umgekehrt am ganzen Körper weiß und nur der Kopf schwarz, rein aschgrau oder schwärzlich gefleckt und isabellfarben; die Kakerlaken, also reinweißen Stare mit rothen Augen, sind häufiger als bei anderen Vögeln. Das Jugendkleid gleicht dem des alten Weibchens; es ist fahl bräunlichgrau, an Flügeln und Schwanz jede Feder hell gesäumt; der Zügelstreif ist schwärzlich, Augenbrauenstreif weißlich; der Schnabel ist mattschwarz; die Augen sind braungrau und die Füße bräunlichgrau.

Die Verbreitung des Stars geht über fast ganz Europa, auch in Afrika und Asien ist er heimisch. In Deutschland ist er beinahe allenthalben zu finden. Als Zugvogel kommt er sehr früh, je nach der Witterung bereits zu Ende Januar oder im Februar, bei uns an. Bis zum März sind selbst die letzten angelangt. Hier und da überwintert auch ein Flug, zumal bei mildem Wetter. Wenn dann noch ein sehr rauher Nachwinter eintritt, so leiden die Stare nur zu sehr noth, und mildherzige Vogelfreunde sollten es nicht versäumen, am Rande einer warmen Quelle oder im Weidengebüsch neben offenen Stellen, auf Wiesen u. a. einen Futterplatz für sie einzurichten.

Die Stare leben immer gesellig, auch zur Brutzeit, indem sie zu mehreren Pärchen neben einander nisten. Ihren Aufenthalt bilden einzeln stehende hohe Bäume mit dichten Wipfeln, besonders Eichen und Buchen, namentlich an Waldrändern, meistens aber in der Nähe von Wiesen, Feldern, Triften und Wasser, wo sie ihre Nahrung suchen. Diese besteht in allerlei Kerbthieren, Maikäfern, Heuschrecken, Schmetterlingen u. a. m., sowie ferner nackten Schnecken, Regenwürmern u. drgl. Den Hausthieren auf der Weide fliegen sie auf den Rücken, um zwischen den Haren das Ungeziefer abzusuchen. Zur Zeit der Fruchtreife fallen sie freilich über mancherlei Obst, Kirschen, Weintrauben u. a., her.

In allen seinen Bewegungen ist der Star gewandt und flink, obwol er trotzdem ein etwas bedächtiges, gleichsam würdevolles Wesen zeigt. Sein Flug geht hurtig, mit raschen Flügelschlägen, laut schnurrend, und ein Schwarm läßt ein starkes Fluggeräusch hören. Zierlich schreitet und trippelt er, immerfort kopfnickend, auf dem Fußboden, indem er mit dem spitzen Schnabel jede Ritze, bzl. jedes Versteck nach Kerbthieren und deren Bruten durchsucht. Daher schreibt sich die wunderliche Vorstellung, daß ein frei in der Stube gehaltner Star die Spalten zwischen den Stubendielen u. a. mit dem Schnabel ausmesse.

Wenn ein Flug Stare im Wipfel eines großen Baums einkehrt, erschallen ihre Lockrufe stöar und stäar, und nicht lange währt es, so beginnen sämmtliche Männchen gemeinschaftlich einen Gesang aus flötenden, pfeifenden, schnurrenden, zwitschernden, schnalzenden und schmatzenden Tönen, in komischer Weise vermischt mit den Lauten, Rufen oder gar Strofen aller anderen rings umherwohnenden Vögel; selbst der Hahnenschrei, das Gackern der Hennen, das Quietschen kleiner Ferkel, der schrille Laut einer Windfahne und all' dergleichen Töne werden in dem seltsamen Liede nachgeahmt. Gloger beschreibt ihre Locklaute nebst Gesang in Folgendem:

„Die Alten locken stöar und stroär, die Jungen squär und squär. Ein langgezognes stwrüit oder stwif scheinen Warnungslaute zu sein. Beim Niedersetzen schreien sie spiett, ebenso in der Angst mehrmals schnell hintereinander. Dieses spiett bildet auch gleichsam den Vorschlag des abwechselnden, langen, oft sehr anstrengenden, für uns aber wenig angenehmen Gesangs, in dessen höchst wunderlichem Tongemenge sich unter vielen schnatternden, schnurrenden, leiernden, wetzenden, gacksenden, giebsenden, quäkenden, seufzenden und sprechenden Lauten ein pfeifendes, gedehntes, bei manchen pirolartiges hold nebst einem hohen zieh besonders geltend macht. Dieser Gesang, wenn er von vielen Staren gleichzeitig hervorgebracht wird, erschallt als ein ganz sonderbares Getöse, ähnlich dem Plätschern oder Rauschen eines von fern gehörten Springbrunnens oder kleinen Wasserfalls. Die Vögel scheinen nämlich in einzelnen Gängen jeder gleichsam mit zwei Stimmen zu singen, von welchen die eine ein seltsames, wechselnd tiefes oder feines und fast trillerndes oder gurgelndes, dem starken Schurren einer Hauskatze nicht unähnliches Schnarchen hervorbringt. Sogar zur Mauserzeit schweigen sie nicht ganz, und die Weibchen singen ebenfalls, wiewol nicht soviel und anhaltend, die jungen Männchen im Herbst, wenigstens öfter".

Das Nest steht in Ast- und Stammlöchern, aber auch in Maueröffnungen, unter Dachrinnen, selbst in Taubenschlägen und gegenwärtig wol am häufigsten in den von Vogelfreunden vorsorglich an Bäumen, nicht selten aber auch blos an hohen Stangen ausgehängten Nistkasten, Starenhäuschen und sogar in den für solchen Zweck angebrachten alten Töpfen u. drgl. Es ist aus trockenen Blättern, Stroh- und Gräserhalmen kunstlos geschichtet, schalenförmig mit Federn, Pferdeharen, Thier- und Pflanzenwolle ausgerundet. Das Gelege bilden 4—7 Eier, welche einfarbig bläulichgrün sind und von beiden Gatten des Pärchens abwechselnd in 14 Tagen erbrütet werden. Noch ist es nicht mit voller Sicherheit festgestellt, ob der Star eine oder zwei Bruten alljährlich macht, und manche Beobachter behaupten, daß die zur zweiten Brut sich einstellenden Pärchen nicht dieselben, sondern andere Vögel sind, welche bisher keine Gelegenheit zum Nisten gefunden haben und nun das frei gewordne Nest benutzen*). Vor dem Beginn des Nistens gibt es unter den neben einander wohnenden Pärchen viel Zank und Streit, ebenso aber auch hitzige Kämpfe mit Sperlingen und selbst mit den Seglern oder Thurmschwalben.

Sobald die erste Brut flügge geworden, im April oder Mai, streifen die Stare zunächst familien- und dann schwarmweise umher. Später sammeln sie sich zu immer größer werdenden Scharen an, welche wol meilenweit ziehen, Männchen und Weibchen gleicherweise singend, plaudernd, schwatzend, einander jagend und neckend und, wenn sie zum Uebernachten in große Rohrdickichte einkehren, gewaltigen Lärm verursachend. Auch mischen sie sich dann unter die Schwärme von Krähen, Dohlen, selbst Kibitzen, Haustauben u. a. Während sie sich am Nistkasten bekanntlich meistens recht dreist zeigen, sind sie hier beim Umherschwärmen gewöhnlich sehr scheu; sie werden dann aller-

---

*) Ich persönlich bin andrer Meinung. Bei meiner Beobachtung seit Jugendzeit her ergab es sich immer, daß zwischen dem Flüggewerden der einen Brut und dem Beziehen des Nistkastens zur andern Brut 12—14 Tage lagen. Würde der Nistkasten von einem bis dahin nestlosen Pärchen bezogen, so geschähe dies zweifellos doch sogleich nach dem Ausfliegen der Jungen, sobald die Familie auf den Wiesen umherschweift; daraus aber, daß zwischen der ersten und zweiten Brut in demselben Kasten regelmäßig eine Zeit vergeht, schließe ich mit Entschiedenheit, daß dasselbe Pärchen die zweite Brut macht, nachdem die ersten Jungen sich selbständig ernähren können.

dings nicht selten auch als Wildbret beschossen. Wie der Star früh ankommt, so bricht er im Herbst spät zum Zuge auf, und seine Wanderung geht meistens nur bis Südeuropa, höchstens bis Nordafrika.

Als Stubenvogel gehört der gemeine Star zu dem am meisten geschätzten Gefieder. Er zeigt sich als ein sehr eifriger, wenn auch nicht besonders kunstfertiger Spötter, ferner lernt er, insbesondre aus dem Nest geraubt und aufgepäppelt, Liederweisen nachflöten und nicht minder menschliche Worte nachsprechen, aber als liebenswürdiger Leichtfuß vergißt er Alles bald wieder; er plappert allerliebst, doch sein Pfleger muß immer mit ihm üben, bzl. ihm Unterricht geben. Auch das Weibchen ist abrichtungsfähig, wenngleich nicht in demselben Grad. Beide werden, jung aufgezogen und aufgefüttert, ungemein zahm, doch niemals so recht zutraulich. Sodann ist der Star auch um seiner Drolligkeit, Neugierde, Dreistigkeit und seines komischen Wesens willen beliebt. Außer der Mauserzeit singt oder plaudert er das ganze Jahr hindurch und bei sachgemäßer Pflege ist er kräftig und dauert lange Zeit aus. Bereits Bechstein berichtete in den ersten Auflagen seines Werks*), daß man den Star unschwer in der Gefangenschaft und sogar in einem Käfig in der Stube züchten könne; aber es liegen nur wenige bestimmte Angaben vor, daß dies in neuerer Zeit geschehen ist. Im übrigen kann die Starzüchtung im Zimmer auch nur zum Vergnügen oder um wissenschaftlicher Erforschung willen empfohlen werden; die jungen Stare dagegen, derer wir für die Liebhaberei bedürfen, können wir uns unschwer beschaffen, indem wir sie, wie ich weiterhin angeben werde, aus den Nestern rauben und von den Alten auffüttern lassen. Obwol

---

*) „Naturgeschichte der Stubenvögel" (Gotha 1812).

der Star bei uns bekanntlich zu den gemeinsten Vögeln gehört, steht sein Preis doch hoch; selbst für den rohen, aber gut eingewöhnten und gehaltnen Star zahlt man schon 3—5 Mk., für den gut abgerichteten, sprechenden oder eine oder gar zwei Liederweisen nachflötenden Star 30—75 Mk. und darüber.

Die älteren Schriftsteller, so Bechstein, Naumann, Gloger u. A., machen staunenswerthe Angaben inbetreff der Gelehrigkeit des gem. Stars. Der Erstre erzählt von einem solchen, welcher auf eine Reihe von Fragen bestimmte Antworten gab: Die Fragen lauteten: Wie alt ist der Star? Antwort: hundertundfünfzig Jahre; wie heißt der Star? Nestor, mein Herr; was macht der Star? er denkt über die Quadratur des Zirkels nach. Naumann gibt an, daß ein Star das Vaterunser herbeten konnte. Graf Gourcy berichtet von einem Star, der nicht allein mehrere Liederweisen flötete, sondern auch soviel sprach, „daß man ihm hätte mögen Menschenverstand zutrauen; wenn man ihn erzürnte, so ließ er eine Reihe grober Schimpfworte erschallen" u. s. w. Noch weiter gingen allerdings die Schriftsteller im Alterthum, denn Plinius behauptete, er lerne sowol lateinisch als auch griechisch und in mancherlei anderen Sprachen reden. Buffon ergänzt dies weiter dahin, daß ein Star gleicherweise gut, nächst griechisch und lateinisch, auch französisch, deutsch u. a. und zwar sogar in ziemlich langen Redensarten sprechen gelernt habe. „Seine biegsame Kehle", fährt der letztgenannte Schriftsteller fort, „bequemt sich zu allen Veränderungen und Tönen der Stimme, ja er spricht sogar den Buchstaben r gut aus". In der neuern Zeit ist jedoch kein einziges Beispiel einer solchen oder auch nur ähnlichen reichen Begabung bei diesem Vogel vorgekommen, obwol gegenwärtig doch von gebildeten und kenntnißreichen Lehrmeistern alljährlich zahlreiche Stare sachgemäß abgerichtet werden. Meine Leser wollen es mir daher nicht verargen, wenn ich die Vermuthung ausspreche, daß bei jenen Darstellungen doch wol gar viel auf Rechnung liebevoller Uebertreibung zu schreiben sei.

Lenz schildert den Star als Stubenvogel in Folgendem*):
„In der Gefangenschaft zeigt er, wenn er in einer von vielen Menschen betretnen Stube herumläuft, außerordentliche Klugheit in der Vermeidung jeder Gefahr; er lernt diejenigen, welche ihm wohlwollen, bald kennen, kommt auf deren Ruf herbei, flüchtet bei Drohungen mit lächerlichem Schnarren u. s. w. — Als Knabe besaß ich einen Star, welcher zwei Liedchen pfiff, zwischen die er immer noch den Starengesang nebst anderen Tönen mischte, während er das Wort ‚Spitzbub‘ deutlich aussprach. Drängte man ihn in eine Ecke und neckte ihn mit dem Finger, so wurde er ganz wüthend, richtete sich auf den Zehen hoch empor, hackte nach allen Seiten um sich, pfiff aus Leibeskräften und schrie immer dazwischen Spitzbube, Spitzbube! Spielte ich auf der Wiese, so war der Starmatz dabei und badete sich im Bach. Arbeitete ich im Garten, so war er behilflich und suchte Regenwürmer auf, saß ich auf dem Kirschbaum, so flog er ebenfalls herbei und pflückte noch fleißiger als ich. Wie ein Hund, wußte er meine Mienen zu deuten und meine Worte zu verstehen. Er war sehr lecker und suchte immer zum Mehlwurmtopf zu gelangen. Dieser wurde daher mit einem Brett bedeckt. Einst ward es versehen und eine Fußbank daneben gestellt, welche günstige Gelegenheit der Star sogleich benutzte. Er sprang auf die Fußbank, und indem er den Schnabel zwischen Topf und Brett zwängte, drängte er das letzte allmählich zurück, schlüpfte, sobald das Loch groß genug war, hinein und fraß soviel Würmer, bis er nicht mehr konnte. Danach aber war es ihm unmöglich, wieder herauszuhüpfen, so voll hatte er sich gefressen, und er wäre um ein Har an dem allzureichlichen Futter gestorben. Im Baden kannte er weder Maß noch Ziel. Wegen der schrecklichen Pfützen, die er machte, durfte ich ihn nicht in der Stube baden lassen; es geschah daher im Vorsal, selbst bei starkem Frost, sodaß das Eis in Klumpen an seinen Federn hing; er flog dann eilig und laut schnarrend in die Stube zurück. Einst lief er Jemand, der zur Thür hinausging und diese hinter sich zuschlug, nach. Sein Schnabel kam dabei in die Klemme und der Oberkiefer spaltete von der Spitze bis zur Mitte. Nun ist Matz verloren, dachte ich. Allein sein Oberkiefer begann gewaltig zu wachsen, das gespaltne Stück fiel ab und der Schnabel war bald vollkommen wieder hergestellt. Ein Andrer trat ihm ein Bein entzwei; ich nahm ihn vor, bestrich das Bein mit mildem Oel, legte Schienen an und nach Verlauf kurzer

---

*) „Gemeinnützige Naturgeschichte" Band: Vögel (Gotha, IV. Aufl. 1860).

Zeit war es geheilt; an der Stelle des Bruchs wuchs nur eine dünne etwa 4 Linien lange Warze hervor. Ich unterband sie mit einem Fädchen und sie fiel ab. Einst war er zum Fenster hinausgeflogen und ich suchte ihn eine Zeitlang vergebens. Endlich hörte ich einen gewaltigen Lärm; ich lief hin, da standen einige Bürschchen und warfen jubelnd mit Steinen und Erdklößen nach dem Starmatz. Dieser saß oben ganz ruhig, schnarrte, pfiff und schrie: Spitzbub', Spitzbub'".

Seit langen Jahren schon beschäftigt sich Herr Kantor F. Schlag in Steinbach=Hallenberg mit der Abrichtung von Staren und anderen Vögeln, sowol zum Nachsprechen von Worten, als auch zum Nachflöten von Liederweisen. Einen seiner hervorragendsten Sprecher schenkte er i. J. 1877 dem deutschen Kaiser. Er berichtet darüber Folgendes*): Der Vogel rief ‚Es lebe der Kaiser!' — ‚Ich bin ein Preuße, kennt Ihr meine Farben?' — ‚Schwarzweiß, schwarzweiß!' — ‚Bismarck, Bismarck!' Uebrigens nahm der Kaiser den Vogel nicht an, weil er sich die Mühe vergegenwärtigt habe, welche auf die Ausbildung verwendet worden, sondern belohnte die ihm erwiesene Aufmerksamkeit mit einem ansehnlichen Geschenk. Diesen ausgezeichneten gefiederten Künstler behielt Herr Schlag noch längre Zeit und gab ihn dann anderweitig fort. Dabei erwähnt der Genannte, daß gut abgerichtete Stare vorzugsweise gern von den Deutschland besuchenden Engländern gekauft und hoch bezahlt werden, allein nur dann, wenn sie in englischer Sprache abgerichtet worden oder eine dort beliebte Weise flöten können. — Späterhin, zu Ende d. J. 1888, erwarb Herr G. Voß, Inhaber einer Wellensittich=Züchterei und Vogelhandlung in Köln a. Rh., einen außerordentlichen Sprachkünstler gleichfalls von Schlag, welcher ausrief: ‚Es lebe der Kaiser!' und dann schwermüthig hinzufügte: ‚Ich habe nicht Zeit, müde zu sein' und schließlich das Lied flötete ‚Ueb' immer Treu und Redlichkeit'.

*) „Gefiederte Welt" 1883.

Die sehr hübsche Schilderung eines begabten Vogels dieser Art hat Fräulein Eva von Gillern gegeben*): „Meine Tante, eine große Vogelliebhaberin, welche viele fremdländische Singvögel besaß, schenkte mir ihren einzigen einheimischen Vogel, einen Star, welcher durch seinen lauten Gesang ihre guten Sänger verdarb. Niemand freute sich mehr über diese seine schlechte Eigenschaft als ich, da ich durch dieselbe in den Besitz des schönen Vogels kam. Er gewöhnte sich sehr bald an mich und schon in den ersten Tagen nahm er mir die Mehlwürmer aus der Hand. So konnte ich es nach einigen Wochen wagen, ihn aus dem Bauer und im Zimmer frei umherfliegen zu lassen. Anfangs war es ihm ungewohnt, und man merkte es ihm an, daß er froh war, wieder in den Käfig zurückzugelangen; bald aber änderte sich dies. Sein Zutrauen zu mir und meinen Angehörigen wurde immer größer und bald fühlte er sich außerhalb des Bauers so wohl, daß er fast den ganzen Tag frei umherflog. Wenn ich am Klavier saß, kam er auf meine Schulter und sang mit. Alles mußte er untersuchen, so die Saiten und auf dem Schreibtisch die Papiere, und ich mußte ihn immer davor bewahren, daß er nicht von der Tinte nippte. Als ich im Sommer verreist war und ihn währenddessen in Pflege gegeben hatte, war ich bei der Rückkehr nicht wenig erstaunt, ihn meinen Namen ‚Eva‘ rufen zu hören. Die Pflegerin meinte, daß sie keine große Mühe darauf verwendet habe. Von selbst lernte er denn auch noch ‚Bertha‘ sagen, da wir den Namen häufig riefen. Die erste Strophe des Lieds ‚Ach wie ist's möglich dann‘, sowie einige Signale lernte er sehr schnell pfeifen. Das Tönen der Hausklingel, sowie Manches von meinen Singübungen ahmte er vorzüglich nach. In der letzten Zeit war er zu bequem geworden, um noch irgend etwas zu lernen; vielleicht lag es auch an meinem Verschulden, indem ich mich zu wenig mit ihm beschäftigte. Das einzige, was er noch annahm, war der Anfang des Sprichworts ‚qui s'excuse, s'accuse‘. Das s'accuse lernte er nicht mehr, so große Mühe ich mir auch gab. Ich hatte ihn etwa 4½ Jahre, noch am Tag vor seinem Tod hat er mich gerufen; es war das letzte Wort, welches er sprach". Die Untersuchung ergab, daß er an Fettleber gestorben war, infolge der zu guten Verpflegung seitens seiner liebevollen Herrin.

---

*) „Gefiederte Welt" 1888.

Der Star (f. S. 136).
½ der natürlichen Größe.

Als ‚Spötter‘ steht der gem. Star vielleicht weit höher, als man gewöhnlich anzunehmen pflegt. Mehrfach ist es festgestellt worden, daß er den vollen, etwas harten Gesang eines Kanarienvogels von gem. deutscher Rasse ungemein treu zu lernen und wiederzugeben vermag; wieweit er auch inbetreff des Gesangs eines Harzer Kanarienvogels dazu fähig sein mag, ist bis jetzt mit Sicherheit noch nicht ermittelt; Sachverständige meinen, daß an seiner Begabung auch in dieser Hinsicht nicht zu zweifeln sei.

Von einem gelehrigen Star, den der Schuhmachermeister G. Dorn, Mitglied des Geflügel- und Vogelzuchtvereins zu Markt Redwitz und Umgegend, hatte, schreibt Herr K. Dittmann das Nachstehende: „Mit überraschender Leichtigkeit lernte der Vogel zuerst den ‚Sammelruf der Feuerwehr‘ und das alt=neue Lied ‚Zu Lauterbach hab' ich mein' Strumpf verlor'n' nachflöten. Da er den Namen ‚Hans‘ hatte, so rief sein Herr in der Unterrichtsstunde ihm manchmal, mit dem Finger drohend zu: ‚Hans, mach's schön!‘ Flugs hatte er dies nachgelernt und sprach es ganz geläufig. Dadurch wurde man aufmerksam darauf, daß nicht allein ein Sänger=, sondern auch ein Rednertalent in ihm stecke, und seitdem wurde der Unterricht auch auf Sprachübung ausgedehnt. Es sah sehr komisch aus, wenn er sich neben die Schustergesellen in der Werkstatt aufstellte und ausrief ‚Bismarck hoch!‘ oder wenn er ‚Spitzbube‘ schrie, sobald Jemand zur Thür hereinkam. Dann stimmte er den ‚Lauterbacher‘ oder auch ‚In Lindenau, da ist der Himmel blau‘ an. Seitdem er sich im Sprechen übte, brachte er die Melodie des ersten Liedes etwas durcheinander, sodaß er manchmal die letzte Strofe zuerst pfiff oder auch mit der zweiten anfing. Es war gleichsam, als lege er jetzt, da er so gewichtige Worte sprechen konnte, dem alltäglichen Lied, welches ja viele seiner gefiederten Genossen pfeifen, weniger Werth bei. Dennoch erregte er mit demselben immer viele Heiterkeit, denn je mehr er die Strofen durch einander brachte, desto drolliger hörte es sich an. Da er außerdem auch noch viel unverständliches Zeug schwatzte, so glaubte man, daß dies Worte sein sollten, welche häufig in der Familie gesprochen werden und daß er sie späterhin wol deutlicher hervorbringen werde als man es von einem einjährigen Vogel erwarten könne". Leider habe ich keine weitre

Mittheilung von dem Herrn Berichterstatter empfangen. — Herr Stationschef Metzger in Regensburg besitzt einen zahmen Star, der die bayerische Königshymne pfeift und Folgendes spricht: „Hast Du's gehört? Gelt, das ist schön. Gut'n Morg'n! Hast schon ausg'schlaf'n? Was gibt's denn gut's Neues? Wie geht's dem deutschen Kaiser? Und was macht denn Bismarck? Grüß Di Gott! Bist a da? Setz Di nieder! n' Frauerl a Bußerl geb'n! Bist Du's Buberl? Ja, ja!"

Vielerlei scherzhafte Geschichten erzählt vom redenden Star auch der Volksmund. Da hat ein alter Fischer im Weidenbusch am Wasser seine Reusen zum Trocknen aufgehängt, und in eine derselben ist, vielleicht weil innen an den Maschen Wasserthierchen hängen geblieben, ein ganzer Schwarm Stare hineingeschlüpft. Der Mann macht sich die Gelegenheit zunutze, die Vögel entweder zum Verkauf auf den Markt zu bringen oder selbst zu verzehren, und so greift er flink in die Reuse hinein und erwürgt einen nach dem andern. Da hört er eine klägliche Stimme ausrufen: „wie wird das enden, wie wird das enden!" Und je öfter er hineingreift, desto schmerzlicher ertönen die Laute. Schließlich erfüllt ihn Grauen und er läßt die letzten Vögel fliegen — darunter den sprechenden Star, welcher sich und seine Genossen gerettet hat. Ein andermal steht ein Jäger auf dem Anstand, unter einer alten hohen Buche, in deren Astlöchern die Stare nisten. Nach ungeduldigem Warten erblickt er endlich die sich nähernden Rehe, aber eben als er anlegen will, um zu schießen, hört er „siehst Du wol, da kommt er", und als er scheu sich umblickt, ertönt der Warnungsruf noch dringender. Der Schütze aber, welcher hier heimlich auf fremdem Jagdgrund steht, läßt die lockende Beute im Stich und schlägt sich seitwärts in die Büsche. Am spaßhaftesten ist die Anekdote vom Förster-

lehrling Meyer, der nebst den Gehilfen und anderen Lehr=
lingen der Oberförsterei in der Mädchenstube beim Federn=
reißen allerlei Scherz treibt und als man dann den
Oberförster kommen hört, mit dem Schreckensruf „Besser ist
besser" unter den Tisch schlüpft. In den nächsten Tagen
wird die Geschichte vielfach besprochen und belacht, und
nicht lange, da sagt eines Tags in der Unterrichtsstunde,
als der Oberförster den Lehrling etwas fragt, der Starmatz
im Bauer am Fenster in eindringlichem Ton „besser ist
besser, Meyer unter'n Tisch".

Der einfarbige Star [Sturnus unicolor, *Temm.*]
ist glänzend schieferschwarz, ohne jede Fleckenzeichnung, dagegen schwach
metallglänzend; der Schnabel ist gelb, am Grund schwärzlich; die
Augen sind dunkelbraun; die Füße gelblichbraun. Das Weibchen
ist düster schwarzbraun. In allem übrigen, sowol in der Ge=
stalt, als auch im ganzen Wesen ist er dem gemeinen Star
durchaus gleich, und es dürfte daher noch nicht mit Sicher=
heit festgestellt sein, ob wir in ihm eine wirkliche Art oder
nur eine Oertlichkeits=Abänderung desselben vor uns haben.
Seine Verbreitung erstreckt sich über Südeuropa; doch schon
in Ungarn und Dalmatien bis Sicilien, Sardinien und im
Süden von Frankreich, auch im Norden von Afrika ist er
heimisch. Da er nicht in den Handel gelangt, so genügt
hier seine Erwähnung. Schwarzer Star, Einfarbstar.

Der graue Star [Sturnus cineraceus, *Temm.*]
ist dunkelgraubraun, an Ober= und Hinterkopf schwarzbraun; Kopf=
seiten heller braun; Zügel und Wangen weiß, fein braun gestrichelt;
Flügel und Schwanz sind schwarzbraun, jede Feder mit weißlichem
Außensaum; die Schwanzfedern am Ende der Innenfahne weiß ge=
fleckt; die oberen und unteren Schwanzdecken sind weiß; Hals und
Brust sind heller graubraun, Unterbrust, Bauch und Hinterleib düster
weiß; der Schnabel ist röthlichgelb, mit grauer Spitze; die Augen
sind braun; die Füße gelb. Das Weibchen ist kleiner und fahler,
sonst übereinstimmend gefärbt. In der Größe und allem übrigen

ist er dem gemeinen Star gleich). Seine Heimat ist China und Japan. Er wird nur selten lebend eingeführt und hat daher als Stubenvogel keinen Werth. <small>Graustar.</small>

Der Rosenstar
[Sturnus (Pastor) roseus, *L.*].

<small>Ackerdrossel, rosenfarbige Drossel, Felsenstar, Heuschreckenstar, rosenrother Heuschreckenstar, Heuschreckenvogel, rosenfarbiger Hirtenvogel, Rosenamsel, rosenfarbiger oder rosenfarbner Star, Seestar, Staramsel, rosenfarbige Staramsel, Viehvogel, Zopfstar. — Rose-coloured Pastor or Starling. — Etoureau rose, Martin roselin.</small>

Als einen überaus hübschen Starvogel, ja als der schönsten einen, sehen wir den Rosenstar vor uns. Trotzdem hat er nur geringe Bedeutung für die Liebhaberei; denn einerseits zeigt er, wenigstens soweit wir ihn bisher kennen, keinerlei außergewöhnlich angenehme Eigenschaften und auch keine oder höchstens nur eine geringe Begabung zur Abrichtung, während andrerseits der einzige Vorzug, den er hat, die prachtvolle Färbung seines Gefieders, in der Gefangenschaft binnen nur zu kurzer Zeit verbleicht. Er ist am Kopf nebst dem kleinen zierlichen, nach hinten hängenden Schopf, welchen er auf- und niederklappen kann, sowie an Hals und Oberbrust blauschwarz, purpurn glänzend; Flügel und Schwanz sind blauglänzend bräunlichschwarz; der Oberrücken, die Schultern und der ganze Unterkörper sind hell rosenroth; der Schnabel ist fleischfarben mit dunkler Spitze; die Augen sind braun und die Füße röthlichbraun. Das Weibchen ist matter gefärbt und hat einen kürzern Federbusch. In der Größe steht er dem gemeinen Star gleich. Das Jugendkleid ist fahlgraubraun; die Flügel- und Schwanzfedern sind dunkelbraun, rostbräunlich gesäumt; Kehle, Brust und Bauch sind weißlich, fahl dunkel gefleckt; der Federschopf fehlt noch.

Seine Heimat ist Asien bis China, Indien, Zeylon, sodann Südrußland, sowie das südöstliche Europa bis in die Donau-Tiefländer; auch in Ostafrika kommt er vor. Zuweilen, vornehmlich im Sommer, wandert er in mehr oder minder vielköpfigen Scharen west- und nordwärts durch Griechenland, die Türkei, Italien, die Schweiz, Oesterreich bis nach Deutschland, den Niederlanden, Dänemark und England. Zu uns nach Deutschland kommt er fast regelmäßig in den Heuschreckenjahren und dann leben die Schwärme gesellig mit denen der gemeinen Stare.

Im ganzen Wesen, in der Brutentwicklung u. s. w. gleicht der Rosenstar durchaus dem erwähnten Verwandten, doch zeigt sich ein Schwarm nicht so laut und lärmend wie ein solcher von gemeinen Staren, auch verursacht der Flug der ersteren nicht solch' Geräusch wie das der letzteren. Die Locktöne erklingen kreischend etwa wie witt, witt, huruit und scharf zschwirr; der Gesang erschallt pfeifend, zwitschernd, knirschend und trätschend, durch scharfe, langgezogene Töne unterbrochen. A. E. Brehm bezeichnet den Lockton als ein sanftes swit, swit oder hurbi. „Der Gesang der Rosenstare, den ich besonders von Käfigvögeln vor mir oft gehört habe, ist nichts andres als ein ziemlich rauhes Geschwätz, in welchem die Locktöne noch am wohllautendsten, alle übrigen aber knarrend und kreischend sind, sodaß das Ganze kaum anders erschallt als etsch, retsch, ritsch, ritz, scherr, zirr, zwie, schirr, kirr u. s. w., wobei ritsch und schirr am häufigsten erklingen. Nordmann, welcher den Rosenstar in Südrußland beobachten konnte, meint nicht mit Unrecht, daß der Gesang einer Gesellschaft dieser Vögel am besten mit dem quietschenden Geschrei einer im engen Raum eingesperrten, unter einander habernden und sich beißenden Rattengesellschaft verglichen werden mag"*). Heuschrecken, große Käfer und allerlei andere Kerbthiere, Weichthiere und Gewürm, sodann Beren u. a. Früchte bilden seine Nahrung. Unter allen Umständen gehört er zu den allernützlichsten Vögeln. Dennoch hält auch ihn der eigennützige Mensch zuweilen für schädlich. Unser Altmeister E. F. von Homeyer sagt in dieser Hinsicht Folgendes: „Ueber den Nutzen und Schaden gibt seine Bezeichnung in den Heimatsgegenden, namentlich in der asiatischen Türkei, mit wenigen Worten ein lebendiges Bild. Im Frühjahr, wenn er der eifrige

---

*) „Illustrirtes Thierleben", zweite Auflage (Leipzig 1879).

Verfolger der Wanderheuschrecke ist, heißt er der ‚heilige Vogel‘, im Sommer, wenn er keine Heuschrecken mehr findet und auf die mit reifen Früchten beladenen Maulberbäume fällt, der ‚Teufelsvogel‘". Das Nest steht vorzugsweise in Fels= und Mauerlöchern, seltner in Baumhöhlungen; meistens nisten die Pärchen gesellig zu vielen nebeneinander. Aus 5—6 Eiern, welche einfarbig blau= oder grünlichweiß sind, besteht das Gelege.

Zuweilen, wenn auch nur selten, gelangt dieser Star durch die böhmischen Händler in den Handel oder er wird auch wol einzeln und zufällig hier und da bei uns ge= fangen. Auf den Ausstellungen und bei unseren Händlern ist er nur gelegentlich zu finden. Die meisten Beobachter, welche ihn als Käfigvogel längre Zeit gehalten haben, stimmen darin überein, daß er Gefräßigkeit und Futterneid, langweiliges Dasitzen und trotzdem Bösartigkeit gegen andere Genossen zeigt. Nähere Angaben darüber, in welchem Grad er gelehrig ist, habe ich leider nirgends finden können.

Der Heuschreckenstar
[Sturnus (Acridotheres) tristis, *L.*].

Maina oder Hirtenstar, Trauerstar und Trauermaina. — Common Mynah; Common Hill Mynah. — Maina, Dasee Maina, in Hindostan; Salik und Bhat Salik, in Bengalen; Gong-cowdea, auf Zeylon *(Layard)*.

Als der gemeinste oder doch im Handel bei uns häufigste dieser fremdländischen Stare tritt er, gewöhnlich blos Maina genannt, uns zugleich als einer der begabtesten entgegen, denn er wird ungemein zahm, lernt Lieder nach= flöten und soll auch sprechen; ich sage ausdrücklich ‚soll‘, denn von all' den zahlreichen zu uns gelangenden hierher gehörenden Vögeln haben weder unsere Händler, noch die Liebhaber jemals einen sprechen gehört, während die Reisen= den und Naturforscher mit Bestimmtheit behaupten, daß diese Stare viele Worte und ganze Sätze nachsprechen lernen*).

Der Heuschreckenstar ist an Oberkopf nebst kurzem Schopf, ganzem übrigen Kopf und Vorderhals schwarz; Rücken, Brust und Seiten sind schwärzlichbraun, die Flügel ebenso, aber mit breitem, weißem Spiegelfleck; der Schwanz ist schwarz, jede Feder breit weiß gespitzt; Bauch, Hinterleib, Unterseite der Flügel und unterseitige Schwanzdecken sind weiß; der Schnabel ist gelb; die Augen sind braun, mit nacktem, weißem Augenkreis; die Füße sind gelb. Das Weibchen ist ebenso gefärbt und kaum bemerkbar kleiner. Die Größe ist etwas bedeutender als die des gem. Stars. Seine Heimat sind Indien und Zeylon und auf Madagaskar, den Andamanen und Maskarenen ist er eingeführt.

Nach den Mittheilungen der Reisenden Blyth, Sundevall, Jerdon, Layard u. A. ist er in Indien und ebenso auf Zeylon ein gemeiner Vogel, welcher überall in der Nähe menschlicher Wohnungen, in Gärten u. a., aber nicht im Dschungledickicht, zu finden ist. In Kalkutta sieht man ihn als Straßenvogel, allerdings hauptsächlich nur in den Vorstädten, wo er sich auch unter die Krähen mischt. Hier allenthalben ist er so zutraulich, daß er sogar in die menschlichen Wohnungen kommt. Große Schwärme von Heuschreckenstaren fliegen sehr lebhaft und lärmend umher und lassen,

---

*) Nachdem ich diese Schilderung des Heuschreckenstars geschrieben habe, erhalte ich auf meine Anfrage soeben einen Brief von Herrn J. Abrahams, Inhaber einer bekannten Vogelgroßhandlung in London, in welchem derselbe mir mittheilt, daß er allerdings im Lauf der Jahre sprechende Heuschreckenstare in zwei Fällen vor sich gehabt. Er sagt: „Vor vier Jahren kaufte eine Dame einen Heuschreckenstar von mir und kurze Zeit darauf schrieb sie, daß er gut sprechen gelernt habe; was er sprach, weiß ich jedoch nicht. Im vorigen Jahr hatte ich einen Vogel dieser Art, der, wenn ich ihn rief, mir in Sprüngen überall hin nachfolgte und zu gleicher Zeit sein ‚Pretty Joe, come on' sprach. Ich habe ihn nur einige Tage besessen und kann daher nicht sagen, ob er nicht, wie ich fast annehme, noch viel mehr gesprochen hat. Er wurde von einer Herzogin gekauft".

zumal morgens früh und abends, aus den Kronen hoher
Bäume herab ein gewaltiges, kreischendes und schnarrendes
Geschrei erschallen. Auf dem Boden gehen sie krähenartig
schreitend und kopfnickend. Ihr Flug erscheint etwas schwer=
fällig mit vielen raschen Flügelschlägen, doch auch schwebend.
Die schrillen und rauhen Locktöne und Rufe werden häufig
durch melodisches Flöten unterbrochen. In allerlei Kerb=
thieren, Gewürm und Weichthieren, namentlich Heuschrecken
u. a. Grabflüglern, weißen Ameisen u. a., aber auch in
Sämereien, so besonders Reis, besteht ihre Nahrung. Dem
Vieh fliegen sie auf den Rücken, um ihm das Ungeziefer
abzusammeln. Irgendwelche Höhlungen und Löcher an und
selbst in Gebäuden, auch Baumlöcher, vornehmlich jedoch
ausgehängte alte Töpfe u. a. enthalten das Nest, welches
aus Reisern und Wurzeln geformt und mit trockenen
Gräsern und Federn ausgerundet ist. Das Gelege bilden
fünf blaßbläulichgrüne Eier. Jedes Pärchen soll mehrere
Bruten im Jahr machen. Die Jungen werden vielfach
aus den Nestern geraubt, aufgepäppelt und abgerichtet, auch
zum freien Ein= und Ausfliegen gewöhnt, sodaß sie zur
Nacht stets zurückkehren. Daher sind alle zu uns eingeführten
Vögel dieser Art von vornherein zahm, und wenn sie bei
uns sich wie gesagt nicht sprachbegabt zeigen, so soll dies
darin begründet liegen, daß die reichen indischen Fürsten
u. A. jeden hervorragenden derartigen Sprecher mit schwerem
Geld ankaufen und ihn garnicht bis zu uns gelangen lassen.

Der **Elsterstar** [Sturnus (Sturnopastor) contra, *L.*]
ist an der ganzen Oberseite schwarzbraun, Kopf und Hals sind grün=
glänzend schwarz; Zügel und Streif längs der Kopfseiten, Wangen,
Flügelbug, Schulterbinde, obere Schwanzdecken und ganze Unterseite
sind reinweiß; der auffallend lange Schnabel ist gelb, am Grund
orangeroth; die Augen sind braun, mit nacktem orangegelben Ring
umgeben; die Füße sind düstergelb. Das Weibchen soll überein=
stimmend gefärbt sein. In der Größe ist er etwas bedeutender als

der gemeine Star. Seine Heimat ist Indien. Nach den Berichten von Blyth, Jerdon, Tytler ist er um Kalkutta gemein und zahlreich; auch er ist zutraulich, aber er kommt nicht auf die Straßen in den Ortschaften. Nach Starenart lebt er in großen Schwärmen und zuweilen gemeinsam mit dem Heuschreckenstar. Um seines Gesangs, sowie seiner Nachahmungsgabe willen wird er in der Heimat häufig im Käfig gehalten. Er errichtet ein großes freistehendes Nest auf Mangobäumen oder auch im Bambusgebüsch. Bei uns ist er ziemlich häufig im Handel. E. von Schlechtendal besaß einen Elsterstar mehrere Jahre und schildert ihn in Folgendem: „In seinem Thun und Treiben gleicht er durchaus unserm heimischen Star. Während er selbst sich nicht bösartig zeigt, ist er zufrieden, wenn ihn Genossen, welche mit ihm zusammen einen Käfig bewohnen, nicht behelligen. Bei der ihm stets unliebsamen Annäherung eines andern Vogels sperrt er zur Abwehr den langen Schnabel weit auf, und dies gewährt einen sonderbaren Anblick. Bei Angst und Bedrängniß läßt er helle pfeifende Töne erschallen. Im übrigen ist er ein stimmbegabter Vogel und sein Gesang ist der beste Stargesang, den ich überhaupt kenne. Ungestört läßt er ihn auch fleißig hören und begleitet ihn mit gesträubten Kopffedern, Verbeugungen und Lüften der Flügel". Bei uns haben wir noch keinen Elsterstar als Sprecher gehabt. Der Preis beträgt frisch eingeführt 20—25 Mk. und je nach der Zähmung 30—50 Mk. Kontrastar (Schlechtend.), Ablakastar (Br.), schwarzweißer Elsterstar; von den Händlern fälschlich als rothschnäbelige japanesische Spottdrossel oder Rothschnabeltrupial angeboten. Pied Mynah. Martin Pie. Ablac Maina und Ablaka der Hindus (Hodg., Hamilt.); Gosalic und Guialeggra der Bengalen (Hamilt., Blyth).

Der **Jallastar** [Sturnus jalla, *Horsf.*] von Java ist dem vorigen sehr ähnlich, jedoch größer; die schwarze Kopf- und Halsfärbung reicht weiter herunter bis zur Oberbrust; die Kopfseiten sind fast ganz nackt oder nur schwach befiedert; jeder Flügel hat einen großen weißen Fleck. In allen seinen Eigenthümlichkeiten dürfte er mit dem vorigen durchaus übereinstimmend sein. Er wird nur höchst selten lebend bei uns eingeführt. Jallakstar (Br.). Jallak oder Jallakuring auf Java (*Horsf.*).

Der schwarzhalsige Star
[Sturnus (Acridotheres) nigricollis, *Payk.*].
Schwarzhalsstar, Chinastärling. Black-necked Grackle.

Gleichfalls zu den sehr seltenen Vögeln im Handel gehörend, hat diese Art jedoch den Vorzug, daß sie an E. von Schlechtendal den liebevollen Beobachter gefunden, der sie eingehend geschildert hat. Der schwarzhalsige Star ist an Kopf und Kehle weiß, an der übrigen Oberseite schwärzlichbraun; ein nach der Brust spitz zulaufendes Halsband ist schwarz; ein Flügelfleck ist weiß; die Schwingen und Deckfedern sind am Ende schmal weiß gesäumt, die Schwanzfedern breit weiß gerandet; die ganze Unterseite ist weiß; der Schnabel ist schwarz; die Augen sind dunkelgrünlichbraun, mit nacktem, hellgrünlichgelbem Augenkreis; die Füße sind hellsilbergrau. Die Größe ist etwas bedeutender als die des europäischen Stars. Seine Heimat ist der Süden von China. „So einfach dieser Vogel gefärbt ist, geben ihm doch das weiße Gesicht und das breite schwarze Halsband ein absonderliches Aussehen. Im zoologischen Garten zu Berlin sah ich zum erstenmal ein Par lebende Schwarzhalsstare. Die Vögel fielen mir auch durch ihr Benehmen auf, die Art und Weise, wie sie mit weit gegen einander aufgesperrten Schnäbeln sich zu zanken pflegten. Uebrigens schien dieser Zank niemals ernst gemeint zu sein, denn gleich darauf saßen sie wieder friedlich beide neben einander. Herr Dr. Bodinus war so freundlich, mir einen dritten hinzugekommenen Vogel dieser Art zu überlassen. Dieser war sehr zahm und liebenswürdig und sein Preis infolgedessen keineswegs niedrig. Noch weit seltsamer als im Aeußern zeigte sich der Vogel bei näherer Bekanntschaft in seinem Wesen und namentlich in der Mannigfaltigkeit seiner Lautäußerungen. Seine Zahmheit ging von vornherein so weit, daß er sich mit der Hand streicheln und im Gefieder krauen ließ. Wenn die liebkosende Hand sich ihm näherte, so richtete er sich in die Höhe, sträubte das Halsgefieder, nahm eine sehr steife und gleichsam würdevolle Haltung an und verharrte unbeweglich in dieser, solange man ihn streichelte oder kraute. Wurde er aber böse, namentlich wenn er befürchtete, man wolle ihm sein Futter wegnehmen, so sprang er auf die Hand und versetzte dieser wuchtige Schnabelhiebe, während die scharfen Krallen blutige Spuren zurückließen. Noch weit merkwürdiger, als die geschilderte Haltung waren die Stellungen, in denen er manchmal sich gefiel und die Laute, die er hören ließ. Er nahm zunächst wieder

Die Heuschrecken- oder Mainastare. 155

jene steife Haltung an, bog dann aber den Kopf dergestalt herab, daß der Schnabel auf dem Brustgefieder auflag, dabei schloß er die Augen, blähte das ganze Gefieder auf, ließ die Flügel halb herabhängen, breitete den kurzen Schwanz fächerförmig aus und murmelte unter wiederholten tiefen Verbeugungen allerlei unverständliche — Worte; ich weiß wenigstens keine andre Bezeichnung für diese dumpf und bauchrednerisch klingenden Laute zu finden. Das Gefieder spaltete sich, wenn der Vogel es aufblähte, an der Brustmitte so, daß zeitweise das Brustbein sichtbar ward. Die Verbeugungen, mit welchen die indischen Elsterstare den Vortrag ihres Gesangs ebenfalls begleiten, erscheinen beiweitem nicht so wunderlich wie das eben geschilderte Gebahren des Schwarzhalsstars, welches bei den menschlichen Zuschauern stets Erstaunen und Heiterkeit hervorzurufen pflegte. Was bei den sehr verschiedenartigen Lautäußerungen meines Vogels als natürlicher Gesang und was als angelernte Nachahmungen zu bezeichnen waren, vermochte ich mit Bestimmtheit nicht zu unterscheiden. Ein sehr lautes, gellendes Pfeifen, etwa wie tü-tü-tü-tü klingend, war offenbar Naturlaut und dabei sperrte er den Schnabel weit auf. Er flötete aber auch wie etwa ein Mensch ein Liedchen pfeift, und dazu dürfte er jedenfalls einen menschlichen Lehrmeister gehabt haben. Daneben ließ er noch einen lauten Gesang hören, welcher sich aus allerlei pfeifenden Tönen zusammensetzte und in seinen einzelnen Theilen an den Gesang des grünen Kardinals erinnerte. Zu allen diesen verschiedenartigen dumpf murmelnden und hell pfeifenden Lauten kam dann noch ein seltsames Schwatzen mit niedlicher feiner Kinderstimme. Wenn er sein „wa, owawa" rief, so konnte man glauben, daß es ein zwei- oder dreijähriges Kind sei. Auch „wä" oder „wäwä" rief er mit Kinderstimme, und da die Bezeichnung Schwarzhalsstar lang und unbequem auszusprechen ist, so hieß er bei mir nur der Wäwä. Manchmal lachte er auch wie ein kleines Kind. Ob er diese Laute von Kindern in seiner Heimat gelernt hatte? Seine große Zahmheit ließ darauf schließen, daß er jung aus dem Nest geraubt und aufgezogen worden; unmöglich wäre es also nicht, daß er das Geschwätz chinesischer Kinder nachgeahmt hätte. Auffallend war es mir, daß der außerordentlich zahme Vogel sich mitunter vor ganz unbedenklichen leblosen Gegenständen fürchtete, eine Erscheinung, die ich namentlich auch bei dem arabischen Bülbül wiederholt beobachtet habe. Nebenbei bemerkt, verstand er die mit einem Haken verschließbare Käfigthür zu öffnen, doch bei seiner Zahmheit hielt es niemals schwer, ihn, wenn er entkommen war, wieder zurückzubringen".

Der **gelbschnäbelige gehäubte Mainastar** [Sturnus (Acridotheres) cristatellus, *L.*] ist am Oberkopf nebst flachem Federbusch tiefschwarz; die Flügel sind schwarz mit weißem Spiegelfleck; die Schwanzfedern sind schwarz, mit weißen Endsäumen; der ganze übrige Körper ist schieferschwarz, unterseits heller, schiefergrau, die unteren Schwanzdecken sind weiß gespitzt; der Schnabel ist gelb, am Grund röthlich; die Augen sind gelbbraun; die Füße braun. Das Weibchen soll übereinstimmend sein. Die Größe ist erheblich bedeutender als die des gem. Stars. Seine Heimat sind China und die Insel Formosa. Chinastar, gehäubter Heuschreckenstar, chinesische oder Haubenmaina, große Haubenmaina, chinesischer Starling (Jamr.). Chinese Mynah., Martin huppé.

Der **rothschnäbelige gehäubte Mainastar** [Sturnus (Acridotheres) cristalloïdes, *Hodgs.*] ist dem vorigen fast ganz gleich, aber unterseits heller und mehr bräunlichgrau; der weiße Flügelfleck ist wenig sichtbar; sein Schnabel ist roth; der Unterschnabel am Grund dunkel; die Augen sind gelb und die Füße gelbroth. In der Größe steht er etwas hinter dem vor. zurück. Er ist in Ostindien heimisch. Chinastar (!), kleine Haubenmaina.

Der **braune Mainastar** [Sturnus (Acridotheres) fuscus, *Jerd.*] ist am Kopf nebst kleiner Haube schwarz; Rücken und Flügel sind zart röthlichbraunschwarz; Schwanz schwarz, mit breiter weißer Spitze; Kehle bis zur Oberbrust grauschwarz; Brust, Bauch und Seiten röthlichgrau; Unterschwanzdecken weiß; Schnabel orangeroth, am Grund schwarz; Augen hellgelb; Füße orangegelb. Das Weibchen soll übereinstimmend sein. Die Größe ist viel bedeutender als die des einheimischen Stars. Seine Heimat ist ganz Indien. Braunmaina (Pr.). Brown Mynah. Martin brun. Jhontao Maina oder Jhont Salik, in Bengalen (Blth.).

Der **javanische Mainastar** [Sturnus (Acridotheres) javanicus, *Cab.*] ist dem gelb- und rothschnäbeligen gehäubten M. ähnlich, hat jedoch eine schwächere Haube, die Flügel sind schwarz, mit schmaler weißer und breiter brauner Binde; der Schwanz ist schwarz, breit weiß gespitzt; die ganze Unterseite ist heller grau, und die unteren Schwanzdecken sind weiß; der Schnabel ist gelb; die Augen sind braun, mit einem kleinen nackten gelblichen Fleck am hintern Augenrand; die Füße sind gelb. Die Größe ist nicht viel bedeutender als die unsres einheimischen Stars. Heimat: Java. Graumaina (Br.). Grey-bellied Mynah. Martin de Java. Jallak Sungu auf Java (Horsf.).

Der **Ganga-Mainastar** [Sturnus (Acridotheres) ginginianus, *Lath.*] ist dem vorigen sehr ähnlich, hat aber einen röthlichen nackten Augenkreis und bräunlichgelben Flügelspiegel; ebenso gefärbt ist die Unterseite der Flügel und die Spitze der Schwanzfedern; Bauchmitte und Unterschwanzdecken sind fahlgelblich; die Augen sind braun; der Schnabel ist roth, an der Spitze gelb; die Füße sind bräunlichgelb; die Größe ist bedeutender als die des gemeinen Stars. Heimat: Indien. Ufermaina (Br.). Bank Mynah. Ganga Maina der Hindus, Ram Salik, Gang Salik in Bengalen, Gilgila in Oberindien (Blyth).

Der **grauköpfige Mainastar** [Sturnus (Temenuchus) malabaricus, *L.*] ist an Kopf nebst Kehle silbergrau; Hinterkopf und übrige Oberseite dunkler grau; Schwingen schwarz, zum Theil bräunlichsilbergrau gesäumt; Schwanz düster bräunlichgrau; Unterseite röthlichzimmtbraun; hintrer Unterleib weiß; Schnabel am Grund braun, in der Mitte grün, an der Spitze gelb; Augen weißgrau; Füße düstergelb. Das Weibchen ist am Kopf dunkler bräunlichgrau, unterseits hellgraubraun, am hintern Unterleib hell zimmtbraun. In der Größe ist er ein wenig geringer als der gemeine europäische Star. Heimat: Indien. Graukopf, Greisenstar, Malabarstar, Graukopfmaina (Br.), grauköpfiger asiatischer Zwergstar, japanesischer Starling (Jamr.). Malabar Mynah, Grey-headed Mynah. Martin à tête grise. Pawi der Hindus (Blyth), Dessee Pawy in Bengalen (Hamilt.).

Der **Pagoden-Mainastar** [Sturnus (Temenuchus) pagodarum, *Gml.*] ist am Kopf mit langem, spitzem Schopf glänzend schwarz, an der ganzen Oberseite rostroöthlich aschgrau; nur die Flügel und der Schwanz sind schwarz, der letztre an der Spitze bräunlichweiß; Hinterhals, Kopfseiten und die ganze Unterseite sind röthlichzimmtbraun; der Schnabel ist gelb, am Grund blau; die Augen sind grünlichweiß, die Füße gelb. Größe des vor. Seine Heimat ist Indien und die Insel Zeylon. Pagodenstar, Braminen- oder Bramanenstar, schwarzköpfiger indischer Star und Braminenmaina. Brahminee Maina der Europäer in Indien (Jerd.); Popoya Maina, der Hindus (Jerd.); Monghyr Pawi in Bengalen, Puhala in Oberindien (Blyth).

Der **Mandarinen-Mainastar** [Sturnus (Temenuchus) sinensis, *Gml.*] ist dem Pagodenstar ähnlich, doch größer. Vorder- und Oberkopf sind weißlichrostroth, mit dunklem Zügel- und Bartstreif; Hinterkopf und ganze Oberseite bräunlichgrau; die Flügel sind schwarz, grün schillernd; die Schwanzfedern sind schwarz, breit zimmtbraun gespitzt; Kehle und Oberbrust sind grau; Brust und Bauch weiß; der Schnabel ist graugrün; die Augen sind perlgrau; die Füße gelblichhorngrau. Heimat: China und Kochinchina. Mandarinenmaina (Br.).

Alle diese Mainastare stimmen im wesentlichen sowol in ihrer Lebensweise als auch in allen ihren Eigenthümlichkeiten mit den anderen Starvögeln überein; ich bitte S. 132 nachzulesen und zugleich das Lebensbild des gem. europäischen Stars, wenigstens in den allgemeinen Umrissen, auch für sie als zutreffend zu betrachten. Diese Arten sind sämmtlich in Asien heimisch. Sie gehören zu den größeren Staren. Für die Liebhaberei überhaupt treten sie uns als in mehrfacher Hinsicht bedeutungsvoll entgegen. Sie werden meistens aus den Nestern gehoben, aufgefüttert und mehr oder minder abgerichtet. So kommen sie wenigstens in der Mehrzahl als gezähmte und gelehrige Vögel zu uns. Das letzte bezieht sich darauf, daß sie Liederweisen nachflöten lernen. Inbetreff der Sprachbegabung muß ich auf das S. 150 (beim Heuschreckenstar) Gesagte auch hinsichtlich ihrer verweisen. Die meisten von ihnen gelangen höchst selten in den Handel, nur wenige sind alltägliche Erscheinungen; sie stehen durchgängig in hohen Preisen. Mehrere von ihnen sind bereits erfolgreich gezüchtet*). A. E. Brehm sagt von den Mainastaren: „Sie theilen mit dem gemeinen Star alle guten Eigenschaften, werden ebenso leicht zahm, lernen gleicherweise sprechen und Lieder nachpfeifen und gefallen sich ebenso wie er in Gesellschaft des Menschen. In seiner fantasiereichen Weise bezeichnet er ihr Betragen als „ernster und würdevoller" und meint, sie zeigen in Gesellschaft mit anderen

---

*) Vrgl. Dr. Karl Ruß, „Lehrbuch der Stubenvogelpflege, -Abrichtung und -Zucht" und „Handbuch für Vogelliebhaber" I (Creutz, Magdeburg).

Starvögeln ein „gemeßnes, lebhaftes, altkluges Wesen". Der zuverlässigste Beobachter aller Starvögel, E. von Schlechtendal, schildert sie in ihrem absonderlich klugen, dreisten, auf Alles achtenden Wesen, spricht auch von ihrem Gesang, der bei manchen Arten nicht übel erklinge und zwischen eigenthümlich flötenden, sodann krächzenden und zuweilen auch mißlautenden Tönen hin und wieder einen wohlklingenden Triller hören lasse; von ihrer Sprachbegabung aber weiß auch er leider nicht viel zu berichten. Er schätzte sie um ihrer Seltenheit, ihres interessanten Wesens und allenfalls ihres wohllautenden Flötens willen höher als wegen ihrer etwaigen Sprachbegabung. Da einige von diesen Staren sich auch in der Gefangenschaft züchtbar gezeigt, so könnte darin vielleicht der nicht geringe Vortheil liegen, daß man sich junge Vögel heranziehe, um sie vielleicht mit besseren Erfolgen als bisher abzurichten. Es ist wol erklärlich, daß ein derartiger Vogel, der bereits an sich um seiner Vorzüge willen einen beträchtlichen Werth hat, durch sachgemäße Sprachabrichtung in diesem noch außerordentlich steigen kann. Im einzelnen gibt Schlechtendal sodann noch folgende Kennzeichnung. „Etwas anders als die Elster- und Rosenstare benehmen sich im Käfig die Mainastare; ich besitze seit mehreren Jahren eine große Haubenmaina und eine kleine Haubenmaina. Die erstre ist sehr zahm, die letzte ziemlich scheu, beide sind heftige, leicht erregbare Vögel. Wie beim Singen die Elsterstare die Flügel lüften und sich verbeugen, die Rosenstare heftig mit den Flügeln zucken, so begleiten die Mainas ihren Gesang mit einem eigenthümlichen, tiefen Kopfnicken: der Schwanz wird etwas ausgebreitet, das Gefieder gesträubt, der Kopf emporgehoben, um gleich darauf die nickende Bewegung auszuführen. Der Gesang der Mainas hat mit dem der Elster- und der Rosenstare durchaus keine Aehnlichkeit; er klingt weniger gut als der erstre und weit besser als der letzte. Herr Emil Linden bezeichnet den Gesang der Haubenmaina als ‚gurgelnd'; ich möchte dem der kleinern Art noch die Bezeichnung ‚schnarchend' beilegen. Daran werden auch wohlklingend pfeifende Töne gereiht, sodaß der Gesang der großen Art im ganzen nicht so übel lautet. Ob die Männchen vielleicht mehr und besser singen, weiß ich nicht, da ich nie ein solches von diesen Arten habe erlangen können. Nebenbei bemerkt bedauerte ich dies umsomehr, als das Weibchen große gehäubte Maina alljährlich einige Eier legte, welche verhältnißmäßig groß, an beiden Enden ziemlich stumpf, also beinahe walzenförmig und schön grünblau von Farbe waren. Der Vogel zeigte sich dann besonders erregt und mir gegenüber vorzugsweise zärtlich. Der etwas kleinere und lebhafter gefärbte rothschnäbelige Mainastar ist sehr bewegungslustig und hastig in seinem Wesen; er durchmißt gern die weiteste Entfernung in seinem Käfig fliegend und läßt dabei ein leises klägliches Pfeifen hören, welches an das eines nicht geschmierten Wagenrads erinnert. Alle Mainas baden wie die Stare überhaupt sehr gern und sind nach einem tüchtigen Bade äußerst vergnügt". E. Linden schildert den grauköpfigen Mainastar: „Sein Wesen stimmt mit dem zartern Aussehen überein. Es ist ein sehr sanftes Vogelpar und fast zu still. Sie lassen nur Zwitschern und Schnurren hören. Vom Futtergeschirr jagen sie andere Vögel mit leichtem Gekrächz fort, sonst aber sind sie harmlos und friedfertig; auch die kleinsten Finken lassen sie unbeachtet. Zunächst benutzten sie den Nistkasten als Schlafstelle". Späterhin hat Herr L. diese Art bekanntlich gezüchtet.

*

Die unter dem Namen **Beo oder Mainate**, auch **Atzel** [Gracula, *L.*, Eulabes, *Cuv.*] im Handel vorkommenden Starvögel erfreuen sich wie in ihrer Heimat Südasien so auch bei uns großer Beliebtheit. Ihr hauptsächlichstes Merkmal ist der mit lebhaft gefärbten nackten Hautstellen und Hautlappen gezierte Kopf, an welchem die Stirnfedern bis über den Schnabelgrund kurz bürstenartig emporstehen; der Schnabel ist gelb, röthlich bis roth. Ueber ihr Freileben ist wenig bekannt. Nach Jerdon sind sie nirgends häufig in der Weise anderer Starvögel, sondern man sieht sie zu Flügen von 5—6 Köpfen, auch nicht in der Nähe menschlicher Wohnungen, vielmehr im hohen Dschungelwald. Ihr Gesang ist sehr reich, wechselvoll und angenehm, hat jedoch auch rauhe Töne. Von den Chinesen, Japanesen u. a.

werden sie schon seit Jahrhunderten im Käfig gehalten und zum Liedernachflöten, wie Wortenachsprechen abgerichtet. Zugleich ahmen sie allerlei andere Laute nach. Sie werden alljährlich regelmäßig, jedoch stets nur einzeln, eingeführt. Die Händler suchen sie immer möglichst bald loszuwerden, weil sie sehr gefräßig sind und infolgedessen an Fettleibigkeit leicht eingehen. Bei zweckmäßiger Ernährung und Behandlung dauern sie jedoch lange Zeit vortrefflich aus. Züchtungsversuche sind mit ihnen noch nicht angestellt, hauptsächlich wol, weil die Geschlechter im äußern nicht zu unterscheiden sind.

Die Atzeln oder Mainaten stehen unter allen Starvögeln hinsichtlich der Begabung, Liederweisen nachflöten und Worte nachsprechen zu lernen, am höchsten. A. E. Brehm sagt, daß „besonders sorgfältig unterrichtete Atzeln an Gelehrigkeit alle Papageien beiweitem übertreffen und nicht allein den Ton der menschlichen Stimme genau nachahmen, sondern wie der bestsprechende Papagei ganze Sätze in geeigneter Weise vortragen" sollen. Er setzt dann freilich hinzu, daß er selber derartig ausgezeichnete Vögel noch nirgends gefunden, vermuthlich weil die Indier für sie weit höhere Summen zahlen, als unsere Händler aufwenden können. Gerade Brehm, der als Direktor des Berliner Aquarium genugsam die Gelegenheit dazu hatte, die seltensten und kostbarsten aller lebend eingeführten fremdländischen Vögel vor sich zu sehen, hätte sich ja aber unschwer selbst davon überzeugen können, wie weit die Begabung dieser Starvögel nach der Seite des Gesangs, des Liedernachflötens und des Sprechenlernens hin eigentlich reicht. Der Einwand, daß die Indier die besten Mainaten für sich behalten, ist hinfällig, denn die meisten dieser Vögel sind aus den Nestern gehoben, aufgefüttert und noch jung, wenn sie zu uns kommen; der Grad ihrer Begabung läßt sich dann also noch nicht erkennen. Herr J. Abrahams in London schreibt mir: „Sprechende Beos und zwar den gemeinen und großen Beo, habe ich oft besessen. Das Wort ‚Mainah‘, das sie häufig schon vom Schiffsvolk lernen, scheint ihrer natürlichen Veranlagung am geläufigsten zu kommen, doch intelligentere Vögel lernen auch ganze Sätze, z. B. ‚Have you had your breakfast?‘ (hast du dein Frühstück bekommen?). Die Stimme ist immer rauh und der eines sprechenden Nacktaugenkakadus vergleichbar. Einfache Melodien lernen sie gut und richtig flöten". Mein persönliches Urtheil spreche ich in Folgendem aus. Zunächst ist der Gesang der Mainaten von vornherein schon, wie gesagt, bedeutend hervorragend unter denen aller anderen Starvögel; denn er ist bei einem guten Sänger solcher Art nicht ein bloßes unharmonisches, aus allen möglichen schrillen und mißtönenden mit einigen wohllautenden Rufen zusammengesetztes Geschirkel, sondern ein wirkliches, dem der Drosseln einigermaßen ähnliches Singen. Freilich erklingt dasselbe bei den einzelnen Vögeln von gleicher Art außerordentlich verschieden, zunächst wol der naturgemäßen Begabung und sodann namentlich dem Unterricht entsprechend, welchen der junge Vogel genossen hat. Gleiches kommt hinsichtlich der Sprachbegabung zur Geltung: Je nach dem Lehrmeister, der den jungen Vogel schon unterwegs auf der Reise unterrichtet hat, kann derselbe ein hervorragender Sprecher oder ein Stümper sein. Dies ergibt sich mehr als bei vielen anderen Vögeln gerade bei den Beos, denn bei ihrer reichen Begabung nehmen sie alle Töne, die schrillen und unangenehmen, wie die klangvollen und melodischen gleicherweise eifrig auf und ebenso ist es mit ihrem Sprechenlernen. Mit ihnen hat sich, wenigstens bei uns, bis jetzt leider noch Niemand in solcher sachverständigen Weise, wie mit den Papageien beschäftigt und daher ist es auch noch nicht gelungen, sie nach ihrer ganzen Begabung hin zu erforschen und ihren vollen Werth zu ermitteln. Bisher sind diese Vögel, eben gerade wie früher die Papageien, auf ungebildete Abrichter beschränkt geblieben. Uebrigens haben wir auch bei uns Beispiele daß ein Beo ein verhältnißmäßig vorzüglicher Sprecher werden kann und ich bitte inbetreff dessen bei der bekanntesten Art, dem gemeinen Beo, Näheres nachzulesen.

Der **gemeine Beo** [Sturnus (Gracula) religiosus, *L.*] ist an Kopf und Hals violett glänzend schwarz; die Flügel sind schwarz mit einem kleinen weißen Spiegelfleck, der ganze übrige Körper ist reinschwarz, metallisch grün glänzend; an beiden Kopfseiten stehen nackte gelbe Hautlappen und neben dem Schnabel sind ebensolche Backenflecke, wodurch der Vogel ein ganz absonderliches Aussehen hat; der Schnabel ist röthlichgelb; die Augen sind braun; die Füße sind gelb. In der Größe ist er dem gem. europäischen Star gleich. Seine Heimat ist Indien und Zeylon. Nach Jerdon dürfte seine lateinische Bezeichnung nicht zutreffend sein, da er bei den Hindus nicht zu den heiligen Vögeln gehört. Gemeine Atzel, Mainate und Hügelatzel, auch heiliger Vogel. Small Hill Mynah; Mainate religieuse. Jungle Mynah *(Jerd.)*; Kohnee Maina der Hindus *(Jerd.)*, Hallaleynia auf Zeylon *(Lay.)*.

Der **große Beo** [Sturnus (Gracula) intermedius, *Hay.*] ist dem vorigen sehr ähnlich, doch auch an Schultern, Kehle und Oberbrust violett glänzend, mit größerm weißen Flügelfleck; dagegen sind die Hautlappen kürzer, im Nacken fast zusammenlaufend; der Wangenfleck unterm Auge ist breiter und heller gelb; der Schnabel ist stärker und dunkler röthlichgelb; die Augen und Füße sind übereinstimmend. Die Größe ist bedeutender. Heimisch ist er im **Himalayagebirge.** Große Atzel, große Mainate, Mittelatzel *(Br.)*. Large Hill Mynah; Mainato grande. Paharia Maina der Hindus *(Blyth)*, Thale-gu in Arrakan *(Phayre)*.

Der **Beo von Java** [Sturnus (Gracula) javanensis, *Osb.*] ist an Kopf, Hals, Rücken und Unterseite bis zum Bauch violettglänzend schwarz; das übrige Gefieder ist grünglänzend; Flügel mit breitem, weißem Fleck; die Hautlappen am Kopf sind groß, weit abstehend, im Nacken vereinigt und dunkelgelb. Ebenso ist der Wangenfleck und auch der Schnabel dunkelgelb gefärbt; die Augen sind röthlichbraun, die Füße düstergelb. Seine Größe kommt fast der einer Dohle gleich. **Heimat:** die Sundainseln. Java-Atzel, Malayen-Atzel oder Java-Mainate. Javan Mynah; Mainate de Java. Beo oder Mencho auf Java (*Horsf.*), Tiong auf Sumatra (*Raffl.*).

Der **Andamanen-Beo** [Sturnus andamanensis, *Tytl.*] von den Andamanen ist dem vorigen fast ganz gleich, nur kleiner, mit großen nackten Lappen, welche sich im Nacken nicht vereinigen. Andamanen-Atzel.

Die erstgenannte Art ist am häufigsten im Handel, während die anderen, zumal die letztgenannte, sehr selten sind. Jene ist auch am höchsten geschätzt, weil sie begabter sein soll als die übrigen. Der Werth des einzelnen Vogels, gleichviel von welcher Art, ist außerordentlich verschieden und zwar je nach dem Lehrmeister, welchen er gehabt. Der Preis beträgt für einen frisch eingeführten noch nicht abgerichteten Beo 15—20 Mk., für einen tüchtigen, eine bis drei Melodien flötenden Künstler 100 Mk. und darüber. Herr Eduard Dornhöffer hatte einen gem. Beo, von dem er schrieb: „Er spricht, lacht und pfeift den ganzen Tag. Dabei spricht er so ausgezeichnet schön und lernt so leicht, was er hört, wie es kaum bei irgend einem Papagei der Fall ist". Herr Friedrich Arnold schildert dieselbe Art in Folgendem: „Er ist in der That ein liebenswürdiger Stubenvogel, leicht zufriedenzustellen, ausdauernd und zugleich wird er bald zahm, wenn er nicht schon gezähmt in die Hand des Liebhabers kommt. Auch zeigt er sich sehr gelehrig und als ein vortrefflicher Sprachmeister. Als seine hauptsächlichste Schattenseite erachte ich seine Naturlaute. Freilich sind gerade sie echt urwaldmäßig, auch verlieren sie sich nach und nach in der Gefangenschaft. Obwol ohrenpeinigend, sind sie doch interessant. Ein schriller, langgezogener Pfeifton ist der unangenehmste, ein behagliches, muntres, sehr tiefes Grakeln der gewöhnlichste Laut. Letzteres läßt er ruhig und gemüthlich auf der Stange sitzend hören und dann tönt plötzlich der schrille Pfiff dazwischen, durch welchen der Heuschreckenstar, die Heherdrossel und irgend ein Papagei zu gleichen Leistungen veranlaßt werden, sobaß das Ganze ein Getöse gibt, auf welches jede Menagerie stolz sein könnte. Der erwähnte Pfiff wird denn auch nicht ohne die gehörige Würde ausgestoßen.

Der Vogel streckt sich beim Beginn hoch in die Höhe und neigt sich dann langsam sehr tief hinab. Es ist rathsam, daß man ihn bei seiner sehr großen Gelehrigkeit im Nachahmen vor unschönen und widerwärtigen Lauten möglichst bewahre. Kein Star ahmt das Kreischen einer Thür so wahrhaft furchtbar getreu nach wie der Beo und gerade ‚so ein Lied, das Stein' erweichen und Menschen rasend machen kann‘, freut ihn ungemein und wird fleißig geübt".

Ueber den javanischen Beo berichtet Herr Dr. B. Hagen: „Einer meiner Bekannten hatte einen solchen Vogel schon lange in der Gefangenschaft, welcher beinahe besser als der gelehrigste Papagei sprach. Er lachte, hustete wie ein Mensch und ahmte auch das Spucken nach und alles in den seinem Herrn eigenthümlichen Tönen. Sodann krähte er wie ein Hahn, wieherte wie ein Pferd, knarrte wie eine Thür, kreischte wie ein ungeöltes Wagenrad, grunzte wie ein Schwein u. s. w. Trat man ins Haus, so wünschte er Einem ‚Good morning' oder ‚Tabé Tuanku, tabé'; er pfiff dem Hund und rief ihm zu, wenn dieser bellte u. s. w. Kurz, es konnte wol kaum einen Vogel geben, welcher unterhaltender sein dürfte als der Tjong, wie ihn die Malayen oder Beong, wie ihn die Batta nennen."

In den übrigen Geschlechtern der Stare: **eigentliche Stärlinge oder Maisdiebe** [Leistes, *Vig.*], **Hordenvögel** [Agelaius, *Vieill.*], **Kuhstare** [Molothrus, *Swns.*], **Reisstare** [Dolichonyx, *Swains.*], **Lerchenstare** [Sturnella, *Vieill.*], **Gelbvögel oder Trupiale** [Icterus, *Briss.*], **Kassiken oder Stirnvögel** [Cassicus, *Cuv.*], **Grakeln oder Schwarzvögel** [Chalcophanes, *Wgl.* s. Quiscalus, *Vll.*], **Glanzstare** [Lamprotornis, *Temm.*] sind bisher mit Sicherheit kaum oder noch garnicht Sprecher festgestellt worden. Sie gelangen in beträchtlicher Arten- und zeitweise auch in großer Kopfzahl in den Handel, doch können sie fast sämmtlich nur als Schmuckvögel gelten. Als solche erfreuen sie sich im allgemeinen keiner großen oder doch wenigstens keiner allverbreiteten Beliebtheit; sie bleiben vielmehr immer auf einzelne besondere Liebhaber beschränkt. Eine Ausnahme in dieser Hinsicht machen die Trupiale, jedoch nur in einigen Arten, welche man um ihres prächtigen Aussehens und angenehmen Flötens willen zugleich schätzt. Dies sind der Baltimore- und der Jamaikatrupial, die aber Sprachbegabung bis jetzt noch keineswegs ergeben haben. J. Abrahams sagt: „Trupiale, besonders die Jamaikatrupiale, werden in sehr kurzer Zeit ungemein zahm, wenn man sie an das Fenster stellt, wo viele Leute, besonders Kinder, beständig von außen zu ihnen sprechen. Im vorigen Jahr hatte ich einen, der auf Befehl den Käfig verließ und mir auf Kopf oder Schulter flog, sich ohne Widerstreben in die Hand nehmen und streicheln ließ; aber sprechende Trupiale sind mir nie vorgekommen." Während bei den Hordenvögeln, welche so wunderliche Töne hören lassen, daß man sie kaum oder nur bedingungsweise als angenehme Stubenvögel ansehen kann, die Sprachbegabung noch mehr als bei den anderen Starvögeln fernzuliegen scheint, überraschte mich ein kleiner Händler in Berlin, R. Welsch, früher in Bremerhaven, mit der Behauptung, daß eine der selteneren Arten, der orangeköpfige Stärling oder Brillenhordenvogel [Sturnus xanthocephalus, *Bp.*] aus Nordamerika, mehrere Worte und zwar von einem neben ihm stehenden Keilschwanzsittich nachsprechen gelernt habe. Bis jetzt habe ich indessen keine anderweitige Bestätigung dieser Beobachtung erlangen können. Dagegen theilte mir kürzlich (Februar 1889) Herr Oskar Schönemann, gegenwärtig in Charlottenburg bei Berlin, welcher lange Zeit in Chile und anderen Theilen Mittel- und Südamerikas gelebt und Reisen gemacht hat, mit, daß der Seidenstar [Sturnus bonariensis, *Gmel.*] in Valparaiso als ein Vogel, der wenigstens einige Worte sprechen lerne, allgemein bekannt sei. Leider kann ich auch diese Angabe zunächst nur mit Vorbehalt hier anführen, indem Herr Schönemann nicht mit voller Entschiedenheit anzugeben weiß, um welche Art es sich eigentlich handelt*). Die nur selten und einzeln in den Handel gelangenden **Stirnvögel** sollen als Sänger nach Angabe der Reisenden zu den besten Spöttern gehören und die Stimmen anderer Vögel meisterhaft nachahmen können. Als Sprecher hat sich bisher noch keine Art erwiesen. Im Handel gelten sodann die **Grakeln** allgemein als Sprecher. Soviel ich aber in der gesammten Literatur nachgesucht und bei erfahrenen Vogelwirthen und Händlern Erkundigungen eingezogen, Niemand weiß mit Bestimmtheit zu sagen, daß die eine oder andre Art sich bereits wirklich als Sprecher ergeben hat. Die letzten Starvögel, welche ich zu besprechen habe, die **Glanzstare**, gelten bis jetzt weder als gesangs-, noch als sprachfähig.

Als Sprecher wird von mehreren Schriftstellern auch ein Vogel angeführt, welchen Andere als solchen garnicht erwähnen. Es ist die als Sänger hochgeschätzte **Steindrossel** [Turdus (Petrocincla) saxatilis, L.]. Von ihr berichtet Bechstein Folgendes: „Die Männchen werden als ungemein schöne Sänger geschätzt, welche besonders Nachts bei Licht singen. Sie lernen auch Lieder nachpfeifen und wie die Stare sprechen. Ich habe ihrer bei dem Vogelhändler Thiem in Waltershausen eine große Anzahl gesehen, welche das Trompeterstückchen und andere Melodien pfiffen." Während augenscheinlich mit Bezug auf diesen Ausspruch auch Friderich und selbst Professor Fritsch

---

*) Der **Seidenstar**, ebenso wie der **Kuhstar** [Sturnus pecoris, L.] hat für den Vogelkundigen wie für den Züchter ein ganz besondres Interesse dadurch, daß er, wie erst seit verhältnißmäßig kurzer Zeit festgestellt worden, in der Weise unsres Kukuks nicht selber ein Nest erbaut, sondern in die Nester anderer Vögel seine Eier legt. Näheres darüber habe ich in meinem „Handbuch für Vogelliebhaber" I mitgetheilt.

die gleiche Angabe machen — bei A. E. Brehm ist sie nicht zu finden — theilt einerseits Niemand etwas Näheres mit und andrerseits werden keine weiteren bestimmten Beispiele angeführt. Es bleibt daher dringend wünschenswerth, daß unsere Liebhaber es sich möchten angelegen sein lassen, endlich festzustellen, in wieweit jene Behauptung auf Thatsächlichkeit beruht.

In einem ähnlichen Verhältniß steht die **Amsel** oder **Schwarzdrossel** [Turdus merula, *L.*] uns gegenüber, indem Bechstein auch von ihr sagt, daß sie sprachbegabt sei, während sie doch von keinem der neueren Schriftsteller und ebensowenig von den Liebhabern und Kennern als Sprecher mitgezählt wird.

Die Erforschung der sprachbegabten Vögel hat uns in der neuern Zeit ganz außerordentliche Ueberraschungen gebracht. Wie hier in meinem Werk „Die sprechenden Vögel" I („Sprechende Papageien') mitgetheilt worden, ergab sich der kleinste aller lebend eingeführten Vögel aus dieser Familie, der Wellensittich, von dem man es doch am wenigsten erwartete, als ein Sprecher, welcher noch dazu reich begabt ist. Angesichts dieser Thatsache brauchen wir uns wol kaum darüber zu wundern, daß wir auch aus der Familie der Finkenvögel Sprecher vor uns haben.

Es würde hier zu weit führen und ja auch außerhalb des Rahmens dieses Buchs liegen, wenn ich eine Schilderung der Familie der **Finken** [Fringillidae] vorausschicken wollte. Da wir bis jetzt nur zwei verschiedene Arten aus der großen Mannigfaltigkeit der hierher gehörenden Vögel als Sprecher kennen, so ist das nähere Eingehen auf die Gesammtheit weder nothwendig, noch möglich; für Jeden, der sich über die Finkenvögel unterrichten will, muß ich auf meine Werke „Handbuch für Vogelliebhaber" I und II, „Die fremdländischen Stubenvögel" I und „Lehrbuch der Stubenvogelpflege, -Abrichtung und -Zucht" verweisen.

Der Kanarienvogel als Sprecher.

Als ein sprachbegabter Vogel, welcher unsre Theilnahme im höchsten Grade in Anspruch nehmen darf, tritt uns der goldgelbe Hausfreund entgegen. Diese Begabung, die man beim Kanarienvogel am wenigsten voraussetzen sollte, ist in neuester Zeit bereits in einer beträchtlichen Anzahl von Fällen als unwiderleglich festgestellt worden. In Folgendem fasse ich nun nach meinem Buch „Der Kanarienvogel"*) mit einiger Erweiterung alle Nachrichten zusammen, welche bis jetzt in dieser Beziehung vorliegen, und mit großer Freude füge ich hinzu, daß ich so glücklich bin, von sprechenden Kanarienvögeln nach eigener Kenntniß berichten zu können. Am 23. April 1883 begab ich mich zu Frau Geheimrath Gräber in Berlin, um ihren kleinen gefiederten Sprachkünstler zu hören und zu sehen. Die Dame empfing mich mit dem Bedauern, daß ich wol vergeblich gekommen sein werde, denn der Vogel scheine heute nicht sprechen zu wollen. Inzwischen erzählte sie mir, daß sie ihn seit drei Jahren besitze und als ganz junges Vögelchen erhalten habe. Nachdem er recht hübsch gesungen, sei er, wahrscheinlich infolge der naturgemäßen Mauser, verstummt. Da dies lange gedauert, so habe sie recht oft zu ihm gesprochen: ‚Sing' doch, sing' doch, mein Mätzchen, wie singst du? widewidewitt!' Sie können sich denken, fuhr sie fort, welche Ueberraschung es mir gewährte, als der Kanarienvogel zum erstenmal die Worte, welche ich ohne jede Ab-

*) Sechste Auflage (Magdeburg 1889).

sicht zu ihm gesagt, nachplauderte. Ich traute meinen Sinnen kaum und konnte mich anfangs garnicht darin finden. Als ich es meinem Mann mittheilte, meinte er, laß' es nur keinenfalls vor anderen Leuten verlauten, damit wir nicht ausgelacht werden; wir hatten uns nämlich vor kurzem über die Behauptung, daß Jemand einen Kanarienvogel sprechen gehört habe, höchlichst lustig gemacht. Während die Frau Geheimrath mir diese Auskunft gab, sich dann an den Vogel wandte und die erwähnten Worte an ihn richtete, fing er an, eifrig zu schmettern, und mitten im Gesang erklang es: „widewidewitt, wie singst du, mein Mätzchen? singe, singe, Mätzchen, widewidewitt!" Immer und immer wiederholte er und deutlicher und klarer konnte ich die Worte verstehen, bis die Frau Geheimrath zuletzt lachend äußerte, es scheint, als ob er sich vor Ihnen so recht hören lassen will, denn so viel und eifrig hat er seine Kunst seit langer Zeit nicht geübt. Es war ein kräftiger, schlanker, hübscher, wenn auch nicht regelmäßig gezeichneter Vogel von der gewöhnlichen deutschen Rasse, der durch ungemein lebhaftes Wesen und rasche Bewegungen auffiel. Sein Gesang war kunstlos, doch keineswegs gellend und unangenehm. Unsere anspruchsvollen Liebhaber des Harzer Hohlrollers würden ihn freilich einfach als „Schapper" abgefertigt haben. Er sprach übrigens nur zu seiner Herrin und war nicht zahm, sondern im Gegentheil gegen jeden Andern sehr scheu. Indem er aber unermüdlich sein „widewidewitt, wie singst du, mein Mätzchen, singe, singe, Mätzchen" wiederholte, fand ich bald eine Erklärung dafür, weshalb dieser gefiederte Sänger nur seiner Herrin gegenüber die menschlichen Laute nachahmte. Ihre ungemein klangvolle, melodische, gesangsfertige Stimme übte die Wirkung auf ihn aus. Uebrigens brachte der Kanarienvogel die Worte nicht gegliedert redend, mit menschlichem

Ton, hervor, sondern er wob sie mitten in den Gesang hinein. So erklangen sie ganz harmonisch, und im ersten Augenblick mußte man aufpassen, um das ‚widewidewitt, wie singst du, mein Mätzchen‘, zu verstehen; dann aber wurde es immer deutlicher, und ich hätte wirklich garnicht zu wissen gebraucht, wie es lauten sollte, denn ich hörte und unterschied es mit voller Bestimmtheit.

Als die verschiedenen anderen bisher bekannten Fälle, in denen der Kanarienvogel menschliche Worte nachahmen lernte, muß ich die folgenden mittheilen. Bereits i. J. 1868 schrieb Herr Dr. Wilhelm Lühder über einen sprechenden Kanarienvogel in Berlin. Derselbe gehörte Frau Professor Teschner und wiederholte immer die Worte: ‚wo bist du denn, mein liebes Mätzchen, mein liebes Mätzchen, wo bist du?‘ so deutlich, daß der Zuhörer anfangs glaubte, sie würden von einem im Zimmer spielenden Kinde ausgesprochen. Ebenfalls im Besitz einer Dame befand sich in Braunschweig i. J. 1878 ein Kanarienvogel, der nach Angabe des Herrn Pastor A. S. dort in seinen Gesang die Worte: ‚bist du denn mein liebes Tipperchen? bist du denn mein Hänschen? mein liebes kleines Thierchen, mein Hänschen, mein Hänschen!‘ verwebte. Dieser Vogel zeigte noch den Vorzug, daß er auch zu jedem Fremden auf den Finger kam, sang und sprach. Sodann hat Herr Pastor Karl Müller den Kanarienvogel der Schauspielerin Fräulein Pauli in Kassel gehört und zu Anfang d. J. 1883 von ihm erzählt. Dieser gab auf Zusprechen der Besitzerin folgende Worte wieder: ‚wo ist er denn, der liebe, kleine, süße Bijou, wo ist er denn, was willst du denn, so singe doch!‘ Ferner berichtete die Londoner Zeitung „The Times" i. J. 1882, daß zu Scraps-gate bei Sheerneß ein Schafhirt namens Mungeam einen Kanarienvogel habe, welcher Worte und ganze Sätze deutlich sprach. Manchmal schalte er die Worte in den Gesang ein, aber dieselben lauteten deutlicher, wenn er spreche, ohne zu singen, was er auch oft thue. Seltsamerweise behauptete das Weltblatt noch damals, dieser Kanarienvogel sei der erste, welcher sich als sprachbegabt ergeben habe. Im Jahre 1885 theilte mir Herr P. J. Böwing in Kopenhagen mit, er habe ein Kanarienhähnchen von gemeiner Rasse und im Alter von 6 Jahren sprechen gehört und zwar die Worte: „die Mutter des kleinen Piepchens ist süß". Dieser Vogel im Besitz der Frau J. Schmidt in Kopenhagen wurde auf der ersten internationalen Geflügel= und Vogelausstellung dort im Juli desselben Jahres mit einer silbernen Medaille ausgezeichnet, da er die erwähnten dänischen Worte eingeflochten in seinen Gesang deutlich hervorbrachte. Ich habe als Preisrichter dort auch ihn singend reden gehört. Schließlich hat im Gegensatz zu jener Angabe in den „Times" Herr S. Leigh Sotheby in den „Proceedings of the Zoological Society of London" i. J. 1858 bereits über einen sprechenden Kanarienvogel einen Bericht gegeben, aus welchem ich Nachstehendes entlehne: „dieser Vogel war aus der Hand aufgepäppelt und sein erster Gesang war ganz verschieden von dem, welcher den Kanarienvögeln sonst eigenthümlich ist. Man redete beständig mit dem Vogel und als er ungefähr drei Monate alt war, setzte er eines Tags seine Herrin dadurch in Erstaunen, daß er die Liebkosungen, welche man ihm sagte, wie z. B. ‚Kissie, Kissie' (Küßchen, Küßchen) nachsprach und den bezeichnenden schmatzenden Laut dabei hervorbrachte. Nach und nach lernte das Vögelchen noch andere Worte dazu, und jetzt vergnügt es uns durch die Art und Weise, wie es die verschiedenen Worte nach seinem Geschmack stundenlang (ausgenommen während der Mauser) in verschiedenen Verbindungen und so deutlich, wie sie die menschliche Stimme nur hervor=

bringen kann, vorträgt: ‚Dear, sweet Titchie' (lieber, süßer Titschie [sein Name]), ‚Kiss Minnie' (küsse Minchen), ‚Kiss me then, dear Minnie' (küsse mich doch, liebes Minchen), ‚Sweet pretty, little Titchie' (süßer, hübscher, kleiner Titschie), ‚Kissie, kissie, kissie' (Küßchen, Küßchen, Küßchen), ‚Dear Titchie' (lieber Titschie), ‚Titchie wee, gee, gee, gee, Titchie, Titchie'. Der gewöhnliche Gesang dieses Vogels gleicht mehr dem der Nachtigal und er ist manchmal vermischt mit dem Laut der Hundepfeife, welche im Hause verwendet wird. Er flötet auch sehr deutlich die erste Strofe von ‚God save the Queen'. Es bedarf kaum der Erwähnung, daß der Vogel sehr zahm ist, auf meinen Finger fliegt und hier jauchzt und schwätzt. Unser Freund, Mr. Waterhouse Hawkins, der den Vogel gehört hat, erzählte mir, daß schon vor ungefähr 20 Jahren ein Kanarienvogel, der einige Worte sprach, in Regentstreet in London ausgestellt war". Auf diese Mittheilung in der genannten Zeitschrift machte mich Mr. J. Abrahams, Inhaber der bekannten Vogelgroßhandlung in London, aufmerksam und sandte sie mir für die „Gefiederte Welt", indem er hervorhob, daß den Engländern, bei denen es mit der Vogelliebhaberei im allgemeinen so schlecht bestellt sei, doch der Ruhm nicht abgesprochen werden dürfe, den ersten sprechenden Kanarienvogel besessen zu haben. Beachtung verdient die Thatsache, daß wir gerade diesen kleinen gefiederten Sprecher in drei Sprachen abgerichtet vor uns haben.

* *

Der Dompfaff [Pyrrhula europaea, *Vieill.*] **als Sprecher.**

Den Beschluß in der langen Reihe der hierher gehörenden gefiederten Sprecher macht ein Vogel, welchen wir erst kürzlich von dieser Seite her kennen gelernt haben und zwar der europäische Gimpel oder Dompfaff. Im Jahre 1886 berichtete mir Herr Studiosus G. Risius, daß seine Mutter in Bremerhaven ein Gimpelweibchen im Besitz einer Frau dort gesehen und gehört habe, welches einige Worte deutlich aussprechen könne. Eine zweite derartige Mittheilung machte mir Herr Theodor Franck in Barmen. Dieser letztere schrieb: „Ich erhielt den Gimpel noch jung, aber angeblich ‚ausgelernt‘, sodaß er „Frisch auf zum fröhlichen Jagen" und eine kurze Walzermelodie pfeife. Wie sich dann herausstellte, hatte der Lehrmeister, ein Arbeiter, den Vogel zu früh verkauft, denn er war noch keineswegs fest in der Abrichtung, und außerdem zeigte er den großen Fehler, sog. zwei Stimmen oder eigentlich gar drei zu haben. Oft begann er sein Lied im tiefen Ton, um dann nach zwei Strofen stecken zu bleiben, dies mehrmals wiederholend, bis er endlich, in einem um eine Oktave höhern Ton einsetzend, das Lied ganz durchpfeifen konnte. Anfänglich habe ich mich über diese Stümperhaftigkeit und die Unzuverlässigkeit des Verkäufers geärgert, denn der letzte hatte mir den Vogel als durchaus fehlerfrei angepriesen. Niemals hätte ich geglaubt, daß sich der kleine Künstler ganz von selber seinen Hauptfehler, die zwei Stimmen, völlig abgewöhnen und mir schließlich durch seine anderweitige außerordentliche Gelehrigkeit noch viele Freude machen würde. Er flötet jetzt seine Melodie stets in einer Tonart durch, wenn auch nicht besonders kunstvoll. Was ihn mir aber besonders lieb und werth gemacht hat, ist Folgendes. Ich hatte den Gimpel in meinem Schlafzimmer hängen, wo er von mir und auch von meiner Frau häufig im freundlichen Ton angesprochen wurde: ‚Männeken, bist du da?‘ oder ‚Sei wacker, Männeken, wacker‘. Der letzte Zuspruch ist bei den Leuten in der hiesigen Gegend, welche Dompfaffen abrichten, sehr gebräuchlich. Diese Worte aber hat der Vogel mit nach und nach zunehmender Deutlichkeit sprechen gelernt. Ich habe während der letzten zwölf Jahre sehr viele ‚gelernte' Dompfaffen gehabt, doch ist mir solche Sprachbegabung noch nicht vorgekommen, und ebensowenig habe ich von allen mir bekannten Liebhabern dieser Vögel dasselbe oder Aehnliches erfahren können". In anbetracht dessen, daß ja gerade der Gimpel in einer Hinsicht, nämlich der, Liederweisen nachflöten zu lernen, bekanntlich sehr hoch steht, würden wir uns über die zweite Begabung, auch Worte nachsprechen zu lernen, eigentlich nicht so sehr zu wundern brauchen. Wenn der Gimpel nun in dieser Weise, also als gefiederter Sprecher, der Liebhaberei häufiger zugänglich wäre, so würde er dadurch selbstverständlich einen noch ungleich höhern Werth erreichen und auch mit desto größerm Eifer und Erfolg aus den Nestern geraubt und aufgezogen werden, denn man könnte ja vielleicht die Vögel, welche sich nicht zum Nachflötenlernen geeignet zeigen, also die sog. ‚Stümper', vortheilhaft zum Nachsprechenlernen ausbilden. Man würde dann wahrscheinlich die Züchtung dieser Art in Käfigen oder Vogelstuben mit noch viel größerm Eifer und Erfolg als bisher betreiben, um nicht allein zur Abrichtung vorzugsweise geeignete werthvolle Vögel zu gewinnen, sondern auch, um dem Mangel, der an Gimpelnestern in den meisten Theilen Deutschlands bereits immer fühlbarer hervortritt, entgegenzusteuern*).

---

*) Näheres über Gimpel=Aufzucht und =Abrichtung ist in meinem „Handbuch für Vogelliebhaber" II (‚Einheimische Stubenvögel') zu finden.

Pflege, Behandlung und Abrichtung der sprachbegabten Vögel.

Fang. Um einen Vogel zu besitzen, bzl. uns an ihm zu erfreuen, müssen wir ihn nothwendigerweise erst zu erlangen suchen und zwar entweder durch Fang oder Aufzucht, abgesehen davon, ob der Liebhaber persönlich ihn fängt, bzl. aufzieht oder ihn ankauft. Gezwungenermaßen muß ich daher, wenigstens im allgemeinen, auch etwas über die Mittel und Wege sagen, mithilfe derer wir uns den zum Sprechenlernen fähigen, bzl. sprachbegabten Vogel zu verschaffen vermögen.

Bei allen Rabenvögeln ist der Fang bedingungsweise der leichteste und wiederum der schwierigste, den man sich denken kann. Infolge ihrer reichen geistigen Begabung, Klugheit und Schlauheit sind sie in den meisten der gebräuchlichen Fangvorrichtungen nur schwierig oder garnicht zu überlisten; eine eigentliche Krähe oder Elster wird auf einem Schlingenbrett, einer Leimrute, in einem Schlagnetz u. a. sich kaum fangen lassen, auch schon deshalb nicht, weil sie doch zu groß und kräftig für diese Fangvorrichtungen ist. Ueberaus leicht aber geht sie auf ein Tritteisen, weil sie nämlich wiederum in ihrer frechen Dreistigkeit sich nicht fürchtet und bekanntlich oft nur schwer vertrieben werden kann, wo sie Schaden verursacht. Um eines alten Raben, einer ebensolchen Krähe, Dohle, Elster u. a. habhaft zu werden, ist bei Schnee das Auslegen eines Tritt- oder Tellereisens am aussichtsreichsten. Den fast überall bereits recht seltnen Raben kann man mit demselben allerdings nur zufällig neben einem auf dem Feld liegenden Aas erlangen, und sein Fang wird nur zu sehr erschwert dadurch, daß die vielen Raben- und Nebelkrähen nebst Elstern die Tritteisen, selbst wenn man deren mehrere hier auslegt, bald für jenen unschädlich machen, indem sie sich darin fangen. Um einen alten großen Raben zu bekommen, muß man mindestens ein halbes Dutzend und wenn möglich noch mehrere gut angekettete kleine Tritteisen auslegen und zwar rings um das Aas nach allen Seiten hin. Wenn dann in einem Eisen, bald im nächsten und noch einem Krähen oder Elstern sich fangen und der ganze Schwarm einen entsetzlichen Lärm erhebt und die gefangenen schreiend umflattert, so schreckt das den Raben durchaus nicht ab. Unbekümmert um den Lärm schreitet er von der andern Seite heran, und wenn er dort allerdings nur zufällig gerade nach dem Tellereisen hin kommt, so glückt der Fang wol, und ein geschickter, reich erfahrener Fänger kann günstigenfalls neben drei bis vier Krähen auch einen Kolkraben als Beute heimbringen.

Seit altersher ist der sog. lustige Krähenfang bekannt, welcher in folgender Weise betrieben wird. Düten von starkem Papier in der Größe, daß der Kopf einer Krähe gerade hineinpaßt, werden innen mit Vogelleim bestrichen und nachdem auf den Grund einer jeden ein Stück frisches Fleisch hinabgeschoben ist, werden sie soweit in den Schnee gesteckt, daß gerade der Rand mit der Schneedecke gleich ist. Wenn die Krähe nun das Fleisch erlangen will, muß sie mit dem Schnabel in die Düte hinabstoßen, wobei das leimbestrichne Papier ihr am Kopf kleben bleibt und die Augen verdeckt. Noch ein andrer sog. lustiger Fang beruht darin, daß man eine Krähe und zwar eine möglichst frisch gefangne, kürzlich erlangte, auf den Rücken legt und so festbindet, daß sie beide Füße frei hat. Auf ihr Geschrei hin kommen sodann zahlreiche Genossen von weit und breit herbeigesegelt und die Schreierin packt gleichsam in Verzweiflung eine oder wol gar mit jedem Fuß eine andre Krähe und hält sie so fest, daß man dieselben ergreifen kann. Da aber in diesen beiden Fangweisen, namentlich in der letztern, doch arge Thierquälerei liegt, so will ich sie meinerseits selbstverständlich nicht empfehlen; anführen mußte ich sie natürlich.

Jeder Fang von Krähenvögel=Wildlingen hat etwas mißliches, denn zunächst ist er, wie erwähnt, schwierig, zu=

mal überall dort, wo die betreffenden Schwarzröcke bereits scheu gemacht worden, und sodann muß man befürchten, daß bei der einzigen ergibigen Fangweise mit dem Tritt- oder Tellereisen, den Vögeln die Füße zerschlagen oder daß sie sonstwie beschädigt werden; schließlich hört er auch nach den ersten guten Erfolgen in der Regel ganz von selber auf, weil die Gesellschaft nur zu bald mißtrauisch geworden ist.

Eigentlich hängt die Erlangung eines der selteneren und werthvollen Rabenvögel lediglich oder doch meistens vom Zufall ab. So habe ich einen sehr großen alten Raben einmal dadurch bekommen, daß er an einen für den Fuchs gelegten Schwanenhals sehr scheu und vorsichtig gegangen war und daß das zuklappende Eisen ihn bei behendem hurtigem Entweichen doch noch an einer Flügelspitze gefaßt hatte. Eine Elster ging bei tiefem Schnee in eine für einen Marder gestellte Kastenfalle, wol weil sie dieselbe für eine hoch überschneite Wasserrinne hielt. Eichelheher sowol als auch Tannenheher fängt man nicht selten in den Dohnen und wenn man diese regelmäßig und früh genug absucht, so sind die Heher meistens auch noch lebendig, indem sie sich nicht in so einfältiger Weise wie die Drosseln zutode zappeln oder den in der Schlinge steckenden Flügel oder Ständer ausrenken, sondern sich, sobald sie durch die Schlinge gefesselt sind, ruhig auf den Bügel setzen und abwarten. In nicht seltenen Fällen bekommt man gute Rabenvögel aller Arten dadurch, daß sie zufällig flügellahm oder sonstwie leicht angeschossen werden, in Besitz. Man hat dann weiter nichts zu thun, als die Wunde gut auszuwaschen und allenfalls mit Bleiwasser zu kühlen. Im übrigen bilden die daran haftenden Federn von selber einen Verband, welcher die Blutung stillt, während auch bald eine gute und gesunde Heilung eintritt. Kleinere, zumal fremdländische Krähenvögel fängt man allerdings auch mit Leimruten, Schlingen, Schlagnetzen, und dabei ist im allgemeinen nur dasselbe zu beachten, was für den derartigen Vogelfang überhaupt gilt. Weitere Fangweisen, vermittelst derer man sich der Raben, Krähen, Elstern, Heher u. a. leicht und sicher bemächtigen könnte, vermag ich nicht anzugeben — und dies ist ja auch garnicht nöthig, denn die alteingefangenen Krähenvögel sind zwar keineswegs so störrisch und ungebehrdig wie die Wildfänge aus vielen anderen Familien, jedoch für die Abrichtung beiweitem nicht in dem Grad zugänglich wie die aus dem Nest gehobenen und aufgefütterten Vögel.

Wie die Starvögel den Rabenartigen im Körperbau ungemein ähnlich sind — sodaß manche Vogelkundigen sie neuerdings ohne weitres im System jenen anreihen — so gleichen sie ihnen vielfach im Wesen und in der ganzen Lebensweise. Dies kommt sodann auch bei ihrem Fang zur Geltung. Das inbetreff desselben bei den Krähenvögeln Gesagte gilt somit auch von ihnen, nur mit dem einen Unterschied, daß wir bei ihnen doch mehr bestimmte Fangweisen und gewöhnlich größere Fangergibigkeit vor uns sehen. Als kluger Vogel vermag der europäische Star Schlingen, Leim und Netz wol meistens zu vermeiden, zumal überall dort, wo er es merkt, daß man ihn überlisten will. Aber an andrer Stelle läßt er sich auch wiederum nur zu leicht fangen; in die Fischreuse, die er überall in den Sträuchern am Wasser, wenn sie zum Trocknen aufgehängt wird, vor sich sieht, und die ihm also bekannt ist, geht er ohne weitres hinein, während ihn ein Schlagnetz mit so großem Mißtrauen erfüllt, daß er ihm nur selten nahe genug kommt, ebensowenig wie der Leimrute, die er vom harmlosen Strauch auch sicher zu unterscheiden vermag. Nur in einer Hinsicht zeigt er sich verschieden von den Krähen: jene lassen sich bekanntlich durch Hunger keineswegs leicht verlocken, der Star dagegen fällt dann dem Vogelfänger nur zu bald anheim. Wie die meisten Krähenvögel ist auch der Star sodann als Wildfang kaum oder garnicht, sondern nur als aufgepäppelter Vogel zur Abrichtung tauglich.

Soweit wir den Fang der fremdländischen Stare kennen, vornehmlich der amerikanischen Arten, wissen wir, daß sie je nach den Gattungen, bzl. ihrer Klugheit entsprechend, verschiedenartig gefangen werden. Bei den Nordamerikanern kann vom Einzelfang eines etwa besonders werthvollen Vogels keine Rede sein, sondern sie werden vielmehr gewöhnlich in ganzen Flügen zusammen vermittelst großer Netze überlistet. Dies bezieht sich allerdings in der Hauptsache auf jene Starvögel, welche man ihrer Geselligkeit halber, bzl. wegen des Herumschweifens in vielköpfigen Schwärmen, als Hordenvögel bezeichnet, während die Arten, welche mehr einzeln, bzl. parweise leben und sich durchgängig als geistig reicher begabt zeigen, wie die Kassiken, Trupiale u. a. in Süd- und Mittelamerika, dann die asiatischen Beos oder Mainaten u. a. dementsprechend auch dem Fänger fast nur einzeln oder höchstens in kleinen Flügen auf Leimruten oder im Netz zur Beute werden. Hierin liegen also im allgemeinen wenigstens, wie im Wesen und in der Lebensweise überhaupt so auch im Fang, die wichtigsten Unterschiede begründet. Alle Starvögel, auch die letzterwähnten, streichen zu Zeiten familien- und schwarmweise umher und dann werden sie beiläufig gefangen. Für den Selbstfänger, bzl. den Liebhaber, welcher einen oder einige Stare, gleichviel von welchen Arten, erlangen will, ist immer der Fang mit Leimrute, Schlingen oder Schlagnetz als am zuverlässigsten zu empfehlen.

Hinsichtlich des Fangs der noch übrigen sprachbegabten

Vögel habe ich nichts mehr hinzuzufügen; beim Kanarien=
vogel kann von demselben überhaupt keine Rede sein, ge=
fangene Dompfaffen sind für unsern Zweck nicht zu brauchen,
denn nur der aufgepäppelte Gimpel ist abrichtungsfähig,
und schließlich wird sicherlich bei den noch im ganzen sehr
fragwürdigen Sprechern: Steindrossel und Amsel, das
Gleiche der Fall sein.

Wenden wir uns nun der **Eingewöhnung** aller
hierhergehörenden Vögel zu, so sehen wir zu unserer Freude,
daß sie alle ohne Ausnahme auch in dieser Hinsicht als
rühmenswerth vor anderen dastehen. Bei den eigentlichen
R a b e n und K r ä h e n obwaltet in dieser Hinsicht nicht die
geringste Schwierigkeit. Gleichviel auf welchem Wege solch'
Vogel eingefangen worden, er ist nicht unbändig und
stürmisch, er fügt sich vielmehr bald in sein Schicksal und
tobt nicht lange, sondern er beruhigt sich, schaut sich mit
klugen Blicken um und geht bald an das Futter. Je
klüger ein Krähenvogel überhaupt ist, desto weniger Mühe
verursacht er in dieser Hinsicht. Ausnahmen von dieser
Regel machen allerdings manche Arten der H e h e r und
E l s t e r n und zwar ebensowol einheimische als fremdländische.
Selbst der gemeine, sonst doch so dreiste und kecke Eichel=
heher ist, wenn alt eingefangen, so unvernünftig stürmisch,
daß er dem Liebhaber das Vergnügen an seiner schönen
Färbung nur zu leicht verleidet, indem er sich bald das
Gefieder arg zerstößt, sodaß er unansehnlich und erbärm=
lich aussieht. Die einzige Vorsorge, welche man zu stürmi=
schen Hehern und Elstern gegenüber treffen kann, ist die,
daß man ihnen einen Käfig gibt, in welchem sie sich durch=
aus nicht zu beschädigen und das Gefieder wenigstens nur
in verhältnißmäßig geringem Maß abzustoßen vermögen.
Als solche Käfige bezeichne ich vornehmlich die sog. Metall=
rohrbauer der Käfigfabrik von A. Stüdemann=Berlin, auf

die ich weiterhin eingehend zurückkommen werde; auch ein einfacher Kistenkäfig, indessen nicht mit gewöhnlichem dünnen und scharfen, sondern gleichfalls starkem, gut verzinntem Stabdrahtgitter, an welchem so leicht keine Beschädigung vorkommen kann, ist empfehlenswerth.

Als Eingewöhnungsfutter muß man natürlich, wie bei allen anderen Vögeln, so auch bei den Rabenartigen möglichst immer das darreichen, wovon sie sich einerseits im Freileben überhaupt ernähren und was sie andrerseits vorzugsweise gern fressen. Wiederum hat es damit bei den eigentlichen Raben keine Noth, denn sie gehen entweder als Allesfresser, wie die Raben- und Nebelkrähen, an jede Nahrung, die ihnen geboten wird oder sie fressen, wie der Kolkrabe, fast ausschließlich Fleisch. Zur besondern Aufmunterung, bzl. Anregung, wenn solch' Vogel unpäßlich ist und etwa nicht recht fressen will, ist nichts geeigneter, als lebendes Fleisch, d. h. also eine Maus oder ein Sperling, im Nothfall und bei werthvollen Arten auch wol eine Taube, ein Kaninchen u. a. Alle diese Thiere mag man, um Thierquälerei zu vermeiden, immerhin tödten, jedenfalls aber muß man sie den Krähenvögeln sogleich ganz frisch, wenn möglich noch warm, vorwerfen.

Wiederum ganz Gleiches zeigt uns die Eingewöhnung der Starvögel. Ein Starwildling, gleichviel auf welche Weise er in unsern Besitz gelangt ist, wenn er zu den Arten, bzl. Gattungen gehört, welche wir hier zu berücksichtigen haben, wird niemals größere Schwierigkeit in dieser Hinsicht verursachen. Er fügt sich, geht unschwer ans Futter und hält sich dementsprechend auch verhältnißmäßig gut. Etwas abweichend zeigen sich jene Starvögel, welche wie erwähnt an geistiger Begabung zurückbleiben; während sie uns in dieser Hinsicht Mühe machen würden, kommen sie hier ja nicht in Betracht, und ich brauche sie also nicht näher zu besprechen.

Auch den Staren spendet man zur Eingewöhnung am zweckmäßigsten lebendes Gethier, indessen selbstverständlich nur kleines, also allerlei Käfer, Schmetterlinge, Heuschrecken, Raupen u. a. m. Mit denselben und sodann mit frischen Ameisenpuppen gewöhnt man sie an ein Mischfutter, welches, gleichviel, woraus es bestehen mag, für sie auf die Dauer immer am zuträglichsten sich zeigt. Näheres über dasselbe werde ich wiederum weiterhin mittheilen. — Auch hinsichtlich der Eingewöhnung habe ich erklärlicherweise über Amsel, Steindrossel, Gimpel und den Kanarienvogel nichts mehr zu sagen.

Aufpäppeln. Inanbetracht dessen, daß das Nesterausrauben bei allen Rabenvögeln überhaupt, vielleicht mit alleiniger Ausnahme der Dohle und Satkrähe, durchaus kein Unrecht birgt, indem man vielmehr im Gegentheil — ich brauche hier nicht nochmals zu erörtern, ob mit oder ohne Berechtigung — sie allesammt für überwiegend schädlich hält, kann und muß ich zum Ausheben ihrer Nester für den Zweck des Aufziehens und Abrichtens der Jungen nur entschieden anregen. Für die Liebhaberei liegt darin sogar ein mehrfacher Vortheil. Abgesehen, wie gesagt, davon, ob das Nesterzerstören dieser Schwarzröcke wirklich für die Landwirthschaft und andere menschliche Kulturen vortheilhaft sei oder nicht, ist die Erlangung aus dem Nest geraubter Krähenvögel für die Liebhaberei von folgenden Gesichtspunkten aus wünschenswerth.

Zunächst lassen sich die jungen Krähenvögel allesammt leicht erhalten und aufbringen. Ihre Ernährung ist durchaus keine schwierige, sodann gedeihen sie, im Gegensatz zu fast allen anderen aufgepäppelten Vögeln, gut und entwickeln sich stets gesund und lebenskräftig; vorausgesetzt freilich, daß sie entschieden sachgemäß behandelt werden; schließlich aber zeigen sie sich natürlich der Zähmung, vornehmlich der Abrichtung, beiweitem mehr zugänglich als die Wildfänge.

Jede Brut junger Krähenvögel, gleichviel welche, braucht man nicht eigentlich zu päppeln oder zu stopfen; sie verschlingen vielmehr, selbst wenn sie noch ganz klein sind, das ihnen vorgeworfne naturgemäße Futter ohne weiteres. Anfangs gibt man ihnen mancherlei möglichst weiche Kerbthiere, jedoch nicht zu fette und noch weniger rauh beharte Raupen; am wohlthätigsten für sie sind in den ersten Tagen Engerlinge oder Maikäferlarven und allerlei andere ähnliche Kerbthiere, besonders Maden, wenn man die Ausgabe nicht scheut, frische Ameisenpuppen, namentlich die ganz großen; je mehr sie heranwachsen, desto größere und derbere Kerbthiere dürfen sie bekommen und bald massenhaft große Brummfliegen, Heuschrecken, Maikäfer u. a., von denen man anfangs die Köpfe und Flügel und thunlichst auch den Panzer abgerissen hat. Sehr zuträglich sind für die noch ganz jungen Krähenvögel auch nackte Schnecken, wie überhaupt Weichthiere aller Art und sodann ganz kleine Fische. Schon im Alter von 14 Tagen bis drei Wochen beginnt man allmählich mit Zugabe von frischem, rohem Fleisch, und weiterhin gewöhnt man sie an gekochtes Fleisch, bald ebenso an Brot, Gemüse, gekochte Kartoffeln und andere menschliche Nahrungsmittel. Nur vermeide man jegliches Fett und selbstverständlich stark gesalzene, scharf gepfefferte und sehr saure menschliche Speisen. Bei dieser Auffütterung ist es aber, das wolle man nicht außer Acht lassen, eine große Hauptsache, daß man die jungen Krähenvögel soviel als möglich an die freie Luft bringe und ihnen ausreichende Bewegung gönne. Beim freien Aus- und Einfliegen gedeihen sie stets am besten. Zum vollen Wohlsein gehört auch, daß man hin und wieder eine frisch getödtete Maus oder einen geschoßnen Sperling gebe —

allerdings darf dann aber ein so ernährter gefiederter Sprecher späterhin nicht auf dem Geflügelhof, wo junge Hühner u. a. vorhanden sind, sein Wesen treiben.

Beim Aufpäppeln junger Starvögel ist zunächst sorgsam zu beachten, daß dieselben einerseits nicht bereits zu alt seien, weil sie dann wol störrisch sich zeigen und nicht mehr gut sperren und daß sie andrerseits auch nicht zu jung seien, weil sie sonst leicht erkältet, überfüttert oder sonstwie krankhaft werden und zugrunde gehen. Kantor F. Schlag in Steinbach-Hallenberg, der gerade auf diesem Gebiet vielerfahrene Vogelwirth, gibt für das Aufpäppeln folgende Anleitung: „Wenn die Herren Gebrüder Müller behaupten: ‚der äußerst aufmerksame, anstellige und pfiffige Star lernt bald allein fressen‘, so habe ich bis jetzt immer gerade die gegentheilige Erfahrung gemacht. Lieber will ich zwanzig junge Dompfaffen als zwei bis drei Stare aufpäppeln. Sind diese Vögel noch nicht zu groß, dann sperren sie ja wol leicht und gern, aber mit dem Wachsthum steigert sich auch ihr Trotz und ihre Ungezogenheit. Sie springen an und auf das Futterlöffelchen und werfen nur zu oft das Futter heraus auf den Käfigboden. Daneben muß man fast endloses Flattern und Kreischen mit ansehen und anhören, sodaß es kaum zu ertragen ist. Immerfort suchen sie sich zwischen den Drähten durchzuzwängen, und wenn der Käfig nicht sehr zweckmäßig eingerichtet ist, so zerstoßen sie sich in arger Weise das Gefieder und beschädigen sich auch wol noch anderweitig ernstlich. Je älter sie werden, desto größere Schwierigkeiten verursachen sie. Nicht selten habe ich den bereits nahezu ausgewachsenen Staren die Schnäbel gewaltsam aufbrechen müssen, um ihnen das Futter beizubringen, und nur durch Hungerkur konnte ich sie endlich zum Selbstfressen führen. Kaum zehn Köpfe vom Hundert haben bei mir leicht und schnell selbst fressen gelernt. Mit betäubten, doch noch lebenden Fliegen, Ameisen, Käferchen u. drgl., welche ich aufs Futter streute, brachte ich sie endlich dahin, daß sie nach dem Futter pickten und schließlich dieses selbst an- und aufnahmen. Mit einem Wort: der Vogelliebhaber, welcher Stare aufzieht, muß böse 6—8 Wochen durchmachen, ehe die Vögel ruhiger, verständiger und zutraulicher werden. Nebenbei habe ich noch darauf hinzuweisen, daß die Entlerungen der jungen Stare sehr massenhaft und von üblem Geruch sind. Erst im Alter von 8 Wochen werden die jungen Vögel ruhig, zutraulich und förmlich anständig. Dann kennen sie den Pfleger an der Sprache — selbst am Husten — und sobald sie im Morgengrauen dies oder das von mir hören, antworten sie sogleich mit lauten mehrmaligen Rufen".

Inbetreff der eigentlichen Aufpäppelung der jungen Stare ist folgendes zu beachten. Zunächst soll man sie, wie schon erwähnt, so früh wie möglich, also, wenn die Kiele an den Flügeln durchbrechen, aus dem Nest nehmen. Je zeitiger dies geschieht, desto weniger Schwierigkeit machen sie zunächst, desto sorgsamer müssen sie aber auch behandelt werden. Da der Star zu den Höhlenbrütern gehört und seine Brut also verhältnißmäßig dunkel sitzt, so setzt man sie in ein passendes Kästchen, welches mit einem durchlöcherten Deckel verschlossen wird; wählt man eine Zigarrenkiste, so muß dieselbe vorher jedenfalls durch Ausbrühen und Lüften vom Tabaksgeruch befreit sein. Zum Nest mache man ihnen keinenfalls eine weiche filzige Unterlage zurecht, sondern man hole entweder aus dem Astloch, falls irgend möglich das alte eigentliche Nest heraus oder man richte ein gleiches oder doch wenigstens ähnliches Genist her; über den Nestbau des Stars ist S. 138 nachzulesen. Solange die Jungen klein sind, deckt man sie mit einer

Schicht Watte lose zu. Künstliche Erwärmung durch Aufsetzen des Nests, bzl. des Kistchens auf einen Topf mit heißem Wasser halte ich selbst bei sehr kühler Witterung für überflüssig und sogar für schädlich. Mit Berechtigung ist darauf hingewiesen, daß man die jungen Stare, zumal wenn sie noch ganz klein sind, keinenfalls sogleich mit Päppelfutter versorgen soll, sondern daß man ihnen vielmehr zuerst, soweit es thunlich ist, frische Ameisenpuppen, nackte Räupchen und allerlei andere weiche Kerbthiere reichen muß; erst ganz allmählich wird dieses naturgemäße Futter, und zwar nach und nach immer mehr, mit dem Päppelfutter vermischt. Hier stellt sich dem Liebhaber abgerichteter Vögel stets eine große Schwierigkeit bedeutungsvoll entgegen; denn zunächst kann er über die Nothwendigkeit, Vögel aufzupäppeln und so aus der Hand zu erziehen, nicht hinauskommen, weil die Wildfänge eben zum Abrichten keineswegs tauglich sind, und sodann hat er immer die Gefahr vor sich, daß die jungen Vögel skrophulös werden, verkümmern und verkommen. Da heißt es, mit offnem Blick für die Natur des Thiers und zugleich mit gewissenhaftester Sorgfalt die Auffütterung zu unternehmen, weil sonst die bedauernswerthen Geschöpfe rettungslos zugrunde gehen. Sobald die jungen Stare mehr heranwachsen, immer mehr heißhungerig, bzl. gefräßig sich zeigen, wird man nothwendigerweise zu einem Päppelfutter greifen müssen. Dies besteht in Weißbrot in Milch erweicht und mit geschabtem Fleisch und später mit getrockneten Ameisenpuppen untermischt. Das Weißbrot (Semmel oder Wecken) muß natürlich gut ausgebacken, locker und sauber sein und darf nicht glitschig, sauer oder sonstwie schlecht erscheinen. Nach und nach setzt man auch verschiedene andere Futtermittel hinzu, so gekochtes Eigelb, späterhin gekochte Kartoffeln und fein gehacktes Grünkraut, bis man die jungen Vögel schließlich an ein Universalfuttergemisch aus Ameisenpuppen, Weißbrot und geschabtem Fleisch oder Quargkäse, auch wol ein wenig Kartoffeln dazu gewöhnt. Uebrigens sind die Meinungen hier noch sehr verschieden und die erfahrensten Vogelwirthe rathen, daß man bei der Auffütterung das Weißbrot und noch mehr die Kartoffeln ganz vermeiden, die jungen Vögel ausschließlich mit frischen Ameisenpuppen ernähren und dann an ein sog. Universalfuttergemisch gewöhnen soll. Ich kann dieser letztern Ansicht, bzl. Behauptung nur zustimmen, denn nach meiner Erfahrung werden die jungen Vögel stets um so eher dickbäuchig und elend, je mehr sie mit pflanzlichen Nahrungsstoffen, Kartoffeln u. a., gefüttert werden.

Das Verfahren des Aufpäppelns an sich ist beim Star, wie Schacht hervorhebt, ein mühsames, insofern als die jungen Vögel sich stürmisch und ungeschickt zugleich zeigen. Um die dadurch hervorgerufenen Beschwerlichkeiten möglichst zu umgehen, halte man an folgenden Regeln fest. Man füttere vormittags etwa halbstündlich bis ganzstündlich und nach= mittags alle zwei Stunden. Jedesmal reiche man jedem einzelnen solange als er irgend sperrt, und namentlich bei der letzten Fütterung abends suche man sie alle gut zu sättigen. Hält man das Kästchen, in welchem die jungen Vögel im Nest sitzen, geschlossen, sodaß sie also im Halb= dunkel sind, so sperren sie beim Oeffnen ganz von selber; sollten sie jedoch hartnäckig sein und nicht wollen, so kann man sie ohne Besorgniß zwei bis drei Stunden, doch sollte es niemals länger geschehen, hungern lassen. Wenn sie aber auch dann nicht sperren wollen, so muß man ihnen vermittelst eines glatten, schmalen, doch stumpfen Hölzchens den Schnabel öffnen und das Futter hineingeben, nach dem ersten oder doch zweiten Mal pflegen sie es von selbst zu nehmen. Das Päppeln geschieht entweder mit einem Holzlöffel= chen oder meistens mit einer löffelartig geschnittenen Federspule, deren scharfe Ränder man aber sorgfältig glätten muß, oder auch mit einer Futterspritze. Diese letztre stellt man her, indem man eine dünne Glasröhre, mit offner, sorgfältig stumpf geschmolzner Spitze wie eine Spritze mit einem Stempel versieht, sie mit dem weichen Päppelfutter füllt und, indem man ihre Spitze in den Schnabel des Vogels bringt, mit dem Stempel jedesmal so viel von dem Futter herausdrückt, als der kleine Pflegling zu schlucken vermag. Dies letzte Verfahren, zu welchem freilich viele Sorgfalt, Erfahrung und Uebung erforderlich sind, erscheint gerade den jungen Staren gegenüber am zweckmäßigsten, weil sich durch die Futterspritze allein der Uebelstand vermeiden läßt, daß die jungen Vögel beim stürmischen Anspringen das Futter hinabwerfen, sich das Gefieder und die Füße verunreinigen, kurz und gut, die Päppelung sehr beschwerlich machen. Natürlich müssen Futterlöffel, bzl. Spritze und alle Geräthe überhaupt aufs sorgsamste reinlich gehalten werden, denn durch die geringste Unsauberkeit, Säuerung oder sonstige Verderbniß des Futters wird Krankheit, Verkommen und Tod der jungen Vögel hervorgerufen. Außerdem ist auch reinliche Haltung überhaupt für die jungen Stare unbedingt nothwendig; der Pfleger muß ganz ebenso wie die alten Vögel die Entlerungen entfernen, und zugleich wolle er dann darauf achten, daß die Kothballen naturgemäß wie mit einem Häutchen überzogen aussehen; denn dies ist das hauptsächlichste sichre Zeichen voller Gesundheit der jungen Vögel. Sobald die letzteren flügge sind, d. h. also nicht mehr im Nest bleiben wollen, werden sie in einen möglichst geräumigen Käsig gebracht, der wie weiterhin angegeben wird einzurichten ist. Dann gewöhnt man sie auch an tägliches Baden.

Während es bei den nächstfolgenden sprachbegabten Vögeln ja leider überhaupt noch nicht mit voller Sicherheit feststeht, ob sie sprechen lernen können, wissen wir ebensowenig, ob die einzelnen Sprecher von diesen Arten, welche man beobachtet haben will, Wildfänge oder aufgezogene Vögel gewesen seien. Als am wahrscheinlichsten tritt uns aber von vornherein die Annahme entgegen, daß das erstere der Fall sei; die Amsel oder Schwarzdrossel wird überhaupt nur selten aufgepäppelt, und wenn dies auch mit der Steindrossel häufiger geschieht, so gleichen die in den Handel gelangenden Vögel dieser Art doch in jeder Hinsicht den Wildfängen, und das Rauben aus den Nestern wird viel mehr nur deshalb unternommen, um sie zu erlangen, als für den Zweck, daß man dadurch vorzugsweise gelehrige Vögel vor sich habe.

Was sodann den Gimpel anbetrifft, so zeigt sich derselbe bekanntlich nur als aufgepäppelter Vogel zum Nachflötenlernen von Liederweisen gefügig; da aber von den beiden Gimpeln, welche man bis jetzt als Sprecher kennt, wenigstens der eine ein Wildling gewesen, so ergibt sich daraus, daß die Nothwendigkeit für den Sprachunterricht, ebenso wie für die musikalische Abrichtung, durchaus einen aufgezogenen Vogel zu wählen, nicht feststeht. Lediglich von diesem Gesichtspunkt aus sehe ich davon ab, hier Anleitung zum Aufpäppeln des Gimpels zu geben. Die Liebhaber, welche in dieser Hinsicht Näheres erfahren wollen, bitte ich, in meinem „Lehrbuch der Stubenvogelpflege, Abrichtung und Zucht" die ausführliche Anleitung nachzulesen*). — Der Kanarienvogel schließlich wird überhaupt nicht aufgepäppelt, es sei denn, daß man ein Nest mit Jungen hat, welche das alte Weibchen schlecht oder garnicht füttert, sodaß man eingreifen muß; zum Zweck der Abrichtung aber

---

*) Auch sei auf das Büchlein „Der Gimpel oder Dompfaff" von F. Schlag (zweite Auflage, Magdeburg, Creutz'sche Verlagsbuchhandlung) hingewiesen.

geschieht es keinenfalls. Sämmtliche Kanarienvögel als Sprecher waren naturgemäß flügge gewordene Junge.

Ueberblicken wir alle aufgepäppelten Vögel, gleichviel aus welchen Familien, so tritt uns bei ihnen eine ungemein betrübende Erscheinung entgegen, nämlich die, daß die meisten solcher frühzeitig aus dem Nest gehobenen und künstlich aufgezogenen Pfleglinge elend zugrunde gehen. Viele erkranken skrophulös, bekommen dicke Bäuche und sterben frühzeitig, andere wachsen wol heran, bleiben aber für ihr ganzes Leben erbärmlich und krankhaft. Je mehr die Aufpäppelung künstlich geschieht, d. h. je weiter man dabei von der Natur abweicht, desto größer ist die Gefahr des Verkommens der Vögel. Vor allem habe ich immer die Erfahrung gemacht, daß die Mengung des Päppelfutters mit menschlichem Speichel vorzugsweise ungünstigen Einfluß auf das junge Gefieder äußert, und dieser kann unter Umständen so schwerwiegend sein, daß die Geschöpfchen garnicht lebensfähig sich zeigen. Glücklicherweise am allerwenigsten treten diese unheilvollen Erscheinungen bei den Krähen- und Starvögeln ein. Schon in den Darlegungen, welche ich inbetreff des Aufpäppelns im besondern gegeben habe, mußte ich beiläufig hierauf hinweisen; ebenso erfreulich als unwiderleglich können wir dies immer bestätigt finden, wenn wir junge Rabenvögel und junge Stare neben allen anderen aufgepäppelten Vögeln sehen; der Vergleich wird stets zu Gunsten der ersteren ausfallen. Trotzdem darf der Liebhaber auch ihnen gegenüber die Sache keinenfalls leicht nehmen. In der ganzen Behandlung und Verpflegung aller Vögel überhaupt gibt es nichts so Schwerwiegendes, wie das Eingreifen der Menschenhand in die Entwicklung und das Gedeihen des jungen Vogels von früher Jugend her. Man darf keinenfalls glauben, daß der Liebhaber seine Schuldigkeit voll oder auch nur genügend gethan habe, wenn er die Pfleglinge nach dem allgemeinen Gebrauch, oder im günstigern Fall nach der Anleitung eines guten Buchs, versorgt und behandelt hat; die Hauptsache ist vielmehr, daß er immerfort mit offenen Augen sich umschaue, eigene Erfahrungen zu gewinnen und diese zum Wohl seiner Pfleglinge selbst auszubauen suche. Wenn dies allenthalben zutreffend, so ist es nirgends bedeutungsvoller als bei den aus der Hand aufgepäppelten Vögeln: die geringste Vernachlässigung oder ein anscheinend unbedeutender Mißgriff, so namentlich die Gabe von säuerlich gewordnem oder sonstwie verdorbnem Futter, unrichtigem Futter, ferner mangelnde Reinlichkeit u. a. können den Anlaß dazu geben, daß das arme Geschöpf verloren ist, krankhaft wird, verkümmert, stirbt.

Beim **Einkauf** der Rabenvögel im allgemeinen ist weniger Vorsicht erforderlich als bei dem andern Gefieders; denn von vornherein kommen sie ja niemals in solcher großen Zahl und Mannigfaltigkeit in den Handel, daß man erst lange auswählen könnte, und sodann hängt es bei ihnen auch mehr als bei anderen Vögeln lediglich vom Zufall ab, ob wir wirklich einen guten, reichbegabten Vogel als Sprecher bekommen oder nicht. Die eigentlichen Raben, vom Kolkraben und den beiden großen Krähen bis zur Satkrähe und Dohle und ebenso die Elster, auch die Heher, sind nur dann bei einem Händler vorhanden, wenn derselbe einen solchen Vogel zufällig, sei es von einem Landmann, dessen Buben ihn aus dem Nest gehoben haben, oder von einem Jäger u. A. erhandeln konnte. Für die eigentlichen Vogelfänger sind alle diese Krähenartigen am schwierigsten zu erlangen. Während dies von den Krähen als Wildfänge gilt, so liegt das Verhältniß bei den jungen Vögeln dieser Arten noch ungünstiger, denn Leute, die sich, wie z. B. bei dem Dompfaff, mit dem Nesterausrauben, Aufpäppeln, Abrichten junger Rabenvögel beschäftigen, gibt es überhaupt

Der gemeine Beo oder die gemeine Atzel (f. S. 163).
⅔ der natürlichen Größe.

nicht. Beim Einkauf der fremdländischen bunten und schönen, meistens seltenen und darum wiederum theuren krähenartigen Vögel sind wir insofern in mißlicher Lage, als wir sie nach ihrem Wesen und so also nach ihren Gesundheits- und Krankheitsanzeichen doch leider garzuwenig erst kennen und uns daher, wenn wir solche meistens theure Vögel kaufen wollen, eben nur nach den allgemeinen Gesichtspunkten richten können. Jeder vor uns stehende derartige Vogel, den wir zu kaufen wünschen, darf also vor allem nicht zu sehr abgezehrt, nicht am Hinterleib stark beschmutzt und nirgends am Körper beschädigt, er muß vielmehr möglichst gut gefiedert sein. Ferner muß er klare Augen, lebhaften Blick und munteres Wesen zeigen. Abgestoßnes und selbst sehr ruppiges Gefieder darf uns übrigens auch noch nicht einmal abschrecken, denn, wenn der Vogel sonst nur völlig gesund ist, so wird er sich immerhin unschwer eingewöhnen, bald erholen und dann auch neu befiedern. Da bei manchen fremdländischen Rabenartigen, so z. B. bei den Flötenvögeln, doch außerordentlich viel auf das volle Verständniß ihres Wesens und damit ihres Werths beim Einkauf ankommt, so bitte ich Folgendes zu beachten. Alle ‚Gewährleistung‘ inbetreff dessen, was ein abgerichteter Flötenvogel, bzl. ein andrer ähnlicher Krähenartiger leisten soll, ist ein Unding, mindestens trügerisch und voll Täuschung für den Einen, wie voll von Vorwürfen und Verdruß für den Andern. Zunächst müssen wir es — ganz ebenso wie ich es bei den Papageien erörtert habe — durchaus als Regel ansehen, daß die abgerichteten Vögel, gleichviel welche, ebenso wie abgerichtete Kinder, ihren Lehrmeister stets dann im Stich lassen, wenn sie eben ihre Kunstfertigkeit beweisen sollen; sodann hat der sprachbegabte Vogel bei jedem Besitzwechsel eine viel schwerere Zeit der An- und Eingewöhnung durchzumachen, als jedes andre Thier. Man bedenke, um diese Wahrheit zu ermessen, zunächst den Umstand, daß kein Thier dem mit ihm verkehrenden, ihn nicht blos verpflegenden, sondern auch unterrichtenden Menschen sich inniger anschließt, als der sprachbegabte Vogel und daß diesem also das Scheiden von seinem bisherigen Pfleger und die Gewöhnung an einen andern viel schwerer wird, als den übrigen Thieren. In der daraus entspringenden Gemüths- und meistens auch körperlichen Erregung bedarf der sprechende Vogel also verdoppelter Sorgfalt in der Behandlung und Verpflegung. An dieser mangelt es aber meistens insofern, als der neue Besitzer die Verpflegung entweder auf die leichte Achsel nimmt oder inbetreff derselben ganz andere Anschauungen hat. Daran gehen zweifellos zahlreiche derartige werthvolle Vögel kläglich zugrunde. Weiterhin werde ich Rathschläge zur Vermeidung dieser Gefahr geben.

Wie die Erlangung an sich, so hängen auch die Preise der Krähenvögel von den zufällig obwaltenden Verhältnissen ab; es kommt beim Kauf ganz darauf an, aus wessen Hand wir sie erhalten, ob von einem Händler, einem eigentlichen Vogelfänger oder dem Bauernjungen, der sie aus dem Nest geholt und aufgepäppelt hat. Auf den Ausstellungen oder in den Vogelhändlerläden werden gut gehaltene Krähenvögel zuweilen mit sehr hohen Preisen bezahlt, sodaß also ein Rabe 3 Mk. bis 75 Mk. und wenn er ein vorzüglicher Sprecher ist, wol 100 Mk. und darüber, eine von den Krähen 3—5 Mk., die Dohle, falls sie zahm und drollig ist und leidlich gut spricht, 15 Mk. bis sogar 75 Mk., in gleicher Höhe die Elster und der Eichelheher wenigstens bis zu 30 Mk. preisen. Die fremdländischen, besonders die sehr farbenbunten Elstern und Heherarten, stellen sich meistens recht theuer und natürlich umsomehr, je seltner einerseits und beliebter andrerseits sie sind; bei anderen, wie bei den Flötenvögeln, hängt der

Preis vom Grade ihrer Begabung und Abrichtung ab. — Die Preise für ganz außergewöhnliche Seltenheiten, wie z. B. die Laubenvögel, welche wenigstens beiläufig hierher gehören, sind bis jetzt noch außerordentlich hoch, während die anderer infolge häufigerer Einführung beträchtlich heruntergegangen sind; so kostet z. B. ein Pastorvogel jetzt nur noch zwischen 30 und 45 Mk.

Wenn bei irgend einem Vogel der Preis je nach dem Werth außerordentlich schwankt, so ist dies gerade bei dem gem. europäischen Star der Fall. In letzterer Zeit ist der Preis auch für den rohen Wildling weit höher geworden, weil infolge des verschärften Vogelschutzes, bzl. erschwerten Fangens die Schwierigkeit, ihn überhaupt zu erlangen, größer geworden und damit also der Preis von vornherein in die Höhe gegangen ist. Unter 3 Mk. ist ein gut gefiederter Star nicht mehr zu haben und man zahlt wol bis 75 Mk. hinauf. Selbstverständlich preist der Star je nach Alter und Beschaffenheit verschieden. Aber nicht der im vollsten Prachtgefieder erglänzende alte Wildling hat den höchsten Preis, sondern erklärlicherweise der noch zum Theil im graulichen Jugendgefieder befindliche sorgsam aufgefütterte und also gesunde und kräftige, schon wenigstens etwas „gelernte" Vogel ist am werthvollsten. Das Starweibchen hat für uns hier keine Bedeutung, denn bis jetzt ist die Erfahrung noch nicht festgestellt, ob dasselbe gleichfalls sprachbegabt sei oder nicht. — Den Rosenstar kauft man als zufällig gefangnen Vogel bei uns selten für 3 Mk., man bezahlt ihn vielmehr meistens mit 5—9 Mk., je nach der Schönheit des Gefieders und der augenblicklichen Seltenheit. Bezieht man ihn von den österreichischen, bzl. böhmischen Händlern, so ist er zu den billigeren Preisen zu haben. Da er bis jetzt noch nicht sprachabgerichtet in den Handel kommt, so habe ich nichts weiter hinzuzufügen. — In der Sippe der Mainastare gibt es, wie S. 150 ff. erwähnt, mannigfach werthvolle Vögel und beim Einkauf derselben kommt es darauf an, die Eigenthümlichkeiten jedes einzelnen, den wir anschaffen wollen, zu prüfen. Sie sind alle fast regelmäßig gut im Gefieder, denn als ruhige, verständige Vögel toben sie niemals im Käfig umher und stoßen sich also weder die Stirnfedern, noch den Schwanz und die Schwingen erheblich ab. Sind dabei alle sonstigen Gesundheitskennzeichen zutreffend, so haben wir im weitern nur darauf zu achten, ob der Vogel in irgendwelchen Leistungen hervorragend erscheint; ich bitte S. 158 nachzulesen. Dementsprechend stehen natürlich auch die Preise von 20—30 Mk. für den gut gefiederten Vogel und bis zu 100 Mk. und darüber für den abgerichteten Künstler. — Als die begabtesten aller Starvögel überhaupt haben die Beos oder Mainaten auch von vornherein höhere Preise. Sehen wir zunächst von dem Grade ihrer Gelehrsamkeit, bzl. Abrichtung ab und betrachten wir nur den Vogel an sich, so gilt von ihnen natürlich genau dasselbe, was ich inbetreff der vorigen gesagt habe: Das Vorhandensein aller Gesundheitszeichen und treffliches Aussehen überhaupt bestimmen den Werth, und einen solchen guten, noch rohen Vogel bezahlt man mit 15—20 Mk.; der abgerichtete dagegen preist 30—100 Mk. und darüber. — Der orangeköpfige Stärling ist für den Preis von 6—9 Mk., jedoch meistens theurer, für 10—12 Mk., als roher, frisch eingeführter Vogel zu haben; der Seidenstar ebenso für 10—12 Mk. Der letzte ist im Handel recht gemein, und auch der erstre darf als keine besondre Seltenheit mehr gelten. Bei beiden vermag ich die Preise für den abgerichteten Sprecher selbstverständlich nicht anzugeben.

Dies letzte ist auch bei allen noch folgenden Sprechern der Fall. Bis jetzt ist noch niemals ein sprechender Kanarienvogel verkauft worden und man darf wol annehmen, daß Jeder, der einen solchen besitzt, ihn nimmermehr fortgeben wird. Ein Kanarienmännchen von gemeiner deutscher Rasse und zwar einen gesunden jungen Vogel, kauft man für etwa 3 Mk., einen Harzer Kanarienvogel für 5 Mk. bis hinauf den kostbarsten Hohlroller für 75 Mk., 100 Mk. und darüber. Natürlich braucht man für den Versuch der Sprachabrichtung keinenfalls einen solchen theuren Vogel zu kaufen, es ist vielmehr nicht blos billiger, wenn man dazu ein junges Männchen von der gemeinen oder Harzer Rasse zum geringern Preise wählt, sondern auch rathsamer. — Der Gimpel oder Dompfaff preist als Wildling 3—4 Mk. und als „gelernter" Vogel je nachdem, wieviele Liederweisen und wie er diese flötet, zwischen 15, 20—40 Mk. und selbst 60—75 Mk., aber auch als „Stümper", der keine Strofe voll durchflötet, sondern mitten darin abbricht, trotzdem noch 6—10 Mk. Auch beim Gimpel kann ich für den Einkauf zum Zweck der Sprachabrichtung nichts weiter sagen, als daß der Liebhaber sich bemühen möge, einen muntern, gesunden und lebenskräftigen Vogel zu bekommen. In diesem Fall dürfte es gleichgiltig sein, ob ein Männchen oder Weibchen. Wenn die russischen Händler mit der großen Spielart kommen, so ist von dieser wol der Kopf mit 1—3 Mk. zu kaufen. — Bei der Amsel oder Schwarzdrossel und der Steindrossel ist auch nur ganz dasselbe zu beachten. Diese Vögel müssen für den Zweck der Abrichtung jung und dazu gesund und kräftig, jedenfalls aber Männchen, sein.

Inbetreff der **Versendung** der Rabenvögel ist im allgemeinen zunächst nur der Gesichtspunkt zu berücksichtigen, daß solch' reisender Vogel etwaigen ungünstigen Einflüssen so wenig wie möglich zugänglich sei. Den großen Kollraben schickt man am besten in einem gewöhnlichen Papageien-Versandtkäfig, welcher natürlich seiner Größe angemessen sein muß, und für die verschiedenen Krähen bis zur Dohle und Elster nimmt man ganz gleiche nur entsprechend kleinere Versandtkäfige. Bei der Elster u. a. ist auch auf den langen Schwanz zu achten, daß derselbe jedenfalls voll ausreichenden Raum habe, damit die Federn nicht abgestoßen und geknickt oder verunreinigt werden. Zweckmäßig ist es, daß man den vordern Theil anstatt des Gitters oder vielmehr von außen vor demselben mit Drahtgaze vernagle, denn einerseits können sonst die krähenartigen Vögel dem Beamten, der den Käfig trägt, leicht die Hand beschädigen, andrerseits fressen sie Alles, was ihnen hineingesteckt wird, wie z. B. einen Zigarrenstummel, sodaß sie an solcher zufälligen Gabe, die ihnen vielleicht aus Unbedachtsamkeit oder zum Scherz gereicht wird, wol gar zugrunde gehen können. Unterwegs gebe man ihnen reichliches und möglichst verschiedenartiges Futter mit, Wasser aber, ebenso wie bei den Papageien, am besten garnicht oder doch wenigstens nicht soviel, daß ihnen das Gefieder davon genäßt werden kann. Einen Schwamm darf man ihnen nicht in den Wassernapf stecken, weil sie denselben herausholen, im Käfig umherzerren und wol gar verschlingen. Dies gilt indessen doch nur von den großen Krähenvögeln; je kleiner ein solcher aber ist und je weiter die Reise gehen soll, als um so nothwendiger stellt sich die Mitgabe eines geeigneten Wassergefäßes heraus. Ein viereckiger Kasten von Blech mit beweglichem Deckel, welcher für den Zweck der Reinigung aufgeklappt werden kann und in dessen Mitte sich ein rundes Loch befindet, nur so groß, daß der Vogel zu trinken, aber nicht seinen Kopf hineinzustecken vermag, ist am zweckmäßigsten. Solche Versandtkästen nebst den passenden Trinkgefäßen sind übrigens entweder in den bedeutenderen Vogelhandlungen oder in den Käfigfabriken zu erlangen. Die kleineren und kleinsten Krähenvögel, wie die fremdländischen Elsterartigen und Heher, werden wie die Starvögel versandt, welche letzteren ohne absonderliche Vorsorge in gewöhnlichen Versandtkasten, wie man sie in den Vogelhandlungen bekommen kann, zu verschicken sind. Solch' Versandtkäfig sei niemals zu groß, sondern vielmehr, namentlich wenn die Reise nicht weithin geht und der reisende Vogel ein aufgepäppelter ist, verhältnißmäßig eng, vorn, wie immer, vergittert und je nach der Witterung mit einer Glasscheibe, jedenfalls aber mit Drahtgaze oder besser mit einem entsprechenden Leinentuch, in welches Gucklöcher eingeschnitten werden müssen, versehen. Die Futter- und Wassergefäße werden stets so angebracht, daß der Vogel sie sehen und gut dazu gelangen kann. Aus dem Wassergefäß darf keinenfalls Nässe herausspritzen und den Käfig verunreinigen; es ist am besten, wie vorhin angegeben, einzurichten, durch einen großlöcherigen Schwamm noch zu sichern und so am Käfiggitter zu befestigen. Ein arger Mißbrauch ist es, daß man die Futtersämereien und wol gar auch das Mischfutter im Versandtkäfig einfach auf den Fußboden wirft. Jeder gute Vogelwirth sollte beides in besonderen zweckentsprechenden und fest angebrachten Gefäßen mitgeben.

Hinsichtlich der noch übrigen gefiederten Sprecher ist inbetreff der Versendung nichts besondres weiter zu sagen; man verfährt bei ihnen, wie bei den Starvögeln vorgeschrieben oder kauft und verkauft sie wol so in der Nähe, daß die Versendung nicht nöthig ist. Jedenfalls kann sich Kauf und Tausch bei ihnen auch, wie schon früher bei den Preisen gesagt, nicht auf wirkliche Sprecher, sondern nur auf solche Vögel beziehen, die man sich dazu erziehen will.

Von vornherein soll man, wie beim Ankauf eines jeden Vogels überhaupt, so vornehmlich bei dem eines gefiederten Sprechers, darauf achten, daß man sich vorher ganz genau nach der bisherigen Verpflegung erkundige und wenigstens in der ersten Zeit diese sorgfältig beibehalte und dann erst nach und nach, wenn es überhaupt nothwendig ist, den Vogel an eine andre Ernährung gewöhne. Gerade der sprachbegabte Vogel, gleichviel welcher, hängt mehr als jeder andre gewissermaßen von der Stimmung ab. Nach der Ankunft ein freundlicher, liebevoller **Empfang**, sorgsames und vorsichtiges, nicht gewaltsames Herausnehmen oder vielmehr Frei-Hinauslassen, indem man den geöffneten Versandtkäfig neben den gleichfalls offnen, bereits vorbereiteten und bis ins geringste eingerichteten Wohnkäfig stellt, sodann Versorgung mit entsprechendem Futter, auch mit verschlagnem Wasser, falls nöthig noch Fütterung spät abends bei Licht, das sind im ganzen die Maßnahmen, welche wir beim Empfang eines jeden der hierhergehörenden Vögel zu beachten haben. Dazu kommen noch einige wichtige Punkte; so vor allem der, daß bei kaltem Wetter ankommende derartige Reisende keinenfalls sogleich in ein warm geheiztes Zimmer gebracht werden dürfen, daß man sie vielmehr ganz allmählich an die Wärmeunterschiede gewöhnen muß. Ebenso sei man vorsichtig hinsichtlich des Trinkwassers. Der soeben angelangte und wol recht sehr durstige Vogel darf nicht eiskaltes Wasser, sondern nur verschlagnes, welches seit mehreren Tagen in demselben Zimmer steht und auch keinenfalls sogleich soviel bekommen, wie er haben will; er darf vielmehr nur nach und nach trinken. Großes Unrecht wäre es ferner, wenn man ihn sogleich massenhaft und wol mit allerlei Dingen unter einander füttern wollte; auch hierin bedarf es der Vorsicht, daß man den Hunger des Vogels nur in kleinen Gaben zu stillen suche.

Immer wieder muß ich darauf hinweisen, daß wir

die dringendste Veranlassung dazu haben, dem sprechenden
Vogel das ganze Dasein so wohlig als irgendmöglich ein=
zurichten. Es ist mit ihm genau wie mit dem Sänger:
jener singt und dieser spricht nur dann fleißig und gut,
wenn er sich des vollsten Wohlseins erfreut. Es ist eine
ganz unrichtige Vorstellung, daß irgend ein Vogel seine
herrlichen Melodien erschallen oder seine klugen, ihn menschen=
ähnlich machenden Worte hören lassen werde, wenn er nicht
in voller Behaglichkeit sich wohlfühlt. Als die erste Be=
dingung zum Wohlsein aller Vögel müssen wir aber sicher=
lich die zweckmäßige Einrichtung seiner Wohnung ansehen.
Daher wende ich mich nun der Besprechung der **Käfige** zu.
Beim **Bauer für jeden Rabenvogel** haben wir zunächst
zwei Gesichtspunkte als die allerwichtigsten ins Auge zu
fassen: erstens eine möglichst ausreichende Weite des innern
Raums und zweitens die Ermöglichung leichter und voller
Reinlichkeit, sodaß also durch den Vogel keinenfalls übler
Geruch und Ausdünstung und dadurch Bedrohung der mensch=
lichen Gesundheit hervorgerufen werden kann.

Unter den vielerlei Vogelbauern, welche uns in der
neuern Zeit das eifrigste Streben der Nadlermeister und
Käfigfabrikanten, Tüchtiges zu leisten gebracht hat, sehen
wir nun natürlich ganz andere Vogelkäfige aller Art vor
uns als noch vor verhältnißmäßig kurzer Zeit. Immer
mehr gewinnt die Einsicht Raum, daß die allerzweckmäßig=
sten Käfige, gleichviel für welche Vögel, entschieden die
völlig von Metall hergestellten sind, schon in Anbetracht
dessen, daß sie viel mehr als alle übrigen die gründlichste
und leichteste Reinigung in allen Theilen und beste Rein=
haltung ermöglichen. Wenn aber für irgendwelche Vögel,
so ist es für die Rabenartigen und Krähen nothwendig,
daß das Bauer mit alleiniger Ausnahme der Sitzstangen
völlig von Metall sei. Wollen und müssen wir einen

sprechenden Kolkraben in einem Käfig halten, so muß derselbe 100—125 cm lang, 65—75 cm hoch und 50—60 cm tief sein. Sodann sollte er durchaus nur einen einfachen viereckigen Metallkasten ohne alle Verzierungen bilden, welcher am besten blos stark verzinnt oder auch grau, bzl. braun angestrichen und mit hart antrocknendem Lack überzogen ist. Gerade bei dem hierher gehörenden Gefieder sollte man durchaus daran festhalten, daß nicht der Vogel um des Käfigs, sondern doch ganz entschieden der Käfig um des Vogels willen vorhanden sei. Irgendwelche Schmuck- und Putzkäfige wären bei den gefiederten Sprechern zweifellos übel angebracht. Aber noch ein Gesichtspunkt kommt bei dem Raben und seinen nächsten Verwandten zur Geltung: das ist die Nothwendigkeit der zeitweisen Freiheit und Bewegung. Wer es nicht ermöglichen kann, den großen Koltraben, eine Krähe, selbst die Dohle u. a. täglich oder doch alle par Tage einmal aus dem Käfig heraus und auf dem Hofraum umherlaufen oder bei zweckmäßiger Gewöhnung umherfliegen zu lassen, der sollte einen solchen Vogel ganz entschieden lieber garnicht halten. Währenddessen muß der Käfig sorgfältig gesäubert werden und daher ist er am besten so einzurichten, daß er unschwer aus einander genommen und rasch und bequem wieder aufgestellt werden kann. Wer diese Rathschläge nicht befolgen, sondern einerseits das Bewegungsbedürfniß des Raben u. a. unberücksichtigt lassen und andrerseits die gründliche Reinhaltung des Käfigs versäumen würde, begienge in der That ein schweres Unrecht gegen sich selbst, wie gegen den Vogel. Darum sind denn, was ich hier wiederholen muß und nicht dringend genug hervorheben kann, alle Krähenartigen überhaupt eigentlich garnicht als Stubenvögel anzusehen. Auf dem Hof, besser noch im Park oder Garten, nur im Nothfall in einem Vorsal, im Hausflur oder allenfalls in einem sonst nicht benutzten Zimmer darf der Käfig mit dem Rabenvogel stehen. Die Vorsicht, daß der gefiederte Gast nicht ungünstigen Einflüssen, wie Zugluft, starkem und plötzlichen Wärmewechsel, trockner, stralender Hitze, auch nicht etwa der Dachtraufe ausgesetzt sei, daß nicht Hunde oder Katzen hinzugelangen können, ist ja selbstverständlich. Die Morgensonne ist auch für unsere Krähenvögel eine Wohlthat, während die vollen, prallen Stralen der Mittagssonne auch sie nicht schutzlos treffen dürfen, wenn sie nicht schwer leiden sollen. Selbst die mittleren Krähenvögel von der Größe der Elster bis zur Dohle hinab darf man nicht gut innerhalb der Wohnung, keinenfalls aber im eigentlichen Wohnzimmer oder gar in der Schlafstube beherbergen; mehr oder minder bedrohen sie uns und unsre Gesundheit mit gleichen Gefahren, während sie auch ihrerseits sich hier nur schlecht erhalten und meistens verkümmern. Am zweckmäßigsten bringt man einen solchen Vogel draußen im Freien, aber unmittelbar am Hause, also vielleicht in einem Fensterkäfig, einem Draußenkäfig am Fenster oder allenfalls auf der Veranda, besser in der Gartenlaube, an; ich gebe daher die Beschreibung des sog. Draußenkäfigs nach meinem „Lehrbuch der Stubenvogelpflege, -Abrichtung und -Zucht" mit einigen Abänderungen, welche für einen krähenartigen Vogel nothwendig sind. Sein ganzer Bau und namentlich das Gitter müssen fest und widerstandsfähig sein. Die Gestalt sei viereckig, mehr lang als tief und an der Windseite, also Nordost oder Nordwest, mit starken, dichten, glattgehobelten Brettern verkleidet. Gut ist es auch, wenn man dem Käfig ein Dach von ebensolchen Brettern und mit Dachpappe überzogen gibt. Je größer dieser Käfig, natürlich desto besser; er muß also mindestens 80—100 cm lang, 75 cm hoch und 50 cm tief sein. Wenn irgend möglich muß er einen recht geräumigen Vorbau aus Drahtgitter haben, in welchen der Vogel hinausgelassen werde, damit er Sonnenschein und warmen Regen genießen kann. Nur für den Fall ist dieser Vorbau nicht nothwendig, wenn man den Vogel daran gewöhnt, daß er von Zeit zu Zeit freigelassen werde, um umherzufliegen und sich in größrer oder geringrer Entfernung zu tummeln. Wenn solch' Vogel, also eine der kostbaren fremdländischen Elstern, Heher u. a., durchaus innerhalb der Häuslichkeit gehalten werden muß, so darf der Käfig wiederum, außer den Sitzstangen, in keinem Theil, weder Sockel noch Schublade, von Holz, sondern er muß durchgängig von Metall sein. Höchste Reinlichkeit ist dann als Gewissenssache anzusehen. Die Blechschublade wird zuerst mit einer dicken Schicht von durchaus trocknem Sand überstreut, darüber kommen Blätter von starkem, am besten blauem sog. Deckelpapier, und dieses wiederum wird mit 5—6 Bogen Zeitungspapier und abwechselnd dickem Löschpapier, welches letztre die Feuchtigkeit der Entleerungen aufsaugt, belegt. Tagtäglich morgens wird das Papier soweit abgenommen, als es irgendwie durchfeuchtet ist und durch neues ersetzt. Trotzdem muß sodann wöchentlich einmal auch der Sand erneuert werden, nachdem die Schublade entlert und mit heißem Wasser ausgebrüht ist. Nur bei strengster Ausführung dieser Maßnahmen kann die Entwicklung gesundheitswidriger Ausdünstung verhindert werden. Auf die oberste Papierschicht muß man immer auch noch etwas Sand streuen, und dazu kann man den sog. Vogelstubensand von Minck in Berlin verwenden. Ganz kleine Krähenvögel, wie z. B. den interessanten australischen Grauheher, behandelt man im wesentlichen wie die Starvögel. Im allgemeinen hält man diese letzteren wie die Rabenartigen, aber man darf sie doch nicht so ängstlich von der Häuslichkeit ausschließen wollen, wenngleich auch ihre Haltung in derselben durchaus großer Vorsorge bedarf.

Der Käfig für Stare soll 65—75 cm lang, 50—60 cm hoch und 32—40 cm tief sein. Auch er muß völlig von Metall hergestellt sein. Als Sitzstangen gebe man nicht, wie bei den Rabenvögeln, bzl. den großen Papageien, eine gerundete Holzstange, sondern natürliche Aeste von Weiden, Pappeln, Obstbäumen u. a. mit der Rinde bedeckt und in sehr verschiedner Dicke, sodaß der Vogel für die Füße möglichst viele Abwechselung hat, hinein. Inbetreff der Bedeckung des Bodens verfahre man wie bei den Krähenartigen angegeben ist, doch beachte man die Vorsicht, die oberste Lage von Löschpapier mindestens etwa fingerdick mit trocknem Sand zu beschütten, welchen letztern man je nach der Entlerung des Vogels nur etwa alle 3—4 Tage ganz zu erneuern, an jedem Morgen aber vermittelst einer kleinen Handharke und Schippe vom gröbsten Schmutz befreien muß. Die meisten Starvögel läßt man eigentlich nicht aus dem Käfig heraus und daher muß dieser die für ausreichende Bewegung entsprechende Größe haben; will man indessen einen der werthvollen Sprecher unter den Starvögeln im Zimmer frei fliegen oder frei laufen lassen, so bedarf dies in der That der allergrößten Vorsicht. Nur zu leicht kommt es nämlich vor, daß solch' werthvoller Vogel durch Unachtsamkeit getreten oder von einem Hund, bzl. einer Katze tobtgebissen wird, daß er in einer Waschschüssel oder einem andern Gefäß ertrinkt, daß er zum offnen Fenster hinausschlüpft u. s. w. Im letztern Fall kommt der aufgezogne und abgerichtete, also kostbarste Star im Freien wol meistens um; er erliegt, wenn er ein fremdländischer ist, dem Klima oder er fällt einem Raubthier anheim. Noch ein großer Uebelstand ergibt sich inbetreff des frei im Zimmer gehaltnen Starvogels darin, daß seine Schmutzerei dann noch viel schwieriger abzuwenden ist. Man sollte daher einen sehr werthvollen Sprecher von diesen Arten, wenn man ihn durchaus in freier Bewegung neben sich sehen will, jedenfalls so gewöhnen, daß er nur zeitweise und in Gegenwart des Pflegers freigelassen, im übrigen aber immer wieder in den Käfig gelockt und darin eingeschlossen werde. —

Ebenso, wie bei den kleineren Krähenvögeln angegeben ist, wird auch der **Pastorvogel** gehalten, aber da man ihn einerseits nothwendigerweise als Stubenvogel beherbergen muß, während er andrerseits zu den Vögeln gehört, welche durch ihre massenhaften, flüssigen Entleerungen die allergrößten Schwierigkeiten verursachen, so ist eine dringende Warnung inbetreff seiner sicherlich nicht überflüssig. Bei der geringsten Vernachlässigung kann die durch ihn verursachte Schmutzerei nebst den übelen Ausdünstungen thatsächlich sehr bedenklich werden. — Auch die den Krähenartigen nahestehenden **Laubenvögel** wird man gezwungenermaßen wenigstens bedingungsweise als Stubenvögel halten müssen, mindestens bis zur vollen Eingewöhnung und dann auch zeitweise; denn obwol das Klima ihrer Heimat ja im wesentlichen mit dem unsrigen übereinstimmt, so wird es der Liebhaber, welcher solche kostbaren Vögel anschafft, doch wol kaum wagen wollen, sie dem etwaigen Untergang durch Wind und Wetter bei uns auszusetzen. Bringt man sie also auch während der milden Jahreszeit in einen entsprechenden großen Käfig im Garten, so wird man sie doch sicherlich im erwärmten Zimmer überwintern müssen. Dann aber sind die angegebenen Maßnahmen sorgsamster Reinigung dringend geboten. —

Der **Käfig für die Drosseln** ist allbekannt. Er muß langgestreckt, dagegen braucht er weder hoch, noch weit zu sein; 50 cm hoch, 65—75 cm lang und 32—40 cm tief. Wie die Herbergen für die meisten kerbthierfressenden Vögel, so wird auch der Drosselkäfig mit einer weichen elastischen Decke ausgestattet, ferner mit drehbaren Erkern zur Aufnahme der Futter= und Trinkgefäße. Sein Sockel muß vorzugsweise hoch sein, mit leichtgehender Schublade von verzinntem Blech. Um jedes Hinauswerfen von Futter oder Sand und das Verspritzen von Wasser zu verhindern, werden neuerdings in allen solchen Käfigen an den drei Vorderseiten in Blechhülsen leicht gehende, vom Sockel aus stark handhohe Glasscheiben eingeschoben. Das Gestell des Drosselkäfigs kann von Holz angefertigt sein, doch wird es auch besser ganz von Metall hergestellt. Die Hinterwand besteht aus einem leichten Brett oder besser wiederum aus Blech. Inbetreff der Bedeckung der Schublade gilt das bei den kleineren Krähenvögeln und Starvögeln Gesagte, wenn auch die Drosselvögel im allgemeinen und namentlich die Amsel und Steindrossel nicht ganz so arg wie viele Starvögel schmutzen. —

Während man den feinen Harzer Kanarienvogel in einem recht engen und wol gar noch verdunkelten Käfig hält, so muß man dem dieserartigen Sprecher denn doch viel mehr Freiheit in einem geräumigen und hellen Bauer gewähren. Dasselbe ist der Fall inbetreff des Gimpels; er wird gleichfalls als „gelernter" Vogel im kleinen engen Gimpelkäfig gehalten, während wir ihn wie den Verwandten in einem sog. Finkenkäfig unterbringen. Auch dieser letztre wird neuerdings meistens ausschließlich aus Metall und zwar am schönsten und praktischsten zugleich als sog. Metallrohrbauer von den erwähnten großen Käfigfabriken, insbesondre Stüdemann in Berlin, geliefert. Er ist im Gestell von der Schublade mit Einschluß der Kuppel 52 cm hoch. Vom Sockel aus erhebt sich an allen vier Seiten die einzuschiebende, schön geschliffne, stark handbreite Glas= scheibe. Die Länge beträgt 35 cm, die Tiefe 26 cm. Das ganze Gestell ist in einem Guß verzinnt, der Sockel ist braun lackirt, die Schublade vorn mit Goldbronzerand und innen mit weißer Lackfarbe gestrichen. So macht solch' Finken-Metallrohrkäfig einen sehr angenehmen Eindruck. Die Reinhaltung bei den letzteren beiden Finkenvögeln ist bekanntlich keine schwierige. Nachdem die Schublade mit einem Blatt Zeitungspapier belegt worden, wird sie etwa fingersdick mit trocknem Sand bestreut, von diesem werden an jedem Morgen die Entlerungen des Vogels u. a. vermittelst einer feinen Handharke abgenommen, und nur etwa alle acht Tage einmal braucht die Schublade ausgebrüht und der Sand erneuert zu werden.

Bekanntlich beherbergt man die wichtigsten der gefiederten Sprecher, die Papageien, auch noch in einer andern Weise, nämlich indem man sie auf einem Ständer am Fuß angekettet hält. Das Verfahren hat seine Vortheile, aber viel mehr noch seine Schattenseiten. Beide muß ich hier erklären, um nachzuweisen, daß der Papageienständer für alle hier inbetracht kommenden Sprecher von vornherein nicht geeignet ist. Sein bedeutendster Vortheil ist allerdings der, daß er einem Vogel ungleich größre freie Bewegung, namentlich aber das Auslüften des Gefieders, bzl. das Ausschwingen der Flügel zu jeder Zeit möglich macht, ferner daß er einen viel freiern und gleichsam innigern Umgang zwischen dem Menschen und dem Vogel gestattet. Aber zu allererst birgt er stets die Gefahr, daß der Vogel bei Schreck und Beängstigung plötzlich abfliegen will und sich dabei leicht den angeketteten Fuß ausrenken oder brechen kann. Immer sodann verursacht die Fußkette dem Vogel Pein oder doch große Unbequemlichkeit; denn wir haben bis jetzt weder ein durchaus geeignetes Metall, noch eine so zweckmäßige Einrichtung, daß wir jene Uebelstände völlig abstellen können. Für die kleineren Vögel von den Staren an abwärts ist der Ständer mit Fußkette überhaupt nicht geeignet. Ich muß inanbetracht des oben Gesagten darauf verzichten, einen dem Papageienständer entsprechenden Raben- oder Krähenständer in Beschreibung und Abbildung zu geben.

Wenden wir uns nun einer Hauptsache in der Haltung und Verpflegung der Vögel zu, der **Ernährung**, so finden wir, daß sich auch hier dem Liebhaber der sprechenden Vögel erhebliche Schwierigkeiten entgegenstellen; denn von der richtigen Fütterung hängt sehr bedeutsam das Wohlsein, damit die Erhaltung und wiederum die Leistungsfähigkeit seiner Pfleglinge ab.

Wie aus der naturgeschichtlichen Schilderung zu ersehen, sind die Rabenvögel sämmtlich Allesfresser, und dementsprechend ernähren wir sie als Hof-, bzl. Stubenvögel, zunächst mit den Abfällen von der täglichen menschlichen Nahrung: Brot, Kartoffeln, Gemüse, Fleisch u. a. m. Sie gehören zu den verhältnißmäßig wenigen Vögeln, für welche eine solche Fütterung unbedenklich ist und die keineswegs erkranken, wenn sie menschliche Speisen empfangen; nur vor scharf gewürzten, stark gesalzenen, sehr sauren Stoffen und auch zu vielem Fett muß man sie bewahren. Den Krähenvögeln, welche man als Stubenvögel hält, gibt man allerdings am besten garkein rohes und auch nur beiläufig gekochtes Fleisch, weil sie sonst durch üblen Geruch gar zu leicht widerwärtig und für die menschliche Gesundheit bedrohlich werden. Die beste Fütterung für alle Krähenartigen überhaupt besteht in gekochten Kartoffeln, allerlei Gemüsen, Hülsenfrüchten u. a. und darunter etwas von Sehnen und anderen gekochten Fleischabgängen nebst einer Handvoll rohen Hafers. Im Sommer spendet man dazu Maikäfer, Heuschrecken, Schmetterlinge u. a. m. Dabei läßt man dann für den Stubenvogel den andern Fleischzusatz ganz fort. — Der große Kolkrabe, wenn er als Sprecher in einem Hausflur oder gar Vorzimmer gehalten wird, darf auch nicht mehr an Zugabe von rohem Fleisch bekommen als die kleineren. Nur einmal im Jahr, zur Mauserzeit im Spätsommer, füttre man ihn (und gleicherweise alle Verwandten) zwei bis vier Wochen hindurch fast ausschließlich mit rohem Fleisch, aber natürlich darf er in dieser Frist nur draußen auf dem Hof oder noch besser im Garten oder Park, möglichst fern von der menschlichen Wohnung, beherbergt werden. Bei dieser Pflege lassen sich alle Krähenvögel lange Jahre ganz gut erhalten, doch trägt es sehr bedeutsam zu ihrem vollen Wohlsein bei, wenn man jedem von ihnen von Zeit zu Zeit ein frisch getödtetes Thier, eine Maus oder einen Sperling u. a., zuwenden kann, je öfter, desto besser, wenigstens wöchentlich einmal. Kann man solche Thiere garnicht erlangen, so gibt man wol ein entsprechendes Stück rohes, frisches Fleisch, welches man in frisch gezupften Hühnerfedern tüchtig gewälzt hat, sodaß es mit denselben rings beklebt ist. Selbstverständlich muß man an dem Tage und dem nächsten die Reinhaltung mit verdoppelter Sorgfalt besorgen. Je kleiner der Krähenvogel ist, um so weniger nothwendig für ihn erscheint die Zugabe von Fleisch, gleichviel gekochtem oder rohem. Man kann sie dann auch wol an ein Mischfutter für gröbere Fresser aus Garneelenschrot, Bohnenmehl und geriebnem Schwarzbrot zu gleichen Theilen, zu welchem man hin und wieder lebende Maikäfer u. a. Kerbthiere fügt, gewöhnen, während man natürlich auch die oben erwähnten menschlichen Nahrungsmittel wechselvoll, jedoch nicht zu reichlich, hinzufügt. Dies Mischfutter ist von Edmund Pfannenschmid in Emden-Ostfriesland zu beziehen. — Hat man sehr kostbare fremdländische Elstern vor sich, so gewöhnt man dieselben vom Ueberfahrtsfutter nach E. von Schlechtendal allmählich an ein Mischfutter aus Ameisenpuppen (oder Weißwurm), Eierbrot (oder Weißbrot), geriebner

Möre und rohem Rindfleisch zu gleichen Theilen, mit ein wenig gequetschtem Hanf. Der genannte, reich erfahrene Vogelwirth gab folgende Vorschrift: Klein zerschnittnes rohes Fleisch wird mit wenig Maismehl bestreut und darin gewälzt, damit die einzelnen Theilchen gesondert bleiben, geriebne Möre oder Gelbrübe wird ebenfalls mit wenig Maismehl vermischt, bis sich eine lockre, weder zu feuchte noch zu trockne Masse bildet, und dann wird das Fleisch und etwas zerquetschter Hanfsamen hinzugesetzt; angequellte Ameisenpuppen (allein oder zur Hälfte ebenso Weißwurm) werden mit fein zerstoßnem Eierbrot (oder geriebner Semmel) zum krümeligen Gemenge gemischt, und schließlich wird Alles untereinandergebracht. Hin und wieder füge man auch etwas Maikäfer=, Heuschrecken= oder Drohnen= schrot hinzu und als ständige Mitgabe reiche man Mehl= würmer. Dann bietet man ihnen auch noch wol etwas gespelzten Hafer oder andere Sämereien und ebenso Rosinen oder je nach der Jahreszeit andre Frucht. — Etwas ab= weichend werden die Heher ernährt, indem man ihnen, zumal im Herbst, Eicheln, Bucheln, Haselnüsse u. a. als Zugabe nicht vorenthalten darf, z. B. auch Vogelberen. Sodann werden sie an das erwähnte Garneelenschrotgemisch oder das letztbeschriebne Elsternfutter unter Zugabe von möglichst vielen großen lebenden Kerbthieren gewöhnt. Dem Tannenheher muß man auch die Früchte der Arve oder Zirbelnußkiefer bieten. Den kostbaren fremdländischen Hehern gab E. von Schlechtendal ein Weichfuttergemisch aus getrockneten oder frischen Ameisenpuppen, geriebner Möre, zu gleichen Theilen, und mit zerstoßner altbackner Semmel (Weizenbrot) zum krümeligen Gemenge angemacht, dazu etwas Hanfsamen, gespelzten Hafer und Hasel= oder Wall= nußkerne. Gewöhnlich werden die fremdländischen Blauelstern, Heher u. a. m. unterwegs auf dem

Schiff mit einem Futter aus gehacktem, rohem Fleisch, erweichtem Weißbrot, gekochten Kartoffeln u. drgl. ernährt, und während man sie natürlich mit demselben zunächst weiter füttert, müssen sie doch allmählich an eins der erwähnten Futtergemische gebracht werden; auch bietet man ihnen dazu weichgekochten Mais und sodann Kirschen u. a. Früchte, selbstverständlich ebenso große lebende Kerbthiere, Maikäfer u. a. und zeitweise eins der erwähnten warmblütigen Thiere oder ganz wenig rohes Fleisch. — Ein gutes, wenn auch nicht billiges Mischfutter für alle zarteren kleinen Krähenvögel ist das Gemisch aus Ameisenpuppen, Weißwurm und geriebner Möre zu gleichen Theilen. In meinem „Lehrbuch der Stubenvogelpflege, -Abrichtung und -Zucht" sind noch zahlreiche andere hierher gehörende Futtergemische angeführt, so noch namentlich mit frischem Quargkäse und hartgekochtem gehackten Ei zu gleichen Theilen, auch wol darunter gehackter Apfel oder Hollunder- und Vogelberen oder für die kostbareren Fremdlinge fein zerschnittene Feigen, Datteln, Rosinen. Der einsichtsvolle Liebhaber und Vogelwirth wird sich danach ja die verschiedenen Mischungen nach eignem Ermessen zusammenstellen können. — Die allerkleinsten und zartesten Krähenvögel, wie der **Gimpel-** oder **Grauheher**, werden mit Drosselfutter (zu welchem ich weiterhin Vorschriften gebe), nebst reichlicher Gabe von Mehlwürmern oder allerlei anderen lebenden Kerbthieren ernährt, und in Ermanglung derer muß das Mischfutter einen Zusatz von Insektenschrot, Garneelenschrot oder dergleichen bekommen. Auch allerlei Früchte je nach der Jahreszeit und Hanf-, Kanarien- u. a. Samen thut man hinzu. — Inbetreff der **Jagdkrähen** oder **Kittas** u. a. ist weiter nichts hinzuzufügen; man verpflegt sie wie die zarteren Krähenvögel überhaupt. Die Händler füttern sie mit dem Mischfutter aus Ameisenpuppen und Möre nebst erweichtem Weißbrot, gekochtem Reis, gehacktem Fleisch und Früchten. In den zoologischen Gärten werden solche Vögel mit gekochten Kartoffeln, Mören, Ei, alles in Würfel gehackt, vielfach zutode gefüttert. — Einem Flötenvogel, der als Krähenartiger ebenfalls zu den Allesfressern gehört, gibt man während der kalten Jahreszeit, wenn er beständig in der Stube gehalten werden muß, nur gekochtes Fleisch und verhältnißmäßig wenig, als Hauptnahrung dagegen das Mischfutter aus Mören, aber reichlich mit Garneelenschrot und zur Abwechselung Maikäfer- u. a. Kerbthierschrot versetzt. Hat man ihn draußen auf dem Balkon, im Gartenhaus oder frei auf dem Hof, so bekommt er reichlich rohes Fleisch und allerlei Fleischabgänge. Als Zugabe in beiden Fällen gewährt man ihm Brot, gekochte Kartoffeln und Abfälle von allen übrigen menschlichen Nahrungsmitteln, auch je nach der Zeit etwas gute Frucht. — Die Fütterung der Laubenvögel besteht beim Händler in erweichtem Weißbrot, gemahlnem Hanf und in längliche Stücke zerschnittner Möre. E. von Schlechtendal gab dazu würfelig zerhackten Apfel und hin und wieder Mehlwürmer. Zweckmäßigerweise bringt man die Laubenvögel allmählich an Drosselfutter, unter Zugabe von allerlei Früchten, auch Sämereien, wie Hafer, Hanf u. a., und schließlich gewöhnt man auch sie an alle Futtermittel für Allesfresser.

Während der Pastorvogel auf der Ueberfahrt leider meistens nur mit gekochten Kartoffeln und Brot in Milch ernährt wird, muß man ihn zweckmäßigerweise an ein Mischfutter aus Ameisenpuppen und Gelbrübe, unter Zugabe von täglich einem Stückchen in warmer Milch erweichtem Zwieback, hin und wieder etwas süßer Frucht oder einem Theelöffel voll Honig, wechselnd mit etwas rohem, magern geschabten Fleisch (wie eine Haselnuß groß) bringen. Andere Pfleger bieten ihm erweichtes Weißbrot mit Zucker bestreut, Mehlwürmer und allerlei andere weiche lebende Kerbthiere, sowie Zuckerwasser. Herr Peter Frank in Liverpool versorgte ihn mit gehacktem gekochten Ei und Ameisenpuppen nebst erweichtem Weißbrot, gequetschtem Hanfsamen und gekochten Kartoffeln.

Alle Starvögel sind der Hauptsache nach Fleischfresser, und nur beiläufig nehmen sie Früchte, sowie Sämereien an. Man ernährt sie daher am besten, zumal sie als derbe Vögel ziemlich starke Fresser sind, mit einem Mischfutter, derer wir eine sehr beträchtliche Anzahl für die Angehörigen der verschiedenen Vogelfamilien vor uns haben. Ich muß hier nun zunächst mehrere Vorschriften zu Futtergemischen für Starvögel geben: 1) Gekochtes geriebnes Herz oder Rindfleisch, Ameisenpuppen, geriebnes Eier- oder Weißbrot (oder letztres eingeweicht und gut ausgedrückt) und Gelbrübe, alles zu gleichen Theilen und darunter etwas gequetschter Hanf; anstatt des gekochten nehmen manche Vogelwirthe rohes Fleisch, dann mit Maismehl; auch wird Maikäferschrot zum gleichen Theil hinzugesetzt (Friderich). 2) Eingequellte Ameisenpuppen und gehacktes rohes Fleisch je 1 Thl., Möre, Gerstengries, geriebnes Weißbrot und gequetschter Hanf 2 Thl. (Berlepsch). 3) Getrocknete Ameisenpuppen 4 Thl., Möre 2½ Thl., geriebne Semmel und Maismehl je 1 Thl., dazu abwechselnd frischer Quargkäse, zerschnittene Feigen, Datteln und Rosinen nebst täglich einigen Mehlwürmern (besonders für kostbare fremdländische Stare). 4) Eingeweichtes Weißbrot, gekochte Kartoffeln, hartgekochtes Ei, geriebnes Fleisch, Käsequargk, Ameisenpuppen, zerhackter Apfel, Alles unter einander gemengt (nur zur Abwechselung zu empfehlen). 5) Gekochtes und rohes Fleisch, Ei, Weißbrot und Obst, Alles zu gleichen Theilen zerhackt und untereinandergemengt, dazu Sämereien, namentlich Hanf und allerlei Kerbthiere (für fremdländische

Stare nach von Schlechtendal). 6) Eins der Drosselfutter, reichlich beschickt mit Würfeln von rohem Fleisch, für die kleineren Arten mit Mehlwürmern und Ameisenpuppen (nach A. E. Brehm, besonders auch für Flötenvogel). In der Hauptsache soll man aber Stare und Drosseln, sowie die vorhin erwähnten kleineren Krähenvögel, immer an eins der käuflichen Futtergemische gewöhnen, weil diese die Ernährung ungleich bequemer und billiger machen; ich nenne für diesen Zweck 7) Capelle'sches Universalfutter, 8) Kruel's Rheinisches Nachtigalen= u. a. Futter, 9) Pfannenschmid's Garneelenschrotfutter, 10) Reiche'sches Universalfutter und 11) Märcker's sog. Insektenmehl. Als Zusatz zu jedem Futtergemisch sind diese käuflichen Futter vortheilhaft und dienlich. — Den eigentlichen Staren gibt man neben einem der erwähnten Gemische, nebst Mehlwürmern und allerlei anderen Kerbthieren, auch Schnecken und Regenwürmer, Beren u. a. Früchte und z. Z. frische Ameisenpuppen, besonders die großen. — Die Mainas oder Mainastare bekommen zum Mischfutter noch einen besondern Zusatz von Ameisenpuppen, und Schlechtendal bot an Früchten vornehmlich Rosinen, sowie frische oder angequellte Vogelberen u. a., zerschnitten unter das Gemisch, dann auch gespelzten Hafer u. a. Sämereien, Mehlwürmer u. a. lebende Kerbthiere. — Die Hordenvögel werden meist mit Sämereien allein gefüttert, doch sollten sie, wie die vorhergegangenen Stare, ernährt werden; Gleiches gilt von den Seidenstaren, die noch mehr Kerbthierfresser als die vorigen sind. — Die Mainaten oder Atzeln sind wiederum an eins der Starfutter zu bringen, und dazu bekommen sie im Winter Mehlwürmer, im Sommer allerlei große Kerbthiere, Heuschrecken u. a., zeitweise Beren, Weintrauben u. a. Frucht. Gekochter Reis, mit dem sie gewöhnlich auf der Reise gefüttert werden, ist ihnen nicht zuträglich, noch weniger aber sollte ein kostbarer sprechender oder Melodieen flötender Beo an menschliche Nahrungs= mittel gewöhnt werden. Uebrigens weist Schlechtendal darauf hin, daß sie auch bei bester zweckmäßigster Ernährung sich leicht zu fett fressen und zugrunde gehen.

Bei den Händlern werden alle **Drosselvögel** in der Regel nur mit dem Gemisch aus trockenen Ameisen= puppen und darüber geriebener Möre oder zeitweise frischen Ameisenpuppen, in beiden Fällen nebst einigen Mehlwürmern täglich und zeitweise Beren, ernährt. Eigentliche **Drossel= futtergemische** sind: 1) Das Starfutter nach Friderich. 2) Erweichtes Weißbrot und Käsequargk oder mageres Fleisch und im Sommer Vogelkleie zu gl. Thl. 3) Erweichtes Weißbrot und fein zerhacktes mageres Fleisch je 4 Thl. und frische oder angequellte Beren (kleine Rosinen, Vogel= oder Hollunderberen) 1 Thl. 4) Anstelle des Weißbrots kann man auch in diesen Futtergemischen feines Mais=, Bohnen= oder Erbsenmehl nehmen. 5) Angequellte Ameisen= puppen, gekochtes Ei, fein gehacktes rohes Fleisch, geriebnes Weißbrot, Alles zu gl. Thl. und Zusatz von Korinten oder Beren (Reiche). 6) Dasselbe Gemisch mit Zusatz von Mohnkuchenmehl und geriebenen Mören, ebenfalls zu gl. Thl. Immer muß solch Futtergemisch nur schwach feucht, locker und krümelig sein. Auch hier bilden die erwähnten Uni= versalfuttergemische stets einen werthvollen Bestandtheil des Futters. Frische Ameisenpuppen und Mehlwürmer, sowie allerlei Beren u. a. gute Frucht sind für die Drosseln wohlthätig und nothwendig. Soviel als möglich beschaffe man für sie auch reichlich lebende Kerbthiere, und vor und in der Mauserzeit menge man stets etwas fein gehacktes gekochtes mageres Rindfleisch ins Futter.

Den feinen, zarten **Harzer Kanarienvogel** soll man nur mit süßem Sommerrübsen als Hauptnahrung, ein wenig Kanariensamen und täglich etwas Eifutter (hartgekochtes Eigelb mit geriebner Semmel zu gl. Thl.) als Zugabe, ernähren; zum zeitweisen Ersatz des Eifutters reicht man ein Stückchen Löffelbiskuit. Den Kanarienvogel von gemeiner deutscher Raſſe braucht man nicht ſo ängſtlich hinſichtlich der Nahrung zu bewahren. Man gibt auch ihm Rübſen als Hauptfutter, aber zu gl. Thl. ebenſo Kanariensamen und gequetſchten Hanf nebſt ein wenig Grünkraut (Vogelmiere oder Doldenrieſche) und hin und wieder einem Stückchen Löffelbiskuit. Gekochtes Ei braucht er nicht zu bekommen, allenfalls nur, wenn er zur Mauſerzeit hin ſehr abgezehrt ſein ſollte. — Den Gimpel ſchließlich verſorgt man, wenn er ein aufgezogner, „gelernter" iſt, gleichfalls nur mit vorzüglichſtem Rübſamen mit gelegentlicher Zugabe von ein wenig Mohn und Kanariensamen; beide letzteren aber ſollen ihm nach Meinung mancher Vogelwirthe ſchädlich werden können. Hin und wieder ein Apfelſchnittchen oder ein wenig eingeweichtes und gut ausgedrücktes Weißbrot, auch wol eine Vogel- oder Wachholderbere, darf man ihm bieten, ſonſt nichts. Selbſt den Gimpelwildling füttert man vorſichtigerweiſe nur mit Rübſen nebſt etwas Mohn, und allenfalls gibt man ein wenig Kanariensamen und einige Hanfkörner hinzu. Nach und nach reicht man ihm auch zur Abwechſelung Apfelſchnittchen, Beren, Weißbrot und Grünkraut; friſche Baumknoſpen ſind Leckerei für ihn.

Abrichtung. Vor allem muß der Liebhaber, welcher einen mehr oder minder begabten Vogel (oder irgend ein ſolches Thier überhaupt) ſachgemäß und erfolgreich abrichten will, dahin ſtreben, daß er ſich eine möglichſt gründliche Kenntniß des ganzen Weſens und aller Eigenthümlichkeiten und Bedürfniſſe deſſelben aneigne. Nur wenn er die letzteren zu befriedigen und das Thier damit nicht allein im vortrefflichſten Geſundheitszuſtand, munter und luſtig, wenn ich so sagen darf, bei guter Laune, zu erhalten vermag, nur wenn er genau weiß, wie weit die Begabung des Pfleglings überhaupt reicht und nach welchen verschiedenen Richtungen hin sie sich erstreckt, ferner, durch welche Mittel und Wege sie zu erwecken und entwickeln und zum höchsten Erfolg auszubilden ist, kann er wirklich desselben in vollem Maß sich erfreuen. Er muß ferner ausreichendes Verständniß für das Thier und sein ganzes Wesen haben und es sich angelegen sein lassen, mit dem Pflegling und Lehrling in ein inniges Verhältniß zu treten. Ferner muß er große Milde und Sanftmuth, Geduld und vornehmlich unerschöpfliche Ausdauer haben. Schließlich kommen auch ein gewisses Geschick und selbst äußere Eigenschaften bedeutsam zur Geltung. Es gibt Leute, welche die Zähmung und Abrichtung von Vögeln mit staunenswerther Leichtigkeit erreichen, während dies bei anderen, obwol sie reichere Erfahrungen und größere Kenntnisse haben, viel schwerer hält. Man behauptet, daß für manche Vögel, ähnlich wie für Kinder, ein bärtiger Mann beängstigend sei, während sie wenigstens im allgemeinen und namentlich Papageien, für Frauen und Kinder mehr Anhänglichkeit zeigen. Auch ergibt die Erfahrung, daß jeder Vogel von einer melodisch klingenden Frauenstimme leichter lernt, als von der rauhen eines Mannes, doch darf man keineswegs glauben, daß letztres garnicht geschehe. Die Erfordernisse, welche der Vogel haben muß, um uns Aussicht auf Erfolg in der Abrichtung zu gewähren, sind: Zunächst muß er im besten Zustande, körperlich gesund und gut genährt sein, sodann noch möglichst jugendlich, wenigstens im besten, geeigneten Alter, obwol es auch vorkommt, daß ältere Vögel gleichfalls noch sprechen lernen. Ferner muß er aus guten Händen herstammen, d. h. nicht etwa schon vom Vorbesitzer verwöhnt, verzogen und verdorben sein.

Als Beginn der Abrichtung ist immer die Zähmung anzusehen. Jeder zum Sprechen abzurichtende Vogel sollte vorher fingerzahm geworden sein. Um dies leichter zu erreichen, mache man ihn so wehr- und hilflos wie möglich, d. h. man bringe ihn in einen ganz engen Käfig. Bei manchen Vögeln, namentlich sehr scheuen und hurtigen, wendet man den Zwang an, ihnen die Flügel zu binden. Sodann darf der Stand des Vogels niemals höher, sondern derselbe muß vielmehr niedriger als das menschliche Auge sein. Ferner ist der Vogel immer so zu stellen, daß der Verpfleger, bzl. Lehrmeister sich zwischen ihm und dem Licht befindet. In den ersten Tagen überlasse man den Vogel so weit wie möglich sich selber, begegne ihm bei der Fütterung stets gleichmäßig ruhig und liebevoll, erschrecke ihn nicht durch plötzliches Hinzutreten, hastige Bewegungen, sehr laute und rauhe Sprache u. s. w., sondern richte hin und wieder beim Füttern freundliche Worte an ihn und reiche ihm dann und wann einen Leckerbissen. Zeigt er sich für derartige freiwillige Zähmung unempfänglich, so muß man dieselbe zunächst durch gelindes Darbenlassen und sodann geradezu durch Hunger und Durst zu erzwingen suchen. Doch nur im äußersten Nothfall entzieht man dem störrischen, namentlich einem alten, einerseits nicht mehr fügsamen und andrerseits körperlich kräftigen Vogel jede Nahrung und auch das Trinkwasser für 2, 4—6, 10—12, selbst 24 Stunden. Sobald die entsprechende Frist abgelaufen ist und man befürchten muß, daß längeres Darben gefährlich und ja auch grausam sein würde, hält man das sorglich vorbereitete Futter dem Vogel so entgegen, daß er nicht dazu gelangen kann, ohne den Finger oder die Hand zu berühren. Anfangs weicht er immer wieder ängstlich zurück, doch der Hunger treibt ihn, und mit jedem Zulangen wird er dreister und zahmer. Sehr wirksam ist dabei das Beispiel eines andern bereits zahmen Vogels. Niemals, weder bei der Abrichtung, noch im Verkehr mit einem abgerichteten Vogel überhaupt, soll man sich zu Heftigkeit und Zornausbrüchen hinreißen lassen. Doch darf man bei den Rabenvögeln im Gegensatz zu den Papageien vor einer, allerdings nicht zu harten und keinenfalls jähzornigen, Bestrafung, je nach der Größe vermittelst eines leichten Stöckchens oder einer Rute, nicht zurückschrecken.

Etwaige Merkmale, habe ich schon im ersten Bande dieses Werks gesagt, an denen man die mehr oder minder hohe Sprachbegabung eines Vogels ohne weitres und mit Sicherheit feststellen könnte, gibt es nicht. Wol mag der Blick des Sachkundigen, wie einem Papagei, so auch einem Raben- und selbst einem Starvogel, es einigermaßen ansehen, ob derselbe einschlagen, also sich begabt, leicht zähmbar und gelehrig zeigen werde, wol zeugen Munterkeit und Regsamkeit, ein lebhaftes, glänzendes Auge, Aufmerksamkeit auf Alles, was rings umher vorgeht u. drgl. für die Annahme, daß wir einen ‚guten Vogel' vor uns haben, allein volle Gewißheit können wir darin doch nicht finden, denn es liegen Beispiele vor, nach welchen auch solche Anzeichen trügerisch gewesen, der Vogel trotzdem störrisch und dumm geblieben, während ein andrer, der anfangs wie stumpfsinnig dagesessen, sich dennoch zum vorzüglichen Sprecher ausgebildet hat. Die Geschlechtsunterschiede dürften in dieser Hinsicht, wenigstens in der Regel, bedeutungslos sein. Während jeder Vogel für den Unterricht umsomehr empfänglich sich zeigt, je jünger er in unsern Besitz gelangt, so ist es doch nicht als feststehende Regel anzusehen, daß ältere, zumal Rabenvögel, nichts mehr lernen sollten. Mit der fortschreitenden Zähmung und insbesondre Abrichtung pflegt sodann jeder sprachbegabte Vogel immer weniger sein widerwärtiges Naturgeschrei erschallen zu lassen.

Die Abrichtung (Zungenlösen).

Bevor ich weitere praktische Anleitung zur eigentlichen Abrichtung gebe, muß ich auch hier einem häßlichen, leider noch vielfach herrschenden Vorurtheil entgegentreten. Dasselbe betrifft das sog. Zungenlösen, welches viele Leute noch für durchaus erforderlich halten, Andere dagegen als nothwendig ausgeben, um ihres Vortheils willen. Nur ungebildete Menschen können in dem Aberglauben befangen sein, daß das Lösen der Zunge bei einem Vogel zum Sprechenlernen nothwendig sei; ich erkläre hiermit, daß es eine arge, überflüssige und sogar gefährliche Thierquälerei ist.

Für die eigentliche praktische **Abrichtung** will ich nun den folgenden Weg vorzeichnen. An jedem Morgen, wenn man zu dem btrf. Vogel tritt und an jedem Abend in der Dämmerung, sodann auch am Tage mehrmals, sagt man ihm, nachdem man ihn, falls er schon schlummert, in liebevollem Ton munter und aufmerksam gemacht, zunächst ein einziges Wort laut und recht deutlich betont und wenn möglich immer in genau gleicher, klarer und scharfer, nicht aber schnarrender, lispelnder oder sonstwie schlechter Aussprache vor. Man wähle ein Wort mit volltönendem Vokal a oder o und sodann mit hartem k, p, r oder t und vermeide Zischlaute, besonders sch und z. Während die Abrichter bei den Papageien mit Vorliebe die Worte Lora, Hurrah, Jako für den Anfang wählen, ist es bei den Rabenvögeln in der Regel das Wort Jakob, welches dann zugleich den Namen des Raben, der Dohle, Elster u. a. bildet.

Begnügt man sich nun damit, den Krähenvögeln, soweit es die kleineren und weniger begabten anbetrifft, nur ein Wort beizubringen oder allenfalls einige wenige, so ist ja Jakob und ein ähnliches, weniger Spitzbub, ganz geeignet; wenn man aber zumal dem großen Kolkraben oder einem andern sehr klugen und werthvollen hierher gehörenden Vogel

Sprachunterricht geben will, so muß man diesen in sach=
gemäßer, verständnißvoller Weise ertheilen. Dazu gehört
vor allem, daß sich damit nur eine bestimmte Person be=
schäftige und nicht All' und Jeder, der bei dem Vogel vor=
übergeht, ihm dies und das zurufe. Nur auf dem erstern
Wege kann man es erreichen, daß der Vogel mit einem
gewissen Verständniß sprechen lerne. Der Unterricht soll
eben nicht eine bloße Abrichtung zum Nachplappern einzelner
Worte sein, er muß vielmehr eine bestimmte Vorstellung
für jedes Gesagte bei dem Vogel erwecken, sodaß derselbe
sich der Begriffe von Zeit, Raum und anderen Verhält=
nissen und Dingen bewußt werde. Man sage ihm früh
‚guten Morgen‘, spät ‚guten Abend‘ vor, ebenso wie dem
Papagei; man klopft an und ruft herein, man zählt ihm
Leckerbissen, z. B. Stückchen Fleisch, zu: eins, zwei, drei
u. s. w. Späterhin lobt man ihn, wenn er artig und
folgsam ist und tadelt ihn, wenn er sich eigensinnig zeigt
oder nicht gehorchen will. All' dergleichen begreift ein be=
gabter Vogel sehr bald, und es ist manchmal erstaunlich,
mit welchem Scharfsinn und welcher Sicherheit er derartige
Verhältnisse kennen und unterscheiden lernt.

Bei diesem sachgemäßen Sprachunterricht, bei welchem
man selbstverständlich mit leichten einfachen Worten anfangen
und allmählich zu schwereren übergehen muß, verfahre man
sodann in folgender Weise. Das erste Wort wird ihm
besonders zur angegebnen Zeit stets mehrmals hinterein=
ander so lange vorgesagt, bis er es vollständig und zugleich
klar und deutlich nachsprechen kann; erst dann beginnt man
mit dem zweiten und nach diesem ebenso mit dem dritten.
Sodann läßt man an jedem Tag, mindestens aber von Zeit
zu Zeit, den Vogel Alles wiederholen, was er bis dahin
gelernt hat, gewissermaßen vom abc an; immer dann erst,
sobald man sich davon überzeugt, daß er Alles taktfest

innehat oder nachdem man ihm dies und jenes Entfallene wieder beigebracht hat, darf man ihm Neues vorsprechen. Dabei vermeide man es durchaus, nachzuhelfen, wenn er übt und inmitten des Worts oder Satzes stecken bleibt; er würde dadurch leicht eine falsche, doppellautige Aussprache der Worte annehmen. Man warte daher stets, bis er schweigt und spreche ihm dann das betreffende Wort oder den Satz nochmals klar und scharf betont vor. Nothwendig ist es, daß man sich sowol mit dem noch in der Abrichtung befindlichen als auch mit dem bereits tüchtigen Sprecher möglichst viel beschäftige und zwar eingedenk dessen, daß Stillstand in allen Dingen Rückschritt bedeutet, daß also bei mangelnder Uebung auch der beste, hochbegabte Vogel in Gefahr ist, zurückzugehen, bzl. das Erlernte zu vergessen, oder zu verwildern, auch wol umgekehrt stumpfsinnig zu werden und mithin jedenfalls bedeutsam an Werth zu verlieren. Nur, wenn man in der angegebnen Weise lehrt, hat man die Gewähr dafür, daß aus dem Vogel wirklich ein tüchtiger Sprecher werde.

Im übrigen ergibt sich freilich die Begabung, wenn auch nicht in dem Maß, wie bei den Papageien, so doch auch bei allen hierhergehörenden Vögeln als außerordentlich verschiedenartig und zwar nicht allein verschieden bei den Angehörigen der einzelnen Familien: Raben, Stare u. a., sondern auch der Arten und selbst unter den einzelnen Vögeln von einundderselben Art. Das Nachstehende habe ich inbetreff der Papageien gesagt und ich muß es nochmals wenigstens anführen, wenn es auch für die Vögel, mit denen wir es hier zu thun haben, eben nur bedingungsweise Giltigkeit hat: Der eine Vogel begreift schwer, erfaßt ein neues Wort erst nach längrer Uebung, behält es dann aber auch und hat Alles fest inne, was ihm überhaupt gelehrt worden; ein zweiter schnappt Alles rasch auf, lernt ein Wort wol gar schon beim erstenmal nachsprechen, vergißt es jedoch leicht wieder; ein dritter nimmt gut auf und bewahrt zugleich ebenso; ein vierter von derselben Art, die sonst reich begabt ist, lernt garnicht oder doch nur wenig; ein fünfter hat keine Anlage dazu, Worte nachzusprechen, lernt dagegen vortrefflich Melodien nachflöten; ein sechster ahmt das Krähen des Hahns, Hundegebell, das Knarren der Wetterfahne und allerlei andere wunderliche Laute täuschend nach, schmettert auch wol den Schlag des Kanarienvogels, aber er vermag ebenfalls kein menschliches Wort hervorzubringen. Eine Hauptaufgabe für den tüchtigen Lehrmeister ist es nun, daß er beizeiten das entsprechende Talent eines jeden Vogels entdecke und ihn sodann in demselben zur höchstmöglichen Ausbildung bringe.

Nach meiner Ueberzeugung wird jeder einzelne Vogel aus den Reihen derer, die überhaupt sprachbegabt sind, bei sachgemäßer Behandlung und Abrichtung wenigstens etwas sprechen lernen. Erforschung und Erfahrung muß uns im Lauf der Zeit zur entsprechenden Kenntniß des ganzen Wesens dieser Vögel führen.

Heutzutage ist es kaum mehr oder doch nur noch selten üblich, daß man Rabenvögel oder Stare zugleich zu Kunststücken abrichtet, und da ich besonders ein entschiedener Feind von aller derartigen ‚Vogeldressur' bin, so gehe ich darüber ohne weitre Bemerkung hinweg.

Bedeutsame Unterschiede, welche weniger in der Begabung der Vögel an sich, als vielmehr in dem verschiedenartigen Wesen der Papageien einerseits und der Rabenartigen wie dann auch der Starvögel andrerseits begründet liegen, darf der Abrichter niemals außer Acht lassen. Kein Krähenvogel, vom großen Kolkraben bis zur Dohle, Elster und den fremdländischen Verwandten ist, wenn ich so sagen darf, für einen innigen, freundschaftlichen Verkehr mit dem

Menschen geeignet. Die sich anschmiegende, hingebende
Natur, welche sich bei allen Papageien mehr oder
weniger bemerkbar äußert und die in den meisten
Fällen ungemein große Zahmheit ganz von selber ergibt
oder doch die Zähmung unschwer erreichen läßt, mangelt
den Rabenvögeln fast durchgängig. Die letzteren sind wol
bald dreist und keck und darauf beruht im wesentlichen
dann auch ihr Zahmwerden, aber nur wenige lassen sich,
selbst wenn sie bereits recht zahm sind, geduldig in die
Hand nehmen, die meisten lassen sich dagegen überhaupt
nicht anfassen. Jene Schmeichelworte, die der am reichsten
begabte Papagei auf der höchsten Stufe der Erziehung mit
wahrhaft unendlicher Innigkeit und wechselnder Betonung
im Ausdruck zu sprechen vermag und mit denen er sich so
tief in das Herz seines Herrn und Freundes, besonders
aber seiner gefühlvollen Freundin, einzuschmeicheln weiß —
sie kann kein Rabenvogel, gleichviel welcher, weder nach
Auffassung, noch Ausdruck so annehmen und äußern.
Schon das rauhe Organ, also der nichts weniger als milde
und sanfte Klang der Stimme, kennzeichnet in dieser Be=
ziehung jeden Rabenvogel, und für den Kenner, welcher
sein Wesen ganz zu ermessen und zu verstehen vermag,
liegt bereits darin ein Beweis dafür, daß die Rabenvögel
der Schmiegsamkeit und Anmuth, wie im Aeußern, so auch
in ihren geistigen Regungen ermangeln. Aber der Rabe
steht auch dem klügsten Papagei an Scharfsinn gleich, er
lernt die Menschen und die Verhältnisse wol noch scharf=
blickender kennen — und für seinen Vortheil ausnützen.
In der Fähigkeit zum Lernen der Worte an sich kommt
der begabteste Rabe dem ebenso begabten Papagei sicherlich
ebenfalls gleich. Auch seine Betonung und die Art und Weise,
in welcher er dieselbe dem Ausdruck und der Bedeutung
des Worts anzupassen vermag, bleibt nicht viel hinter der

des letztern zurück — immer jedoch nur, soweit es die Entwicklung des Verstands, also Klugheit und Scharfsinn des Vogels, ergibt; die mildere Regung, die Innigkeit des Gefühlslebens, dürfte bei allen Rabenartigen, wie gesagt, ganz mangeln. Noch in einer Beziehung übertrifft der Rabenvogel im allgemeinen und der Kolkrabe im besondern jeden, auch den am höchsten stehenden Papagei, nämlich in dem Zuge, den wir bei den Vögeln bisher am wenigsten kennen, einer gewissen Verstellungskunst. Wer in der freien Natur unbefangen sich umschaut, wird sich bald davon überzeugen können, daß viele Vögel die Gabe, sich zu verstellen, in mehr oder minder bedeutendem Maß entwickeln; von den einfachsten Verstellungskünsten der Grasmücken u. a., um einen Feind von ihrer Brut abzulenken, von der sich flügellahm stellenden Wildente, welche den Hund des Jägers von ihren kleinen Jungen, die sich ins Gras gedrückt haben, weit hinwegzuführen sucht, bis zum Kolkraben, der stets an einer bestimmten Stelle im Wald aufbäumt und sich hier zu schaffen macht, um die Aufmerksamkeit der Jäger und Eiersammler auf sich zu ziehen, während sein Weibchen weithin in einem andern Bezirk des Walds ganz heimlich das Nest errichtet, bis zur Elster, welche sogar auf einer italienischen Pappel am Weg immerfort an einem Nest baut und damit anscheinend garnicht zustande kommen kann, während das Weibchen im Dickicht der Kiefernschonung oder der Dornenhecke im weiten Baumgarten schon längst brütet — können wir eine große Mannigfaltigkeit derartiger Züge im Leben der uns nächst umgebenden Vögel und besonders in der Familie der Krähenartigen belauschen. Selbstverständlich muß ich mich hier mit dieser Andeutung begnügen und meinen Lesern ein näheres Eingehen auf dies immerhin hoch interessante Gebiet der Erforschung des Vogellebens selbst überlassen; hier durfte ich es nur soweit berühren, als es zum Verständniß dessen, was ich mitzutheilen habe, erforderlich ist. Nicht zum geringsten ist es diese seltsame Verstellungsgabe, welche den gezähmten Raben allenthalben so beliebt gemacht hat. Da erzählt sich der Volksmund die wunderbarsten Dinge von ihm und selbst ein so aufgeklärter Vogelkenner und -Pfleger, wie Edmund Pfannenschmid, spricht mit größtem Ernst von der vollbewußten Verstellungskunst des gezähmten Raben, mit welcher dieser sich förmlich ein Vergnügen daraus mache, die Leute zu erschrecken, zu täuschen u. s. w. Um dieser Eigenthümlichkeit willen, die viele Liebhaber ja einerseits genugsam kennen und andrerseits weit übertreiben, wird denn auch dem Raben, beiden Krähen, namentlich der Elster, mitunter auch der Dohle, meistens zuerst das Wort ‚Spitzbub‘, nämlich mit Bezug auf sich selber, beigebracht, indem man sie als Hallunken und Spitzbubengelichter ansieht, wozu freilich auch die schon früher erwähnte Sucht, glänzende Dinge zu stehlen, bzl. zu verschleppen, nicht wenig beiträgt. —

Was das Verfahren der Abrichtung bei den Star= vögeln anbetrifft, so ist es in den Grundzügen dasselbe, jedoch in manchen wesentlichen Punkten durchaus abweichend. Bei allen diesen kleineren Vögeln kommt es vor allem darauf an, daß ein solcher, den wir zum Sprecher erziehen wollen, so zahm wie möglich sei; denn nur dann, wenn ihn unser Nahen nicht mehr beunruhigt, können wir die volle Aufmerksamkeit für den Sprachunterricht bei ihm er= warten; ich bitte daher vor allem, das S. 219 inbetreff der Zähmung Gesagte beachten zu wollen.

Die Starvögel im allgemeinen sind kluge und auch mehr oder minder listige Vögel, trotzdem stehen sie kaum auf der vollen Höhe der geistigen Begabung, darin, daß sie auch Verständniß für die zu erlernenden menschlichen

Worte erfassen können. Der Starvogel kann es wol begreifen, welche Antwort er auf eine bestimmte Frage zu geben hat, zu welcher Zeit, bzl. bei welcher Gelegenheit er einen gewissen erlernten Satz aussprechen muß, aber kaum vermag er es zu erfassen, daß er seinen Herrn zu bestimmter Tageszeit mit dem für diese passenden Gruß bewillkommnen muß oder daß er sich einen bestimmten Leckerbissen fordre, daß er, wie der Papagei und der Rabe, Jemand, der an seinen Käfig tritt, mit dessen Namen begrüße, daß er, wie jene beiden, den Hund vom Ofen oder aus der Stube heraus mit Scheltworten jagen solle u. s. w. So aufmerksam ich auch die geistige Regsamkeit der am höchsten stehenden abgerichteten Starvögel, zumal des europäischen Stars und der verschiedenen Beos, zu erforschen gesucht, bei keinem einzigen dieser Vögel hat sich eine Begabung ergeben, welche über das Hersagen eingelernter Worte, bzl. Redensarten weit hinausginge. Angesichts dessen wird der Liebhaber immerhin am zweckmäßigsten handeln, wenn er sich bei der Abrichtung selbst eines reichbegabten Starvogels trotzdem in jenen engen Grenzen hält.

Den eigentlichen Sprachunterricht bei den Starvögeln gibt man, wie erwähnt, in derselben Weise wie bei den Krähenvögeln, aber man sollte, um einen guten und raschen Erfolg zu erreichen, immer auch noch Folgendes beachten. Wie die Sprachwerkzeuge, d. h. also jene Körpertheile, vermittelst derer die Nachahmung menschlicher Worte hervorgebracht wird, schon bei den Raben und den Papageien wechselvoll verschieden sind, so müssen sie bei den viel kleineren Staren natürlich noch mehr abweichend sein. Die starke, kräftige Stimme eines Mannes wird ein Star, gleichviel welcher, sicherlich niemals in Ton und Ausdruck gut nachahmen können. Da ergibt es sich vielmehr, daß die klangvolle Stimme einer Frau oder auch eine Kinderstimme allein zum Sprachunterricht für jeden Starvogel geeignet ist; mindestens muß dies als Regel gelten, und wenn wir allerdings auch Beispiele vor Augen haben, in denen Stare von Männern abgerichtet worden, so wird sich uns dabei doch immer die Thatsache zeigen, daß der betreffende Mann entweder gleichfalls eine weiche, klangvolle Stimme hat oder daß andernfalls der vielleicht außergewöhnlich begabte Vogel sein Organ dem rauhern des Mannes möglichst anzuschmiegen sich bemüht. Nothwendig ist es ferner, daß bei dem recht zahmen Starvogel jede Silbe so klar und deutlich und scharf accentuirt wie möglich vorgesprochen werden muß; denn andernfalls werden alle hierhergehörenden Vögel nur undeutlich sprechen lernen und dadurch viel an Werth einbüßen. Auch an der Regel, daß man einen Star, der bereits mehrere Worte sprechen kann, wenn er in der Rede stockt oder stecken bleibt, keinenfalls mitten darin nachhelfen darf, sondern ihm vielmehr immer den ganzen Satz wieder von vorn vorsagen muß, halte man hier ganz besonders sorgsam fest; denn solch unruhiger und lebhafter Starvogel nimmt ein verunstaltendes Doppelwort oder wenigstens eine Doppelsilbe in seinen Sprachschatz ungleich leichter auf, als der ruhige, phlegmatische Rabenvogel.

Dem Pastorvogel, sowie den Laubenvögeln und allen übrigen theils zu den Krähen, theils zu den Staren gehörenden fremdländischen Vögeln gegenüber, welche bis jetzt noch mehr oder weniger als kostbare Seltenheiten gelten müssen und die wir daher nach ihrem Wesen erst verhältnißmäßig wenig kennen, habe ich vorläufig nichts weiter hinzuzufügen, als daß ich bitten muß, jeden einzelnen derartigen gefiederten Gast nicht blos naturgeschichtlich sowie hinsichtlich seiner Pflege, sondern auch in seiner Abrichtung den Vögeln gemäß einzureihen, denen er am nächsten steht; so also die Laubenvögel bei den

Rabenartigen, den Pastorvogel dagegen bei den Staren u. s. w.

Beide Drosselvögel, die hier inbetracht kommen, können wiederum nur den Staren gleich zum Sprechen abgerichtet werden. Will man mit ihnen Versuche machen, so achte man besonders sorgsam darauf, daß die Abrichterin — nur eine solche wird es sein dürfen — eine vorzugsweise klangvolle Stimme habe.

Obwol wir, wie S. 169 ff. geschildert ist, den Kanarienvogel bereits in einer langen Reihe gefiederter Sprecher vor uns sehen, so dürfte doch kein einziger unter ihnen durch wirklichen sachgemäßen Unterricht dazu ausgebildet sein, sondern bei jedem hat der Zufall obgewaltet und der Vogel hat ohne besondre Mühe des Abrichters, wenn ich so sagen darf, ganz von selber, das Nachsprechen der menschlichen Worte gelernt. Aber ein schöner, sichrer Weg der Abrichtung ist uns in der Mittheilung über den Sprecher der Frau Geheimrath Gräber vorgezeichnet worden. Als ganz bestimmt ergibt es sich hier, daß dieser Vogel nur von dem klangvollen Vorsprechen der gesangskundigen Dame die menschlichen Worte so aufnehmen konnte — und somit also finden wir auch eine Erklärung für die Thatsache, daß die sprechenden Kanarienvögel bisher sämmtlich, vielleicht nur mit einer einzigen Ausnahme, von Frauen abgerichtet worden. Nähere Anleitung brauche ich wiederum nicht zu ertheilen, denn hinsichtlich des Sprachunterrichts überhaupt wolle man nur an die allgemeinen Vorschriften sich halten und sodann einem abzurichtenden Kanarienvogel immer ähnliche Worte vorsprechen wie die, welche wir hier in den Schilderungen S. 169 ff. finden.

Ganz dasselbe gilt in allen Beziehungen vom Gimpel oder Dompfaff. Nur eine bedeutungsvolle Seite muß ich bei ihm hervorheben, nämlich die, daß im Gegensatz zum

Kanarienvogel (sowie jedenfalls auch zu beiden Drosseln und wahrscheinlich zu allen Starvögeln), sich beim Gimpel das Weibchen, ebenso wie begabt zum Nachflötenlernen von Liederweisen, auch für den Sprachunterricht dem Männchen gleich befähigt zeigt.

Gesundheitspflege. Wollen wir rechte Freude an einem Vogel, gleichviel welchem, haben, so müssen wir es als unsere bedeutsamste Aufgabe erachten, ihn in voller Gesundheit und Lebensfrische zu erhalten, und dies können wir wiederum nur durch aufmerksame und verständnißvolle Pflege erreichen. In meinem „Lehrbuch der Stubenvogel= pflege, Abrichtung und Zucht" habe ich einen besondern Abschnitt über die Gesundheitspflege der Vögel gegeben, und aus demselben muß ich das Erforderliche, soweit es die sprachbegabten Vögel anbetrifft, hier mittheilen. Bei jedem Vogel sehen wir, genau wie bei einem Kinde, daß es leicht ist, durch naturgemäße Versorgung die Gesundheit zu er= halten, während es in den meisten Fällen überaus schwer hält, die Gesundheit, wenn sie einmal gestört worden, wie= der herzustellen. Zunächst bitte ich nun, die Rathschläge, welche ich einerseits bei der naturgeschichtlichen Beschreibung jeder einzelnen Art und andrerseits in den Abschnitten über die Verpflegung gegeben, sorgfältig beachten zu wollen. So= dann ist es sowol beim Einkauf als auch für die immer= währende Ueberwachung nothwendig, daß jeder Liebhaber die Gesundheitszeichen eines Vogels genau kenne.

Jeder Vogel muß munter und frisch aussehen, natür= liche Lebhaftigkeit, glatt und schmuck anliegendes Gefieder, klare und lebhafte Augen haben. Abgestoßene Federn, mangelhafter Schwanz und beschmutztes Gefieder bergen, wenn die Gesundheitszeichen sonst nicht fehlen, keine Gefahr; dagegen läßt große Magerkeit solchen Vogel stets verdächtig erscheinen. Verschnittene Flügel und Schwanz machen den

Vogel unschön und meistens fast werthlos; zumal bei den Krähenvögeln dauert es oft jahrelang, bis solche Verstümmelung allmählich durch Ausfallen der alten Stümpfe und Nachwachsen neuer Federn verschwindet. Noch wolle man darauf achten, daß sehr große Zahmheit bei frisch gefangenen Vögeln fast immer das Zeichen einer schweren Erkrankung oder des herannahenden Todes ist.

In gleicher Weise, wie wir es uns angelegen sein lassen müssen, den Vogel gut und naturgemäß zu verpflegen, ist es aber auch nothwendig, daß wir alle verderblichen Einflüsse von ihm abzuwenden suchen. Diese bestehen in Folgendem: Einströmen naßkalter oder eisiger Luft beim Stubenreinigen, Zugluft, schroffe Wärmeschwankungen, zu große Kälte, stralende Ofenhitze, sengende Sonnenstralen ohne Schutz, Mangel an ausreichendem Licht, sodann Tabaksrauch, anderweitig unreine Luft, Wasserdunst, Ausdünstung frisch angestrichener Käfige u. a. m.

Erforderlich für alle unsere gefiederten Sprecher ist sodann auch eine sachgemäße Gefiederpflege. Nachdem sich die Vögel völlig beruhigt, die einheimischen eingewöhnt und die fremdländischen den Klimawechsel überstanden, sich auch an die neuen Verhältnisse, veränderte Lebensweise, andere Nahrungsmittel, vor allem aber an das neue Trinkwasser gewöhnt haben, müssen wir auch ihrem Federkleide entsprechende Aufmerksamkeit widmen. Das erste und wichtigste Hilfsmittel der Federnpflege ist das Baden. Allen kleineren Vögeln, welche freiwillig den Badenapf benutzen, biete man denselben je nach der Witterung wöchentlich zwei- bis drei- und selbst täglich einmal. Den großen Rabenvögeln, welche nicht freiwillig baden wollen, spritzt man vermittelst einer Siebspritze bei warmem Wetter etwa wöchentlich einmal das Gefieder durch. Man stellt den Käfig ohne die Schublade in eine Wanne und spritzt ihn sammt dem

Einwohner von allen Seiten durch. Wenn ausführbar, kann man an heißen Sommertagen auch einen Gewitterregen benutzen. In jedem Fall sind die Vögel bei solchem erzwungnen Baden und nach demselben gegen Erkältung sorgsam zu beschützen; sie müssen in Stubenwärme oder die einheimischen an einem zugfreien Ort bis zum völligen Abtrocknen des Gefieders verbleiben. Uebrigens sollte man sie immer nur Vormittags abbaden, damit bis zur kühlern Nacht hin das Gefieder noch vollständig trocken werde. Im übrigen halte man auch noch an der Gesundheitsregel fest, daß jeder Vogel, welcher freiwillig badet und sich das Gefieder tüchtig durchnäßt, entschieden gesund erscheint. Warnen muß ich vor dem rohen Verfahren, daß man irgend einen Vogel anpacke und ohne weiteres ins Wasser stecke; darin liegt unter Umständen für werthvolle Vögel eine große Gefahr.

Nicht minder wichtig ist die **Fußpflege**. Vernachlässigte, unreinliche, verklebte, wunde oder geschwürige Füße, wol gar mit großen harten Klunkern an den Zehen, eingeschnittenen oder geschwürigen Ballen, eingewachsenen oder verkrüppelten Nägeln können Krankheit und Tod hervorrufen; saubere und wohlgepflegte Füße sind immer ein zuverlässiges Gesundheitszeichen. Haupterfordernisse, die Füße in gutem Zustand zu erhalten, sind: Reinlichkeit, Badewasser, trockner, saubrer Sand, zeitweises Nachsehen und naturgemäße zweckentsprechende Sitzstangen. Alle an der Erde herumlaufenden Vögel sind immer darin gefährdet, daß sie sich durch Festsetzen von Schmutz an Fußsohle und Zehen oder durch Umwickeln von mehr oder minder scharfen und harten Fasern und Fäden Fußkrankheiten zuziehen. Zeitweise Untersuchung der Füße ist also bei allen Vögeln nothwendig. Vernachlässigte Füße reinigt man zunächst in warmem Seifenwasser vorsichtig mit einer weichen Bürste.

Sind an den Zehen runde harte Klunkern vorhanden, so darf man diese nicht roherweise ohne weitres abreißen, denn man würde dem Vogel dadurch Schmerz verursachen und ihn wol gar arg beschädigen; man erweicht vielmehr den verhärteten Schmutz in handwarmem Seifenwasser und sucht ihn durch gelindes Reiben mit der Bürste zu entfernen. Ist dies erreicht, so besichtigt man den Fuß, löst vermittelst einer spitzen Schere die Fäden oder Fasern mit großer Vorsicht, badet dann den Fuß in reinem warmen Wasser, trocknet ihn mit einem weichen Leinentuch und bestreicht ihn mit mildem Oel oder verdünntem Glycerin. Großer Aufmerksamkeit bedürfen sodann die Fußkrallen. Bei manchen Vögeln wachsen die Nägel unnatürlich lang, krümmen sich zu starken Haken, wachsen ins Fleisch ein u. s. w. Beim Verschneiden darf man natürlich nicht das Lebendige mit treffen; man hält den Nagel gegen das Licht, um zu sehen wie weit das Fleisch durchscheint und schneidet beträchtlich unterhalb desselben ab. Einen großen, wehrhaften Vogel faßt man geschickt mit einer Hand über den Hinterkopf und Nacken, mit der andern über den Rücken und hält ihn so auf dem letztern liegend. Beide Hände müssen natürlich mit starken ledernen Handschuhen oder durch ein grobes weiches Leinentuch (Küchenhandtuch) geschützt sein. Bei einem sehr großen, starken Vogel, wie dem Kolkraben, sind für eine derartige Untersuchung wol zwei bis drei Personen erforderlich, weil derselbe sonst mit dem Schnabel und den Klauen, bzl. den scharfen Krallen empfindlich verletzen kann. Selbstverständlich darf man den Vogel dabei aber nicht grob drücken oder gar beschädigen. Darauf sei noch hingewiesen, daß die großen Raben- und Krähenvögel nicht, so wie die Papageien, eine derartige Mißhandlung lange nachzutragen pflegen.

Schnabelwucherungen, bzl. Verkrüppelungen kommen

bei den Krähenartigen und Staren immerhin auch), wenngleich nur selten, vor. Man verschneidet den zu sehr gekrümmten oder sonstwie verunstalteten Oberschnabel am besten mit einem scharfen Messer und nicht mit einer Schere, weil die letztre durch Quetschen leicht Bruch oder Absplitterung hervorbringt. Jedenfalls verhüte man es, so Stücke abzubrechen oder einzureißen, daß Spalten im Horn entstehen, denn diese bringen fast immer tiefer und sind schwer oder garnicht zu heilen, indem das spröde Horn stets von neuem einplatzt. Sie verursachen dem Vogel vielen Schmerz. Vor dem Beschneiden ist der Schnabel mit erwärmtem Oel einzureiben und das ist auch das einzige Heilmittel bei Schnabelrissen. Sollte man unvorsichtigerweise zu tief fortschneiden, was dem Vogel heftigen Schmerz verursacht, so stillt man die Blutung durch Betupfen mit Eisenchlorydauflösung aus der Apotheke.

Die Mauser oder der Federnwechsel geht bei allen Vögeln in einer theilweisen oder völligen Gefiedererneuerung alljährlich und zwar bei den meisten im Freileben zu ganz bestimmter Zeit vor sich. Nur der Vogel, welcher in die naturgemäße Mauser tritt und sie gut übersteht, gibt damit ein Kennzeichen seiner vollen Gesundheit. Als Ursachen fehlerhafter Mauser sind im allgemeinen anzusehen: unrichtige Verpflegung oder Mißgriffe in derselben, Haltung in einem zu engen und zu heißen Raum, zu große und trockne Hitze oder im Gegensatz naßkalte Luft und zu niedrige Wärme, ferner Störungen, wie das Herausgreifen und Anfassen inmitten des Federnwechsels, Versendung zu solcher Zeit u. s. w. Zuweilen liegt stockende Mauser, bzl. mangelhafte Besiederung darin begründet, daß der Vogel zu vollleibig ist, wol gar wie in Fett gehüllt erscheint, während die Haut schlaff und unbelebt sich zeigt. Durch zweckmäßig geregelte Ernährung und fleißiges Abbaden kann der Vogel dann wieder hergestellt werden. Die Stümpfe abgeschnittener Flügel= und Schwanzfedern darf man nur dann entfernen, wenn sie nach Jahr und Tag nicht von selbst ausfallen, während der Vogel sonst gesund und kräftig ist. Man bemächtigt sich des Vogels, wie oben bei der Fußpflege angegeben und zupft die Stümpfe vermittelst einer kleinen Zange vorsichtig aus; doch wenn sie noch festsitzen, nur etwa je nach der Größe des Vogels 2—3 Stück erst an einem Flügel, dann nach 8 Tagen am andern Flügel und wiederum nach gleicher Zeit am Schwanz. Bei derartigen Vornahmen muß man sich aber sorgsam hüten, daß man nicht die neu hervorsprossenden jungen Federn abbreche oder beschädige, weil der Vogel dadurch eine Verstümmelung erleidet, die erst nach langer Zeit oder gar nicht wieder auswächst.

Nachtrag.

Unter Bezugnahme auf die Angabe des Herrn Franck, daß sein sprachbegabter Gimpel kein aufgepäppelter Vogel, sondern ein Wildfang gewesen sei (s. S. 174), muß ich hier, da mir dieselbe erst später zugekommen war, noch einige Hinweise auf den Fang anfügen.

Fang. Am meisten werden die Gimpel im größten Theil von Deutschland, zumal im Norden und Nordosten in den mörderischen Schlingen der Dohnen gefangen, wobei nur ein glücklicher Zufall uns einen solchen lebendig in die Hände bringen kann. Auffallend ist es dabei, wie überaus leicht selbst ein kerngesunder und kräftiger Dompfaff in der Schlinge sich abwürgt, sodaß es uns leider auch nicht viel nützen kann, wenn wir früh aufstehen und aufpassen. Wo ein Flug Gimpel umherstreifend oder auf der Wanderung vorüberkommt, hält es nicht schwer, zumal mit einem Lockvogel, eine Anzahl mit Leimruten oder Schlagnetz zu überlisten. Ungleich weniger mühevoll und auch keineswegs mit großen Opfern gelangen wir aber in den Besitz eines Gimpels durch Ankauf beim Fänger oder Händler, und ich bitte S. 197 nachzulesen. Wiederholt sei noch darauf hinge= wiesen, daß auch die großen russischen Gimpel, welche Petersburger oder Moskauer Händler alljährlich durch Deutschland nach London auszuführen pflegen und die wir auch von unseren Händlern, zumal den böhmischen, bekommen können, für derartige Abrichtungsversuche geeignet sein dürften.

Zur Auffütterung werden die Gimpel, am besten noch nackt, mit dem Nest geraubt und, indem das letztre an einen ruhigen, halbdunklen Ort gestellt und mit einem wollenen Lappen zugedeckt worden, werden die Jungen ver= mittelst eines löffelartig geschnittnen Federkiels oder Hölzchens in Pausen von $1/2$ bis $3/4$ Stunden gepäppelt, wobei es eine Hauptsache ist, daß das Nest durchaus reinlich und trocken gehalten werde. Das Päppelfutter besteht aus hart= gekochtem Ei, Gelb und Weiß, und erweichtem Weißbrot zu gleichen Theilen, gemischt und schwach angefeuchtet; oder blos in Milch angequellter Buchweizengrütze; oder erweichtem Weißbrot und eingequelltem zerriebnem Rübsen zu gleichen Theilen; oder fein zerstoßnem Rübsen und hartgekochtem Eigelb gemischt und mit wenig Wasser zum Brei angerührt. Sorgsamste, regelmäßige Abwartung bei größter Sauberkeit im ganzen, Vermeidung zu niedriger Wärme und nicht allein richtiges, sondern auch sorgsam zubereitetes Futter sind die Haupterfordernisse des Wohlgedeihens. Nachlässig oder unverständig aufgezogene Gimpel werden dickbäuchig, skrophulös und gehen bald ein, vor allem zeigen sie aber, auch wenn sie am Leben bleiben, keine Begabung zur Ab= richtung. Sobald sie befiedert sind, werden sie einzeln in kleine Käfige (Gimpelbauer) gesetzt und wenn möglich wird jeder in ein besondres Zimmer gebracht; mindestens müssen sie in einer Stube so vertheilt werden, daß sie einander nicht sehen können. Ferner ist der junge Gimpel auch vor jeder Zerstreuung möglichst zu bewahren, ebenso vor Erschrecken, Aufregung und Beängstigung. Die Weibchen sind ebenfalls gelehrig; da indessen die Männchen schöner sind, und da sie doch auch als begabter gelten, so schafft man die Weibchen gewöhnlich bald ab. Um die ersteren recht frühe zu erkennen, zupft man dem jungen Vogel einige Brustfederchen aus, welche beim Männchen röthlich nachwachsen. In Thüringen werden alljährlich Hunderte so aufgezogen und flügge gewordene aufgepäppelte Gimpel sind von dort unschwer zu erlangen.

www.ingramcontent.com/pod-product-compliance
Lightning Source LLC
Chambersburg PA
CBHW051215300426
44116CB00006B/585